Birgit-Katharine
Seemann

Der traurige Mörder
von Sanssouci

Der traurige Mörder

edition splitter
wien

Die Särge erreichten Potsdam am Nachmittag, bei wolkigem Wetter und etwas Nieselregen. Nun, kurz vor Mitternacht, war der Ehrenhof des Schlosses Sanssouci noch immer taghell erleuchtet, von den Scheinwerfern der Fernsehteams und von den Blitzlichtgewittern der Fotografen, die froh waren, endlich beim Schlussakkord der Zeremonie angekommen zu sein. Einige von ihnen hatten den Transport der Zinksärge vom Stammsitz der Hohenzollern bis in die ehemalige preußische Residenzstadt den ganzen Tag über begleitet und waren seit dem Morgengrauen im Dienst. Die Überführung des königlichen Leichnams Friedrichs II. und seines Vaters Friedrich Wilhelm I. von der Burg Hohenzollern bei Hechingen nach Potsdam war auf Wunsch Louis Ferdinands von Preußen als Staatsakt inszeniert worden. Die einbalsamierten Leichen waren mit einem Sonderzug der Reichsbahn, gezogen von einer Borsig-Dampflok, quer durch das Land gefahren und dann am alten Potsdamer Kaiserbahnhof auf Kutschen umgeladen worden, denen jeweils vier Rappen vorgespannt waren. Sie hatten den Soldatenkönig und seinen Sohn durch die Stadt gezogen, bis zu Friedrichs Lieblingsschloss Sanssouci, auf dessen Terrasse er seinem letzten Willen entsprechend beigesetzt werden sollte. Die Gruft, in der er umgeben von seinen Hunden beerdigt werden wollte, hatte er bereits im Alter von 32 Jahren planen und herrichten lassen. Für die Umbettung der Gebeine hatte man den schlichten Raum mit Kreuzgewölbe erst einmal stabilisieren und trockenlegen müssen. Die Ingenieure hatten auf Wunsch der Hohenzollern-Familie schon kurz nach der Wende mit den Bauarbeiten begonnen und nun, an Friedrichs 205. Todestag, dem 17. August 1991, war die Gruft für die Aufnahme der Leiche bereit. An den Straßen und entlang der Gleise, auf denen der Sonderzug gefahren war, hatten Tausende jubelnder Menschen gestanden. Viele Schaulustige waren aus dem In- und Ausland in die Residenzstadt gereist, um den Gebeinen der Preußenkönige das letzte Geleit zu geben. Der Hof des Schlosses und die Kolonnaden wimmelten vor Menschen, die an den unter einem schwarzen Baldachin aufgestellten Zinksärgen vorbei defilierten. Das Heeresmusikkorps der Bundeswehr und das Potsdamer Polizeiorchester spielten auf. Die Musik wurde stellenweise übertönt von den Rufen zahlreicher Demonstranten und Gegendemonstranten: Burschenschaftler in vollem Wichs, die immer wieder die Parole »Preußen lebt!« skandierten, trafen auf Autonome und Hausbesetzer, die mit Trillerpfeifen und Transparenten auf sich aufmerksam machten. »Aus alten Preußenknochen die nationale Suppe kochen«, stand mit ungelenker Schrift auf einem der Spruchbänder, die unentwegt im Hof geschwenkt wurden. In einem Sarg aus Pappmaché, geschultert von vier Punks, saß ein kleiner Mann mit weißgeschminktem Gesicht und Perücke auf dem Kopf. Er warf mit Bonbons und Konfetti um sich und rief in regelmäßigen Abständen: »Macht Platz für den Preußenkönig!« Immer wieder kam es zu kleineren Rangeleien und Übergriffen, bei denen allerdings niemand ernsthaft verletzt wurde. Viele Politiker waren anwesend. Sie setzen ernste Mienen auf, aber – so würden die Zeitungen später übereinstimmend festhalten – die Umbettung Friedrichs und des ihm so verhassten Vaters ähnelte doch eher einem Volksfest oder einem Picknick mit einem Hauch von Disneyland als einer Trauerfeier. Ruhe, wie von Friedrich in dessen Testament gewünscht, setzte erst zum Schluss der Feierlichkeiten ein. Pünktlich um Mitternacht spielte das Polizeiorchester den Trauermarsch *Fridericus Rex*, aus der Feder von Louis Ferdinand von Preußen, und der nur der Familie und dem Bundeskanzler Helmut Kohl vorbehaltene Trauerzug zur kaiserlichen Gruft setzte sich zögerlich in Bewegung. Die Obristen und Kapitäne blieben im Ehrenhof des Schlosses zurück und hielten Totenwache. Der zentnerschwere Sarkophag Friedrichs wurde in die Gruft auf den Weinbergterrassen hinabgelassen, von starken Trägern, die ihr Handwerk beherrschten. Trotzdem kam es zu einem Zwischenfall: Eine der Trageschlaufen löste sich, und der Sarg fiel krachend in die Grube. Eine Schrecksekunde. Kurze Stille. Dann die Entwarnung. Der Sarg war heil geblieben und der Leichnam Friedrichs nur ein wenig durchgerüttelt worden. Alles schien an seinem Platz geblieben. Erleichterung. Es folgten noch einige Reden und ein kurzes Gebet, dann wurde die Gruft zugemauert und mit einer schweren Steinplatte verschlossen. Sie trägt bis heute die Inschrift *Friedrich der Große* – mehr ist dort nicht vermerkt. Friedrich wurde dicht neben Arsinoe, Alcmene, Thysbe, seinem Liebling Biche und den anderen von ihm geliebten italienischen Windhunden beigesetzt. Das war Friedrichs dringendster Wunsch gewesen. Seine Hunde hatte er stets und unter allen Umständen den Menschen vorgezogen. Nachdem die Familie der Hohenzollern und der Bundeskanzler nach der Beisetzung von großen Limousinen abgeholt worden waren, löste sich die Menschenmenge, die im Hof ausgeharrt hatte, recht schnell auf. Kleine Grüppchen verließen nach und nach lärmend den Park Sanssouci. Ganz zum Schluss standen nur noch einige Schaulustige mit Picknickkörben und Thermoskannen im Ehrenhof und ein großer Mann in russischer Militärkleidung mit hochgeschlossenem Kragen und goldenen Knöpfen, der zu niemandem zu gehören schien. Die anderen Menschen hielten Distanz zu der auffälligen Gestalt. Er harrte bewegungslos am Rand der Kolonnaden aus, bis auch ihn die Sicherheitsleute vom Hof komplimentiert hatten. Stille breitete sich aus, die nur vom gelegentlichen Quaken der Enten im nahegelegenen Hauptbrunnen an der Großen Fontäne durchbrochen wurde.

Kurz vor der Morgendämmerung war die Weinbergterrasse menschenleer, bis auf zwei schlafende Soldaten, die das Grab vor möglichen Übergriffen schützen sollten, und dem Lokalreporter einer in Potsdam ansässigen Zeitung, die seit Tagen über die Überführung und die Beisetzung der königlich-preußischen Gebeine berichtet hatte. Der Journalist hatte von seiner Redaktion die Aufgabe bekommen, über die Stunden nach der Beisetzung zu schreiben – in der Hoffnung, es möge spektakuläre Protestaktionen oder gar gewalttätige Auseinandersetzungen am königlichen Grab geben. Da er schon den ganzen Tag auf den Beinen gewesen war, Befürworter und Gegner des Staatsaktes interviewend, kämpfte auch er mit dem Schlaf. Er saß müde auf dem steinernen Halbrund, das die Grabstätte nach Osten hin begrenzt, und baute in Gedanken Textfragmente aneinander. Nichts rührte sich. Weder Demonstranten noch Grabschänder, die die letzte Ruhe Friedrichs stören wollten, zeigten sich. Der Chef würde enttäuscht sein. Um nicht einzunicken, beschloss der Journalist, sich die Füße ein wenig zu vertreten und wanderte einen schmalen Pfad den Weinberg hinunter, in Richtung der Hauptallee des Parks. Als er an dem langgestreckten Gebäude der Bildergalerie vorbeiging, langsam und mit vor Müdigkeit schlurfenden Schritten, bemerkte er einen Lichtschein hinter den dicht verhängten Fenstern. Er blieb stehen und beobachtete, wie das Licht minutenlang durch die Galerie zu wandern schien, von Raum zu Raum. Kurz bevor der flackernde Lichtschein das Kabinett im Ostflügel erreichte, erlosch es. Der Lokalreporter, sonst mit leistungsstarken Antennen für die Anzeichen einer guten Story ausgestattet, stoppte nicht, sondern taumelte schlaftrunken weiter durch den Park. Das wandernde Irrlicht würde er in seiner Reportage nicht erwähnen, da er Zweifel an seiner eigenen Wahrnehmung hegte. Später sollte er sich über seine Unaufmerksamkeit ärgern müssen, denn das rätselhafte Licht wurde von diesem Zeitpunkt an immer wieder beobachtet – von nächtlichen Spaziergängern oder von den Mitarbeitern des Wachschutzes. Nur von ihm nicht. In den nächsten Jahren begab er sich regelmäßig auf die Jagd nach dem Irrlicht, indem er in der Nacht über den Zaun kletterte, der den Park Sanssouci umschloss, und sich, ausgerüstet mit Kaffee und Cognac, in einem der Laubengänge verschanzte. Aber außer, dass er Bekanntschaft mit einem Fuchs machte, der ihn vorsichtig in immer enger werdenden Kreisen zu umrunden pflegte, tat sich nichts. Schließlich blieb auch der Fuchs weg, der Journalist resignierte und gab die Jagd auf. Erst Jahre später sollte er erfahren, was es mit dem nächtlichen Licht in der Bildergalerie Sanssouci auf sich hatte. Aber bis dahin war es noch ein langer Weg. Dabei lag die Auflösung des Rätsels viel näher, als er geglaubt hatte.

Er war nicht der Einzige, der über die Jahre erfolglos versuchte, dem Geheimnis des wandernden Lichts auf den Grund zu gehen. In der Galerie wurde nie eingebrochen, und es wurde auch nichts zerstört. Die Polizei erklärte sich für unzuständig, da offensichtlich keine Straftat erkennbar war, und schlug der Schlösserdirektion vor, den Wachschutz zu verstärken. Mit Blick auf die knapp bemessenen Finanzen entschied sich die Direktion dagegen und fand sich mit dem Irrlicht ab.

So kommt und geht es über die Jahre, wandert durch die Bildergalerie, von Westen nach Osten und erlischt dann wieder. Natürlich gibt es Spekulationen. Die Gärtner der Schlösserstiftung, von denen einige das Licht beobachtet haben, glauben an einen Spuk: »Der Alte Fritz ist zurück!«, raunen sie sich zu. »Er steigt aus der Gruft, um im Kerzenschein seine Bilder zu betrachten.« Auch die Wachleute, die in der Bildergalerie arbeiten, sind davon überzeugt, dass der Geist des Preußenkönigs umgeht:

»Es riecht nach Erde und nach Rauch«, flüstern sie hinter vorgehaltener Hand, wann immer das Licht gesichtet wird. Manchmal verschwindet das Irrlicht für viele Monate und taucht dann aber plötzlich wieder auf, hinter den Fenstern, in der Galerie Friedrichs II., der von der Nachwelt *Der Große* genannt wird.

·

Für Anfang Juni war es zu heiß. Der Garten der Familie von Lietzenburg stand schon in voller Blüte, und die Kletterrose rankte üppig am Spalier empor, das neben der Terrasse an der Hauswand angebracht war. Eine Mücke mit schwarz-weißer Zeichnung setzte sich auf Robert von Lietzenburgs Handrücken, stieß ihren Stechrüssel in die Haut und sirrte wie der Blitz davon.

»Oh nein!« Robert verzog sein Gesicht und rieb die Hand, auf der sich wie im Zeitraffer eine Beule bildete. »Das war bestimmt eine von diesen Tigermücken. Der Klimawandel hat die Viecher mitgebracht.«

»Nicht kratzen, Liebling, ich hole dir rasch dein Antiallergikum!«

Sophia von Lietzenburg sprang auf und lief ins Haus. Robert warf ihr eine Kusshand zu und vertiefte sich wieder in das Gespräch mit einer Frau, die zu seiner Rechten saß und trotz der tropischen Temperaturen eine hochgeschlossene Tunika trug. Das Horngestell ihrer Brille verlieh ihr das Aussehen einer verwirrten Eule und lenkte von ihren Augen ab, die unablässig in Bewegung waren und denen nichts entging.

Harriet Lievens stand auf der Terrasse des Hauses und fühlte sich verloren. Sie nahm einen Schluck Veltliner und lauschte zerstreut der Unterhaltung, die sich um die Verwendung von Bio-Dünger und die Aufzucht von Rhododendren drehte. Unter keinen Umständen wollte Harriet die Aufmerksamkeit der Frau mit dem Eulengesicht auf sich ziehen. Regelmäßig füllte Adelheid Rumpers die Gesellschaftsspalten einer großen Tageszeitung und betrieb einen Blog, in dem sie intime Fakten über Stars, Politiker und Prominente preisgab. Harriet wäre ein willkommenes Opfer für sie.

Robert und Sophia hatten die Gästeliste ihres alljährlichen Sommerfestes wie immer mit Bedacht zusammengestellt, und so saßen an der mit Wiesenblumen geschmückten Tafel im Garten die wohlhabenden Nachbarn der Lietzenburgs neben Roberts und Harriets etwas steifen Kollegen von der Universität und jungen Studenten und Künstlern, denen schon auf den ersten Blick anzusehen war, dass sie zu einer neuen Bohème gehörten, die aus dem benachbarten Berlin ins beschauliche Potsdam gekommen war. Natürlich durften auch Prominente nicht fehlen, wie ein glatzköpfiger Schauspieler, der vor allem in Vorabendserien zu sehen war, aber auch dann und wann Erfolge auf den Berliner Bühnen feierte, und eine Schlagersängerin, die ihre gründerzeitliche Villa in Babelsberg seit einigen Jahren eigenhändig und Stück für Stück renovierte. In ihrem Haus hatte für kurze Zeit Marlene Dietrich gewohnt, was sie bei jeder Gelegenheit betonte. An jenem Sommerabend hatte sie die Latzhose gegen ein rückenfreies Kleid getauscht und kuschelte sich an einen Fotografen, den Sophia als *neuen Peter Lindbergh* vorgestellt hatte. Er hatte aufgeworfene Lippen und schmachtete die Gastgeberin an – keineswegs als einziger an jenem Abend, wie Harriet konstatierte. Da sie niemanden kannte und auch wenig Interesse hatte, jemanden kennenzulernen, beobachtete Harriet die Kinder, die im Garten der Villa spielten. Abseits des Esstisches, zwischen den Rhododendren, hatte Robert ihnen ein Schwimmbecken aufbauen lassen, in dem ein aufblasbares Krokodil und ein Plastikdelfin dümpelten. Der Hund der Familie von Lietzenburg, ein junger Weimaraner mit seidigem Fell, rannte wilde Runden um den Pool und apportierte Stöckchen, die die Kinder für ihn warfen. Elisabeth, die Tochter von Robert und Sophia, war die eifrigste. »Flocke«, rief sie immer wieder mit überschlagender Stimme, »hierher! Hol den Stock! Braves Flöckchen!« Der Hund war ein Geschenk Roberts an seine Tochter gewesen. Er vergötterte das Mädchen und las ihr die Wünsche von den Augen ab, noch bevor sie hinter ihrer Stirn Gestalt annahmen. Vielleicht eine Folge des späten Vaterwerdens. Harriet freute sich, dass Lissy – wie die Kleine genannt wurde – das Armband aus Swarovski-Steinen, das sie ihr mitgebracht hatte, am Handgelenk trug. Sie hatte nicht einschätzen können, was dem Mädchen gefiel – oder was Kinder überhaupt gernhatten. Sie hatte keine Ahnung von Kindern, obwohl sie sie mochte. Am Ende hatte sie einfach gekauft, was ihr selbst als Elfjähriger am besten gefallen hätte.

»So, hier kommt dein Medikament, Cheri.«

Sophia war mit einer Salbe aus dem Haus zurückgekehrt und versorgte den angeschwollenen Insektenstich auf Roberts linker Hand. Harriet konnte sich nicht erinnern, jemals ein passenderes Paar gesehen zu haben: Robert, mit 60 Jahren noch immer attraktiv, von beinahe athletischer

Gestalt, und Sophia, fast dreißig Jahre jünger als ihr Mann, mit dem Aussehen einer modernen Käthe-Kruse-Puppe, schienen sich perfekt zu ergänzen. Das Einzige, was Harriet ein wenig störte, waren Roberts kurze Finger, die seine Hände plump erscheinen ließen. An Sophia hingegen konnte Harriet keinen Makel erkennen.

»Verliebtes Paar, küsst euch mal!«, erklangen plötzlich Kinderstimmen. Unter dem Tisch sprangen Lissy und deren Freundin Luise hervor. Sie zeigten kichernd auf die Lietzenburgs, flüsterten sich gegenseitig etwas ins Ohr und liefen dann johlend mit dem Hund im Schlepptau davon. Harriet sah, dass Sophia für einen Augenblick missbilligend ihre Brauen zusammenzog. Dann wandte sie sich an ihren Mann und stupste ihn in die Seite:

»Mein Liebling – dein Auftritt!«

Robert küsste – mit etwas übertriebener Geste, wie Harriet fand – die Hand seiner Frau, klopfte mit einem Teelöffel gegen sein Weinglas und wandte sich an die Gäste:

»Meine Gattin hat mir befohlen, euch endlich gebührend zu begrüßen!«

Er legte seinen Arm um Sophias Schultern und drückte sie an sich. Harriet registrierte überrascht, dass Sophia erstarrte, bevor sie sich in die Umarmung ihres Gatten schmiegte und in die Runde lächelte. Oder hatte sie sich geirrt?

»Liebe Freunde und Nachbarn, ich heiße euch zu unserem nunmehr siebten Sommerfest in der Villa Augusta willkommen. Einige von euch erinnern sich vielleicht, dass unsere kleine Tradition 2012 anlässlich der Feierlichkeiten rund um den 300. Geburtstag von Friedrich dem Großen mit einer Lesung und einem Empfang in unserem Garten begann. Wenn ihr zurückdenkt, dann waren wir damals nur das Ausweichquartier für den Garten des Stadttheaters …«

»Der wegen eines Rohrbruchs überschwemmt war«, bekräftigte Adelheid Rumpers. »Ich sehe jetzt noch das verzweifelte Gesicht des Intendanten vor mir. Der Briefwechsel zwischen Friedrich und Voltaire in Gummistiefeln hätte wohl niemandem gefallen.«

»Wie auch immer – durch diesen unglücklichen Rohrbruch wurde unsere Tradition begründet. Wir freuen uns, dass ihr auch in diesem Jahr unserer Einladung gefolgt seid und mit uns feiern wollt. Natürlich wird es auch heute eine kleine Lesung geben. Unser Freund Ruben hier«, er zeigte auf den glatzköpfigen Schauspieler, der eine Verbeugung andeutete, »hat es sich nicht nehmen lassen, Fontane für uns einzustudieren. Freut euch also auf ein wenig *Jenny Treibel* – nach dem Essen!«

Applaus.

Es saßen mindestens dreißig Menschen an dem Tisch aus Holz, den die Lietzenburgs aufgebaut hatten oder standen in lockeren Grüppchen auf dem Rasen. Die meisten schienen sich gut zu kennen und gerade deshalb fühlte Harriet sich einmal mehr wie eine Außenseiterin. Es lag nicht an den Lietzenburgs. Sie scheute sich zwar, die beiden als »Freunde« zu bezeichnen, aber sie hatten viel für sie getan – vor allem Robert. Genau genommen hatte Robert sie gerettet – in erster Linie vor sich selbst.

»Jeden Morgen nach dem Aufwachen«, fuhr Robert fort, »sehe ich mich um und fühle mich privilegiert – mit diesem wunderschönen Haus und dem noch schöneren Garten. Für meine kleine Familie und mich war die Villa Augusta Liebe auf den ersten Blick. Zwar war sie in einem erbärmlichen Zustand, als wir sie entdeckten, aber wir verguckten uns sofort in die Löwenköpfe am Portal und den verwilderten Garten mit den Rosensträuchern und der kleinen Laube.«

Robert machte eine Pause, die zu lang anhielt und schaute in den Himmel, als suche er nach den richtigen Worten. Harriet kannte diese rhetorische Technik von Roberts Vorträgen bei Konferenzen und nannte sie bei sich die »Lietzenburg-Pause«. Sie dauerte länger als angemessen und diente dazu, die volle Aufmerksamkeit der Zuhörer zu erlangen. Wie immer, funktionierte der Kniff auch diesmal.

»Mit ihrer Geschichte steht sie stellvertretend für das 20. Jahrhundert. Ich fand heraus, dass sie von einem jüdischen Bankier erbaut, im Dritten Reich 'arisiert' und im April 1945 von einer englischen Bombe getroffen wurde. Später war hier erst eine Pension und später dann ein *Konsum*, zwischendurch residierte im Erdgeschoss sogar mal ein russischer Militärsender namens *Radio Wolga*. Nach der Wende fiel das Haus an eine Erbengemeinschaft, die sich über viele Jahre nicht einig werden konnte, was mit ihm geschehen sollte. Als ich die Villa entdeckte, war das Dach eingebrochen und überall war Schwamm in den Wänden. Aber ich musste sie unbedingt haben und habe die Erben schließlich zum Verkauf überredet.«

»Vergisst du nicht ein wichtiges Detail, Robert?«, unterbrach Hendrik Reinhold die Rede des Hausherrn.

»Danke, alter Freund!« Robert lächelte gequält. »Gerade wollte ich dich in den schillerndsten Farben für das Aufspüren der Erben loben und dafür, dass du sie zum Verkauf überredet hast! Nicht umsonst hast du deine PR-Agentur zu einer der erfolgreichsten Deutschlands ausgebaut.«

» ... schreibt jedenfalls das Handelsblatt.« Hendrik nickte selbstzufrieden und sonnte sich in den Blicken der übrigen Gäste. »Ich konnte ja nicht zulassen, dass diese wunderbare Gründerzeitvilla abgerissen und stattdessen noch so ein schrecklicher Bau wie die orangefarbene Riesentoilette da drüben an den See gebaut wird. Das verletzt meinen Sinn für Ästhetik.«

Harriet vermutete, dass er auf ein auffälliges Wohnhaus anspielte, das von einem der wohlhabenden Nachbarn am Ufer des Heiligen Sees errichtet worden war.

»Hendrik, bitte, fang' nicht wieder an, über Architektur zu streiten. Wir wollen heute feiern!«

Maria, Hendriks Ehefrau, schnitt ihm eine Nuance zu scharf das Wort ab, während sie leicht schwankend ihr Champagnerglas hob. Harriet spürte, dass sich augenblicklich Unbehagen breitmachte. Das war wohl auch Sophias Empfinden, denn sie klopfte mit ihren zierlichen Fingerknöcheln gegen ihr Weinglas, um die Aufmerksamkeit auf sich zu richten. Hendrik verstummte und schaute sie an. In seinem Blick lag mehr als nur Bewunderung.

»Ich muss mich Marias Mahnung anschließen«, sagte Sophia. »Die Männer schaffen es wieder einmal nicht, auf den Punkt zu kommen.« Verhaltenes Gelächter, wie im Theater. Einige klatschten und Harriet schloss sich halbherzig an. »Als Hausherrin möchte ich euch gemeinsam mit Robert willkommen heißen und bitte euch, das Glas auf einen wundervollen Sommerabend zu erheben. Wir sind stolz und glücklich, euch in unserem Heim, der Villa Augusta, begrüßen zu dürfen. Zum Wohl!«

»Kein Anflug von Ironie«, dachte Harriet, während sie ihr Glas hob und Sophia zuprostete. »Sie meint jedes Wort genauso, wie sie es sagt.«

»Und nun«, fuhr Sophia fort, »setzt euch, wo ihr mögt. Es gibt keine Tischkärtchen. Fühlt euch wie zuhause!«

Harriet suchte etwas abseits der plaudernden Grüppchen einen Platz und setzte sich still auf einen der Holzstühle. Während sie am Wein nippte, blickte sie aus den Augenwinkeln nach rechts und links. Ihre Augen trafen die ihres Nebenmannes, der trotz seiner derben Gesichtszüge und seines runden Kopfes, von dem wenige Haare wie Borsten abstanden, klug und offen wirkte. Höflich nickte er ihr zu. Vielleicht gelänge es ihr, ein paar Sätze mit ihm zu wechseln, um sich wieder in Smalltalk zu üben und vor allem um den Abend zu überstehen, vor dessen Länge sie sich fürchtete. Verstohlen musterte sie ein paar junge Frauen, die ihre langgliedrigen Körper in sackartige Gewänder gehüllt und ihre Haare in nachlässigen Zöpfen gebändigt hatten. Sie hatte gelernt, dass hinter diesem Erscheinungsbild der typische Berliner Stil steckte: Schick war, wenn man aussah, als sei man gerade aus dem Bett gekommen. Eigentlich kam ihr dieser Trend entgegen. Harriet hatte sich seit über zwei Jahren kein neues Kleidungsstück gekauft. Wozu – und vor allem für wen – hätte sie sich modisch kleiden sollen? Sie drehte den Kopf und betrachtete die jungen Frauen, die sich lachend unterhielten und die Blicke der Männer auf sich zogen. Es waren auch einige von Harriets Studentinnen aus dem Proseminar dabei, mit denen sie sich unwillkürlich verglich. Sie war noch längst nicht alt, aber neben ihnen fühlte sie sich hoffnungslos überholt mit ihrem bestickten Cocktailkleid, das fünf Jahre zuvor modern gewesen war, und mit ihren farblosen kurzen Haaren, die durch einen Wirbel am Oberkopf seitlich abstanden. Außerdem war ihr das Kleid noch immer zu weit. Es schlackerte um die Taille und warf Falten an den Hüften. Aber es fiel perfekt über die Schulter mit den Narben und verdeckte die roten Wülste, auch wenn sie sich bewegte.

»Haben Sie sich in unserem schönen Potsdam denn schon eingelebt?« Die Frau mit dem Eulengesicht stand plötzlich neben Harriet und beugte sich zu ihr herab. Harriet begann zu schwitzen und suchte nach einer unverfänglichen Phrase, mit der sie sie abspeisen konnte. Aber sie brachte kein Wort heraus. Es war einer von Harriets schlechteren Tagen, an denen ihre Hände unwillkürlich an den Trägern ihres Kleides nestelten oder ihr Kinn kneteten. Es passierte automatisch, ohne dass Harriet ihr Tun beeinflussen konnte. Sie zwang sich, ihre Hände in den Schoß zu legen und ruhig zu halten, während sie panisch über eine passende Antwort grübelte.

Der Zufall kam ihr zu Hilfe.

»Adelheid, Schätzchen!«

Die Sängerin warf dem Eulengesicht eine Kusshand zu.

»Oh, Sie entschuldigen mich?« Und schon war sie weg.

Harriet atmete aus, starrte auf den Teller vor sich und zählte in Gedanken bis zehn. Kellner eilten heran und stellten das Essen auf den Tisch.

Obwohl sie schon morgens gespürt hatte, dass es wieder einer jener Tage war, die von Angst beherrscht wurden, hatte sie Appetit. *Ein* gutes Zeichen immerhin. Seit dem Frühstück hatte sie nichts gegessen, weil sie viele Stunden ohne Pause damit verbracht hatte, die Hausarbeiten ihrer Studenten zu korrigieren. Arbeit strukturierte ihre Existenz, überdeckte sinnlose Grübeleien und brachte die Zeit, die sie im Überfluss besaß und mit der sie nichts anfangen konnte, zum Vergehen. Etwas zaghaft widmete sie sich den Spargelröllchen auf ihrem Teller und dem Brot, auf dem die Butter zerschmolz. Glücklich darüber, dass niemand weiter sie ansprach, beobachtete sie ihre Gastgeber. Die beiden Lietzenburgs bewegten sich geschmeidig zwischen ihren Gästen und gaben jedem das Gefühl, Liebling des Hauses zu sein, egal ob prominent, Studentin oder langjähriger Freund. Der stets in maßgeschneiderte Anzüge gekleidete Robert, das Bild eines Gentlemans, und seine strahlende junge Ehefrau waren der gesellschaftliche Mittelpunkt der Stadt. In ihrer Romantik und gegenseitigen Zuneigung wirkten sie wie ein Gegenentwurf flüchtiger Beziehungen in der digitalen Welt. Es war, als führten sie ein Leben in Vorkriegszeiten, sorglos, verschwenderisch, umgeben von Kunst und Kultur. Sophia stach an jenem Abend wie so oft die anderen Frauen aus. Sie trug ein einfaches Trägerkleid, das in der Taille von einem Band zusammengehalten wurde und dazu goldfarbene Riemchensandalen. Auf Schmuck und Makeup hatte sie – abgesehen von tiefrotem Lippenstift – wie immer verzichtet. Harriet war so vertieft in den Anblick Sophias von Lietzenburg, dass sie Adelheid Rumpers nicht bemerkte, die ein zweites Mal wie aus dem Boden gewachsen hinter ihr stand.

»Süßes Ding, nicht wahr?«, flüsterte sie ihr ins Ohr. »Kein Wunder, dass der eitle Robert sie vom Fleck weg geheiratet hat. Da war sie noch seine Studentin und keine 20 Jahre alt. Es ist ein offenes Geheimnis, dass er ihre Examensarbeit geschrieben hat. Sonst hätte sie garantiert nicht bestanden.«

»Ich, ähm, kann gerade nicht.«

Harriet sprang ungeschickt auf, wobei sie umknickte, humpelte ins Haus und stürzte ins Badezimmer. Schnell drehte sie den Schlüssel im Schloss und stützte sich auf das Waschbecken. Sie musste nachhause. Dem sozialen Leben war sie noch nicht gewachsen und schon gar nicht den üblichen intriganten Spielchen, bei denen sie in der Vergangenheit so mühelos mitgemacht hatte. Erschöpft hob sie den Kopf und sah im Spiegel ein Gesicht mit eingefallenen Wangen und Schatten unter den Augen. War sie das wirklich? Unterhalb der Mundwinkel hatten sich Falten gebildet und am Kinn waren schuppige Stellen sichtbar. Harriet stellte nüchtern fest, dass sie im Zeitraffer gealtert war. Bald würde sie aussehen wie ein dürres Reptil, das sich hinter Bücherbergen versteckte und vertrocknete. Sie erwog, etwas Lippenstift aufzutragen, verwarf den Gedanken als zwecklos, wusch Gesicht und Hände mit kaltem Wasser und ging wieder in den Garten hinaus.

·

Adelheid Rumpers war nirgends zu sehen. Harriet überlegt, wann sie – unter Wahrung der Höflichkeitsregeln – frühestens das Fest verlassen könnte. Die spitzen Bemerkungen, die halblaut hinter ihrem Rücken geäußert wurden, trafen sie an jenem Abend wie Pfeile – dünnhäutig wie sie noch immer war. »Unserer Universität nicht würdig«, hatte sie aufgeschnappt, als sie aus dem Haus gekommen war und an ihrem Professorenkollegen Krollmann aus der Germanistik vorbeiging, der mit einer Gruppe von Universitätsmitgliedern zusammenstand. Krollmann war bei weitem der auffälligste von ihnen. Er war fast zwei Meter groß, hatte einen flaumigen Haarkranz auf dem Kopf und wog wahrscheinlich an die 130 Kilogramm. Auffällig waren seine Füße, die in feinsten Budapester Schuhen steckten und zart im Vergleich zum restlichen Körper wirkten. Harriet wunderte sich über die Heftigkeit der Ablehnung, die er ihr seit ihrem ersten Arbeitstag im Institut für Geschichte entgegengebracht hatte, denn persönlich kannten sie sich nicht. Abgesehen von einer Konferenz in Aachen, wo sie sich einmal begegnet waren und er sich fast demütig an ihre Fersen geheftet hatte. Aber das war eine andere Zeit gewesen. Damals war sie die Hauptrednerin des Kongresses gewesen und ihr Vortrag zu den Sammlungen aus der karolingischen Zeit war gefeiert worden. Jetzt war sie in der akademischen Welt eine Geächtete und Krollmann war mit seiner Haltung ihr gegenüber nicht allein. Außer Robert – und vielleicht dem Dekan der Fakultät für Geisteswissenschaften – war sie mit keinem der Kollegen besser bekannt. Sie entschloss sich für ein wenig Betäubung, setzte ein fast volles Weinglas an die Lippen und trank es in einem Zug aus. Der Alkohol brannte in ihrem angegriffenen Magen. Während sie über ein zweites Glas Wein nachdachte, sprach sie ihr Sitznachbar an:

»Ein wunderbarer leichter Veltliner, nicht wahr? Möchten Sie noch einen winzigen Schluck oder lieber Wasser? Und dazu vielleicht ein paar Oliven? Denn, entschuldigen Sie bitte meine Direktheit, etwas Essen könnte Ihnen nicht schaden.«

Ohne auf ihre Antwort zu warten, füllte er Harriets Glas mit Wasser und stellte eine Schale mit grünen Oliven und Brot vor sie hin. Sie versuchte ein Lächeln, das allerdings unterhalb der Mundwinkel hängenblieb. Stumm steckte sie eine Olive in den Mund, kaute eine gefühlte Ewigkeit und spülte sie mit Wasser hinunter. Ihr Schweigen schien ihn nicht zu stören. Er begann über die Hitze zu plaudern, die plötzlich eingesetzt hatte und über deren Auswirkungen auf die märkische Landschaft. Harriet genoss den Fluss seiner Erzählung und lauschte mehr auf den Klang seiner Worte als auf den Inhalt. *Versteppung*, schnappte sie auf – ein seltsames Wort. Ihre Nervosität wurde nach und nach weniger. Das Hauptgericht – Rehmedaillons mit Frühlingszwiebeln – wurde serviert und sie aß ein paar Bissen, während er mit seiner melodischen Stimme weitersprach. Vom Wasser her kam ein leichter Wind und trug Frische in den Garten, dennoch zeigte das Thermometer noch immer 30 Grad. Harriet ertappte sich dabei, immer wieder auf ihre Armbanduhr zu starren. Fast 21 Uhr. Eigentlich könnte sie jetzt gehen. Der Mann neben ihr hörte auf zu reden. Harriet erschrak.

»Oh, entschuldigen Sie. Das war unhöflich von mir.«

»Du meine Güte! Kein Problem, liebe Frau Professor. Ich sehe ja, dass Sie sich hier unwohl fühlen. Zu viele Menschen, nicht wahr?«

Dann zögerte er kurz. »Haben Sie vielleicht eine Zigarette für mich? Eigentlich habe ich das Rauchen aufgegeben, aber jetzt hätte ich Lust auf etwas Nikotin.«

Harriet nickte. Seit der Oberstufe hatte sie immer eine Schachtel *Lucky Strike* bei sich, die im Notfall zum Einsatz kamen.

»Dann lassen Sie uns zum Steg hinunter gehen. Da stören wir niemanden mit unserem blauen Dunst.«

Sie durchquerten den Garten der Villa Augusta, der so weitläufig war, dass er wie ein Park wirkte. Inmitten der sorgfältig angelegten Beete und alten Bäume war eine monumentale Skulpturengruppe aus Bronze auf dem Rasen platziert – archaisch wirkende Männer, übergroß, mit hervortretenden Adern an den Armen und Oberschenkeln.

»Das sind die drei *Berserker*«, erläuterte Harriets Begleiter.

»Ich weiß«, entgegnete Harriet. »Robert hat mir die Künstlerin, Stella Hamberg, vorgestellt, als sie zu Gast in einem seiner Seminare war.«

»Sie ist großartig!«, lobte er, während sie an den meterhohen Gestalten und den dichten Rhododendrensträuchern zum Heiligen See gingen. »Robert hatte wie immer einen guten Riecher, als er auf sie setzte. Diese Werke hat er vor einigen Jahren erworben und in seinem Garten aufgestellt, als sie noch nahezu unbekannt war. Und jetzt, mein Gott! Ihre Skulpturen werden weltweit hoch gehandelt! Vor allem die amerikanischen Sammler reißen sich um sie.«

Harriet betrachtete den Ufersaum des Sees, der von Schilf überwuchert war, und das Marmorpalais, dessen Silhouette am anderen Ufer in die Höhe ragte. Im Gegensatz zu dem klotzigen Neuen Palais, das in der Nähe der Universität lag, wirkte das im Stil des Frühklassizismus angelegte Marmorpalais beinahe anmutig. Harriets Begleiter setzte sich auf die Holzplanken des Stegs, der einige Meter weit ins Wasser ragte, und ließ die Beine baumeln. Harriet folgte seinem Beispiel und bot ihm eine Zigarette an. Das Feuerzeug flackerte kurz in der Dämmerung auf und erhellte ihre Gesichter. Dann rauchten sie einige Augenblicke schweigend. Harriet blies Kreise aus Rauch in die Luft und beobachtete, wie diese erst auseinanderfielen und dann verschwanden.

»Ich bin mir nicht sicher, ob ich mich überhaupt vorgestellt habe«, brach er das Schweigen. »Mein Name ist Karl Rosinsky. Wenn Sie irgendetwas über Potsdam und seine Menschen wissen wollen, fragen Sie mich. Ich kenne hier alles und jeden und gehöre sozusagen zum Inventar – als ehemaliger Lokalreporter.«

»Wer ich bin, wissen Sie ja offensichtlich«, erwiderte sie trocken.

»Natürlich. Jeder, der heute hier ist, weiß es.«

Harriet presste die Lippen aufeinander. Das Gespräch lief in eine Richtung, die ihr nicht gefiel. Das schien er zu spüren und wechselte schnell das Thema.

»Sehen Sie dort drüben«, er deutete über den See, »das rote Haus am anderen Ufer? Dort bin ich im letzten Kriegswinter geboren. Potsdam ist meine Heimat.«

»Für mich existiert Heimat nicht«, hörte Harriet sich zu ihrer eigenen Überraschung sagen. »Ich komme zwar aus Hamburg, wo meine Verwandten bis heute wohnen, aber als Kind war ich im Internat und später habe ich an verschiedenen Orten im Ausland gelebt. Meine Eltern sind schon lange tot, und zu meinen Geschwistern habe ich keinen Kontakt. Sie führen unser Familienunternehmen, die Reederei, und gehen darin auf. Das ist ihr Leben. Den Rest der Familie kenne ich kaum und ich glaube auch nicht, dass wir viel gemeinsam haben. Meine Wahlheimat war wohl am ehesten Cambridge.«

»Von wo man sie vertrieben hat?« Rosinsky wusste über sie Bescheid.

»Ich hoffe, Sie sind nicht mit mir an den See gegangen, um mich auszuhorchen und dann eine Geschichte für Ihre Zeitung zu machen.«

»Nein. Erstens bin ich in Rente und zweitens bin ich nicht wie meine Kollegin Adelheid Rumpers. Obacht! Sie geht über Leichen. Aber ... ist über Sie nicht ohnehin schon alles geschrieben worden, was es zu sagen gibt?«

Harriet schüttelte sich, als würde sie die Erinnerungen an ihre Vergangenheit abwerfen. »Sie haben Recht. Vor allem in den sozialen Netzwerken bin ich bestens ausgeleuchtet und zur Strecke gebracht worden. Wenn jemand weiß, was ein Shitstorm ist, dann ich. Das Internet nutze ich so gut wie nicht mehr. Ich bekomme Schweißausbrüche, wenn ich nur an Facebook denke ...«

Rosinsky zog an seiner Zigarette, bis sie aufglühte. Er hörte ihr aufmerksam zu.

»Wahrscheinlich wäre meine Karriere als Wissenschaftlerin für alle Zeiten beendet gewesen, wenn Robert Lietzenburg mich nicht an die Universität Potsdam geholt hätte.«

»Man munkelt, Sie hätten ein großes Vermögen, Professor Lievens. Warum setzen Sie sich Menschen wie Ihrem Kollegen Krollmann aus, einem zweitklassigen Wissenschaftler? Wäre es nicht viel schöner, zum Beispiel die Welt zu bereisen oder es sich irgendwo gutgehen zu lassen und dann und wann ein Buch zu veröffentlichen?«

Eine Ameise krabbelte über Harriets Hand, dann noch eine. »Das mag für andere gelten, aber nicht für mich. Ich habe kein Talent für *dolce vita*. Arbeit hält mich zusammen, und hätte ich die Stelle an der Uni Potsdam nicht bekommen, hätte ich mich wahrscheinlich umgebracht.« Die Ameisen hatten lange Fühler und einen dicken Hinterleib.

»Aber, Frau Professor! Das Leben ist ein Geschenk, das man bis zum letzten Atemzug auskosten sollte. Es ist gut, dass die Arbeit hier Sie von dunklen Gedanken ablenkt. Aber ist sie nicht unter Ihrem Niveau?«

»Was heißt denn unter Niveau?«, brauste sie auf. »Ich habe eine Lehrprofessur und kann mich auf meine Studenten konzentrieren. Die beste Arbeit, die ich bekommen konnte. Ein neues Buch ist vollkommen außer Diskussion. Ich wäre nicht in der Lage, mich auf ein langfristiges Projekt zu konzentrieren. Ich schaffe es nicht mal, einen Aufsatz von zehn Seiten zu verfassen.«

»Das wird wiederkommen, glauben Sie mir. Geschwind! Und ich muss sagen, dass ich begeistert von Ihrem Buch über Kunstsammler war. Die unterschiedlichen Persönlichkeiten, die Sie vorgestellt haben, mit ihren Eigenheiten und Motiven – für mich war das ein echter Lesegenuss. Vor allem das Porträt von Peggy Guggenheim hat mir klar gemacht, wieviel Leidenschaft im Sammeln von Kunst steckt.«

»Oder stecken *kann*. Peggy Guggenheim gehörte zu der Art von Sammlern, die sich in erster Linie für die Persönlichkeit der Künstler interessieren. Aber viele sehen Kunst auch als Wertanlage – schauen Sie sich die explodierenden Preise auf dem Kunstmarkt an. Und nicht zuletzt hat Sammeln auch immer etwas mit Repräsentation zu tun – die Dinge, die man um sich schart, sagen aus, wer man ist.«

»Ein spannender Gedanke.«

»Durchaus. Das gilt für die einzelne Sammlerpersönlichkeit, aber auch für ganze Gesellschaften. Ohne dieses Motiv gäbe es unsere Museen nicht.«

»Ich merke, dass Sie ganz in Ihrem Element sind, liebe Frau Professor Lievens. Potsdam könnte ein gutes Pflaster für Sie sein, denn diese Stadt ist mittlerweile ein einziges Museum – mit vielen Schichten von Vergangenheiten. Spötter nennen sie ein preußisches Freiluftmuseum. Aber Sie wohnen gar nicht in Potsdam, oder?«

»Nein, ich bin nach außerhalb gezogen, um etwas Ruhe zu finden. Ganz gelungen ist das bislang allerdings noch nicht.«

Harriets Schläfen begannen zu pochen. Zu viel Vergangenheit schwang in dem Gespräch mit. »Ich wäre jetzt gern ein wenig allein.«

»Kein Problem. Ich hoffe, dass ich Ihnen nicht zu nahegetreten bin«, erwiderte Karl Rosinsky und erhob sich vom Steg. »Meine Güte, einfache Dinge wie Aufstehen werden mit dem Alter immer mühsamer ... Bleiben Sie nicht zu lange hier sitzen. Von Westen kommt ein Gewitter.« Wie auf Befehl erklang ein Donnergrollen in der Ferne. Während Rosinsky in der

Dämmerung verschwand, beobachtete Harriet zwei Enten, die im Uferschilf Zuflucht gesucht hatten und dort unbeweglich ausharrten. Sie nahm einen letzten Zug ihrer Zigarette und warf den Stummel ins Wasser. Einige Minuten vergingen, währenddessen sie einfach nur die Bewegungen der Wellen auf dem Heiligen See verfolgte und in die warme Abendluft atmete. Plötzlich hörte sie das trockene Knacken eines Zweiges und drehte unwillkürlich den Kopf. War hinter dem Schilf jemand, der sie beobachtete? Am Zaun auf dem Nachbargrundstück? Sie starrte angestrengt in die Dunkelheit und meinte, plötzlich die Umrisse eines Mannes wahrzunehmen. Ihr Herz begann unregelmäßig zu schlagen. War es möglich, dass *er* ihr nach Potsdam gefolgt war?

»Hallo?«, rief sie mit bebender Stimme. Keine Antwort.

Wahrscheinlich versagten ihre Nerven. *Er* konnte es unmöglich sein, denn sein Platz war in England. Ihre Angst niederkämpfend ging sie summend auf das Schilf zu und blieb am Ufer stehen. Nichts. Dort, wo Harriet eine Gestalt gesehen hatte, bewegte sich nur das Schilfrohr im Abendwind. Entwarnung. Sie war ihrem aus dem Ruder laufenden Unterbewusstsein auf den Leim gegangen. Das Gespräch mit dem Journalisten hatte sie aufgewühlt. Besser, sie ginge zurück zum Rest der Gesellschaft, auch wenn es schwer war. Inzwischen war es fast dunkel und sie schritt an Lampions vorbei, die an Girlanden in den Bäumen hingen und das Blattwerk erhellten. Rund um zwei Apfelbäume hatte Robert am Vormittag einen Zauberwald für die Kinder errichten lassen, mit Windlichtern und großen Kissen, die zum Sitzen und Liegen einluden. Auf einem Tischchen standen Gläser mit selbstgemachter Holunder-Limonade, Saft und ein Tablett mit Schokoladenkuchen. Lissy und die anderen Kinder waren aber nirgends zu sehen, nur ihre fröhlichen Stimmen klangen von irgendwoher. Die Kellner hatten inzwischen Fackeln entzündet und entlang der Wege durch den Garten in die Erde gesteckt. In der Ferne, über dem Marmorpalais, dessen Silhouette noch immer gut sichtbar war, zuckten einzelne Blitze. Donnergrollen war zu hören. Viele Gäste standen mit Espressotassen oder Cognacgläsern in den Händen zusammen und unterhielten sich. Der glatzköpfige Schauspieler stellte zusammen mit zwei Studentinnen einen Tisch und einen Stuhl in einer Ecke der Terrasse auf, von wo aus er seine Lesung halten wollte. Hendrik erläuterte lautstark, wie und wo man mit größtmöglicher Gewinnspanne Immobilien auf Mallorca kaufen und verkaufen könne und in welchem Berliner Restaurant die köstlichsten Maultaschen serviert würden. Maria stand kerzengerade neben ihm, schwieg und blickte auf den Boden. Sie wirkte nervös, ihre muskulösen Arme und Schultern angespannt. Als ehemalige Primaballerina zeigte sie Haltung, obwohl sie augenscheinlich etwas quälte. Die Sängerin und ihr Fotograf hatten sich zusammen in einen Korbsessel gekuschelt und tauschten voller Inbrunst Küsse aus. Harriet ließ sich einen Espresso bringen, stellte sich in die Nähe von Karl Rosinsky, der in regem Gespräch mit einer Studentin namens Emilia war, und nippte an dem heißen süßen Getränk. Emilia war studentische Hilfskraft an Roberts Institut für Kunstgeschichte und hielt sich ständig in dessen Nähe auf. Aber wo war Robert eigentlich? Wieder blickte Harriet auf die Uhr. Allmählich könnte sie sich davonmachen, ohne dass ihr das als allzu grobe Unhöflichkeit ausgelegt würde, aber sie wollte sich vorher bei Rosinsky für ihr ruppiges Verhalten am Steg entschuldigen. Er konnte schließlich nichts für ihre Trübseligkeit. Die Kinder bogen um die Hausecke, warfen sich gegenseitig den Ball zu und sangen lauthals einen Song von Billie Eilish, den Harriet zufällig kannte, weil er auf allen Radiosendern hoch und runter gespielt wurde. Eigentlich interessierte sie sich nicht für Pop-Musik. Ihre Vorlieben lagen eher bei Tschaikowsky und natürlich bei Monteverdi – den sie allerdings nach alldem, was passiert war, nicht mehr ertragen konnte. Die teuren Kleider der Mädchen und Jungen waren voller Schokoladen- und Grasflecken. Lissys blaues Leinenkleid hatte eine graue Färbung angenommen und war an der Seite aufgerissen.

»Liebling, wie siehst du denn aus? Dein schönes Kleid!« Sophia eilte heran und entriss ihrer Tochter den Fußball, den diese an ihre Brust gepresst hatte. »Hört auf so zu brüllen. Man kann ja sein eigenes Wort nicht mehr verstehen. Mit Fußballspielen ist erstmal Schluss.«

Lissy verzog ihr Gesichtchen zu einer Fratze. Geschickt boxte sie gegen den Ball, den ihre Mutter hielt. Er hüpfe Sophia aus den Händen, knallte gegen ihr Kinn und landete auf dem Boden. Lissy warf ihrer Mutter einen trotzigen Blick zu und schoss den Ball dann mit Wucht gegen die Terrassentür der Villa Augusta. Die Scheibe der Tür zerbarst und Glas verteilte sich auf dem Terrakottaboden zwischen den Zitronenbäumchen, die die Terrasse säumten. Sophia starrte fassungslos auf die kaputte Scheibe. Lissy grinste.

»Du hast mir gar nichts zu sagen«, rief sie laut genug, dass alle Anwesenden sie hören konnten. »Das findet Papa auch!«

Sophia machte einige schnelle Schritte auf ihre Tochter zu, hob die Hand und versetzte ihr eine klatschende Ohrfeige und dann noch eine. Lissy brüllte, warf sich auf den Rasen und trampelte mit den Füßen.

»Meine Mutter ist eine blöde Kuh. Papa, Papa, hilf mir.«

Harriet schaute sich um. Robert war noch immer nirgends zu sehen. Lissy schrie gefühlt einige Minuten lang weiter, ohne dass jemand eingriff. Der Hund umkreiste das Mädchen mit heraushängender Zunge und bellte hysterisch. Sophia stand wie angewurzelt auf der Stelle und betrachtete ihre wie von Sinnen schreiende und sich am Boden wälzende Tochter. Endlich tauchte Robert aus dem Dunkel des Gartens auf, nahm Lissy in die Arme und trug das schluchzende Mädchen wortlos ins Haus. Er war kreidebleich. Vorsichtig balancierte er über das Glas auf der Terrasse, das unter seinen Schritten knirschte. Niemand sagte etwas. Die Gäste standen betreten mit ihren Gläsern in den Händen da und der Hund verkroch sich unter einem der Rhododendronbüsche. Nur sein Hinterteil mit dem eingeklemmten Schwanz schaute heraus.

»Entschuldigt. Setzt euch, Ihr Lieben!«, rief Sophia mit schwankender Stimme, räusperte sich und klatschte in die Hände. »Das Dessert wird nun aufgetragen. Bitte.« Die Bewegungen, mit denen sie die Kellner aufforderte, die Mousse au Chocolat zu servieren, waren hölzern. Die Stimmung war auf den Nullpunkt gesunken. Viele tuschelten und schauten verschämt zu Sophia hinüber, die noch immer um Fassung rang. Adelheid Rumpers notierte sich verstohlen etwas auf einer Serviette. Harriet entschied, dass es höchste Zeit war, die Villa zu verlassen und nachhause zu fahren. Auf einmal fiel ihr auf, dass sie ihre Zigaretten und ihr Feuerzeug am Steg liegengelassen hatte. Sie würde zurück zum See gehen müssen, denn ohne ihre Nikotindosis würde sie die nächsten Stunden nicht überstehen. Auf dem Weg dorthin kam ihr ein großer Mann aus der Dunkelheit entgegen, der ihr vorher nicht aufgefallen war. Vielleicht hatte er in einer der Gruppen um Krollmann gestanden, zu denen sie nicht einmal hatte hinschauen mögen. Der Mann schien sie zunächst nicht zu bemerken und flüsterte Worte in einer Sprache vor sich hin, die Harriet nicht kannte. Vielleicht war er ein Gastwissenschaftler aus dem Ausland, den Robert eingeladen hatte. An seinem Institut lehrten häufig Dozenten und Professoren aus Indien,

China oder Russland, deren Stellen über den DAAD finanziert wurden. Robert schätzte den Austausch, der über die Grenzen der Kontinente hinausging. Erst als sie schon beinahe vor ihm stand, nahm der Mann sie wahr. »Guten Abend«, stieß er erschrocken hervor. Ein Blitz zuckte am Himmel über dem Heiligen See und seine weit aufgerissenen mandelförmigen Augen, die nah über den hohen Wangenknochen saßen, wurden für einen Moment sichtbar. Dann deutete er eine Verbeugung an.

»Ich hoffe, dass ich Sie nicht erschreckt habe. Falls ja, entschuldigen Sie bitte mein Fehlverhalten.«

Sein Deutsch klang seltsam altmodisch und er rollte stark das R.

»Oh, nein«, erwiderte Harriet. »Alles in Ordnung.«

Er nickte ihr zu und setzte seinen Weg durch den Garten fort. Die Zigaretten und das Feuerzeug lagen noch immer auf den Planken des Stegs. Harriet verstaute sie in ihrer Tasche. Ihr war die Lust vergangen, Rosinsky oder irgendwem anderes zu begegnen, deshalb schlich sie hinter den Büschen und Rhododendren auf den Hintereingang des Hauses zu und hoffte, von niemandem bei ihrem unwürdigen Verhalten beobachtet zu werden. Sie musste sich von ihren Gastgebern verabschieden – auch wenn ihr das nach dem missglückten Auftritt der Familie schwerfiel. Da weder Robert noch Sophia im Garten zu entdecken waren, betrat sie verstohlen das Haus. Einen der beiden würde sie schon finden, sich gebührend für die Einladung bedanken und dann könnte sie endlich nachhause fahren.

•

»Verdammt nochmal, Sophia. Wie konntest du nur? Als hätten wir nicht schon genug Probleme!« Roberts Stimme war unterdrückt aus einem der Zimmer zu hören. Harriet blieb wie angewurzelt im Flur stehen. Kurz darauf hörte sie Sophia schluchzen und Harriet wurde klar, dass sie sich in der peinlichen Situation der unfreiwilligen Ohrenzeugin befand. Also Flucht. Langsam drehte sie sich um ihre Achse und setzte vorsichtig einen Fuß mit der Spitze auf. Augenblicklich ächzte das Parkett und sie erstarrte in der Bewegung.

»Was?«, schrie Sophia jetzt mit tränenerstickter Stimme. »Dieses kleine Biest hat mich wieder provoziert. Ich konnte nicht mehr.« Ihre Stimme überschlug sich.

»Du hättest dich einfach nur heute Abend zusammenreißen müssen und so tun, als würdest du dein Kind mögen. Die Rolle als hingebungsvolle Ehefrau beherrschst du perfekt. Mein Kompliment. Als Mutter hingegen bist du eine Fehlbesetzung.«

»Und du? Du bist ein Verbrecher. Ich sollte zur Polizei gehen und dem Ganzen ein Ende machen.«

»Sei vorsichtig, Sophia.« Roberts Stimme nahm einen warnenden Unterton an. »Alles, was du bist, bist du durch mich.«

»Nimm den Mund nicht zu voll, Robert. Ich bin nicht mehr die kleine Studentin, die alles tut, was du sagst!« Harriet hörte das Blut in ihren Ohren rauschen. »Du hast nicht aufgepasst und bringst uns alle in Gefahr. Wie konnte die Sache mit Toulouse überhaupt passieren?« Sophias Stimme klang noch immer aufgebracht, war aber neben der Wut durchsetzt mit einer Färbung, die Harriet hinreichend kannte: Angst.

»Was weiß ich denn? Das Toulouser Bild wird sich als Fälschung entpuppen.«

»Das ist Unsinn! Ein ganzer Stab von Wissenschaftlern hat die Echtheit bestätigt. Und auch Pit…!«

Barsch unterbrach er sie:

»Was ist mit Pit, Sophia? Wart ihr zusammen in …?« Die letzten Worte des Satzes waren für Harriet unverständlich, weil Robert sie mehr murmelte als sprach.

»Das hast du gerade nötig. Glaubst du etwa, ich wüsste nicht, was mit deinen Studentinnen läuft?«, schrie Sophia. Dann herrschte plötzlich Schweigen. Harriet fürchtete schon, dass Robert gleich aus der Tür stürzen und sie entdecken würde, aber dann fuhr er fort:

»Er war da. Vorhin. Hier bei uns im Garten, unten am See.«

»Um Gottes willen. Der Riese? Was wollte er?«

»Geld natürlich. Ich habe ihm gesagt, dass ich nichts habe. Und das ist sogar die Wahrheit. Wenn du nicht diesen maroden Hof auf Rügen gekauft hättest, dann hätte ich ihm wenigstens einen Teil geben können. Vielleicht wäre er dann abgezogen. Aber so haben wir ihn auf dem Hals. Ich kann noch immer nicht fassen, dass du mich so hintergehen konntest: Einfach hinter meinem Rücken unser Geld einem Immobilienhai in den Rachen zu stopfen. Und dann auch noch eine Ruine dafür zu bekommen.«

Harriet hörte hektische Schritte auf dem Parkett.

»Woher hätte ich denn wissen sollen, dass der Typ ein Betrüger ist? Der Hof sah aus, als würde er zu hundert Prozent meine Vorstellungen erfüllen. Ich brauche einen Rückzugsort, um zu mir zu kommen. In deiner Nähe geht das nicht. Außerdem sollten dort Räume für meinen zweiten Galeriestandort entstehen – die *SvLHochZwei*-Galerie. Wenn du mir die Wahrheit gesagt hättest, dann wäre ja alles anderes gekommen.«

Sophia hatte von wütend auf trotzig umgeschaltet.

Robert seufzte. »Dann bin ich mal wieder an allem schuld, ja? Wenn ich dir gesagt hätte, wie es um unsere Finanzen steht, dann wärest du durchgedreht. Also habe ich alles auf eine Karte gesetzt und tja – eben verloren. Aber das habe ich für uns getan – falls es überhaupt noch ein Uns gibt. Wir müssen jetzt eine Lösung finden, dafür brauche ich einen klaren Kopf.«

»Was hast du dem Riesen gesagt?«

»Dass er die Situation genauso zu verantworten hat wie ich, und dass er sich irgendwo auf der Welt verstecken soll und in Ruhe abwarten, bis sich der Rauch um das Bild verzogen hat.«

»Und was hat er geantwortet?«

»Nur, dass Kerer ihn überall finden würde, egal ob er sich in Australien oder in der Antarktis versteckt. Er besteht darauf, dass ich ihm das Geld gebe, das wir ja nicht mehr haben – dank deiner Transaktionen.« Harriet hörte, dass er wieder durch das Zimmer lief. »Sophia, ich muss dir noch etwas sagen. Wegen Pit, ich …«

Sophia schnitt ihm das Wort ab: »Lass uns morgen in Ruhe über alles sprechen. Vielleicht hält dieser Kerer sich ja auch nur an den Riesen, und wir sind aus dem Spiel. Du musst dich jetzt um die Gäste kümmern. Ich kann unmöglich mehr in den Garten. Wahrscheinlich ist deine Freundin Adelheid schon dabei, einen Artikel zu formulieren, in dem sie mich der Kindesmisshandlung bezichtigt. Und morgen klingelt hier bestimmt das Jugendamt. Dabei hat eine Ohrfeige noch niemandem geschadet – so viel steht fest.«

»Sophia, hörst du dir eigentlich selbst zu? Elisabeth ist das Kostbarste, was wir haben«, hörte Harriet Roberts Stimme. »Sie hat sich übrigens beruhigt und schläft, falls es dich interessiert«, setzte er hinzu.

»Elisabeth, Elisabeth. Dir geht es nur noch um das Kind, nicht mehr um mich«, Sophias Stimme war wieder eine Oktave nach oben gewandert. Harriet hörte das Kratzen von Stuhlbeinen auf dem Fußboden. »Und im

Übrigen: Hast du endlich mit Harriet geredet? Sie steht in deiner Schuld und muss sich jetzt revanchieren. Vielleicht ist bei ihr etwas zu holen – stinkreich wie die ist.«

Harriet wurde heiß und sie spürte, wie Röte ihre Wangen hochkroch. Wenn sie jetzt von den beiden erwischt würde, würden sie glauben, dass sie sie absichtlich belauscht hatte. Ein weiterer Blitz zuckte auf, gefolgt von einem Donnerschlag, der vom See heranrollte.

»Du musst in den Garten!« – wieder Sophias Stimme, laut und aufgeregt – »Das Gewitter ist da!«

Harriet wusste, dass sie sofort fliehen müsste, wenn sie nicht erwischt werden wollte. So hastete sie den Flur entlang, an der halbgeöffneten Tür von Roberts Arbeitszimmer vorbei, in Richtung Haustür. Atemlos huschte sie in eine Nische neben einer Standuhr und verbarg sich in deren Schatten.

»Da war jemand!«, schrie Sophia schrill. »Jemand hat uns belauscht! Der Riese ist da und will uns umbringen!«

Robert lief ein paar Schritte auf dem knarrenden Parkett in Harriets Richtung. Kurz bevor er die Nische erreicht hatte, drehte er um. »Hier ist niemand!«, rief er bestimmt. »Beruhige dich endlich. Ich muss mich um unsere Gäste kümmern.«

•

Mit einem Satz sprang Harriet die Stufen vor der Haustür hinunter, wurde von dem beginnenden Wolkenbruch erwischt und krachte mit Wucht gegen eine Gestalt, die vollkommen unerwartet aus dem Boden wuchs. Für einen Moment wurde ihr schwarz vor Augen, und sie fiel unsanft auf das Pflaster, direkt in eine Pfütze, die sich in Windeseile auf dem Gartenweg gebildet hatte. Durch ihren rechten Arm fuhr ein heißer Schmerz.

»Entschuldigung, Entschuldigung.« Eine Hand streckte sich ihr entgegen und zog sie hoch. »Ich habe Sie nicht gesehen. Sind Sie verletzt? Kommen Sie, ich bringe Sie ins Haus.«

»Nein, auf keinen Fall!«, antwortete Harriet panisch. »Bitte bringen Sie mich zu meinem Auto. Ich will nachhause, unbedingt.« Harriets Stimme ließ keinen Zweifel daran, dass sie es ernst meinte. Regentropfen klatschten auf die Erde, der Wind fuhr durch die Bäume des Vorgartens und drückte die Zweige zu Boden.

»Wo ist denn Ihr Auto?«, rief er ihr durch die Windböen und den niederprasselnden Regen zu.

»Direkt vor dem Haus. Der alte Mercedes.« Harriet spürte, wie er sie hochhob. Benommen wie sie war, protestierte sie nicht, sondern ließ sich von ihm durch den Vorgarten und zu ihrem Auto tragen.

Ein Augenpaar folgte dem Geschehen aufmerksam, ein Handy wurde gezückt.

»Geben Sie mir die Schlüssel!«

Der Mann setzte Harriet behutsam an dem geparkten Auto ab. Sie kramte mit nassen, sandigen Händen die Autoschlüssel aus der Handtasche und reichte sie ihm zitternd. Er schloss die Fahrertür auf. Harriet ließ sich auf den Sitz fallen und warf einen Blick in den Rückspiegel. Offensichtlich hatte nicht nur ihr Arm etwas abgekriegt, sondern sie war auch mit dem Gesicht auf das Pflaster geschlagen. Ihr rechtes Auge begann anzuschwellen. Ein langer Kratzer zierte ihre Stirn.

»Geht es?«, fragte der Unbekannte besorgt, während er sich mit von Regenwasser triefendem Gesicht zu ihr herabbeugte.

»Wird schon«, erwiderte Harriet.

Er schaute sie forschend an.

»Ich bringe Sie jetzt ins Krankenhaus«, sagte er dann energisch. »Sie sehen wirklich nicht gut aus. Vielleicht haben Sie sogar eine Gehirnerschütterung.«

»Auf keinen Fall. Ich will sofort nachhause. Es ist nichts, nur ein Kratzer.« Eine Nacht in der Notaufnahme würde ihr nach diesem Abend den Rest geben. Harriet hievte ihre Beine ins Auto und versuchte, die Schlüssel ins Zündschloss zu stecken. Ohne Erfolg. Ihre rechte Hand zitterte so stark, dass sie das Schloss nicht einmal traf.

»Kommen Sie, ich mache das. Ich fahre Sie.«

Er nahm ihr den Schlüssel aus der Hand. Harriet startete einen schwachen Versuch zu protestieren, den sie sofort abbrach. Ihr Kopf dröhnte und die klatschnasse Kleidung klebte ihr am Leib. »Rutschen Sie auf den Beifahrersitz. Wo wohnen Sie?«, fragte er und ließ sich hinter das Steuer fallen.

»In Linnerow, in der Nähe von Brandenburg.«

»Was? Am Ende der Welt? Bis wir dort ankommen, haben Sie eine Lungenentzündung.«

Er überlegte kurz.

»Wir fahren erst einmal zu mir. Ich habe ein Atelier in der Nähe. Dort finde ich bestimmt etwas Passendes zum Anziehen für Sie und dann bringe ich Sie nachhause.«

Harriet fühlte sich zu elend zum Protestieren und verzichtete deshalb auf eine Erwiderung. Sie sehnte sich nach einem heißen Bad und trockener Kleidung. Aber lieferte sie sich nicht gerade einem Fremden aus?

Als hätte er ihre Gedanken gelesen, sagte er:

»Ich bin übrigens Pit Wallstedt.«

Natürlich. Sie hatte sein Foto in der *Monopol* gesehen. Wallstedt war seit einer umjubelten Ausstellung im *Hamburger Bahnhof* in Berlin im Frühjahr des vergangenen Jahres nahezu aus dem Nichts zu einem Shootingstar der deutschen Kunstszene aufgestiegen. Die Kunstkritiker, allen voran ihr Freund Robert, feierten mit seinem Werk die »Wiederentdeckung des Gegenständlichen« und die »Ästhetik des Brachialen«. DIE ZEIT hatte der Ausstellung eine ganze Seite gewidmet. Das schien ihm nicht zu Kopf gestiegen zu sein.

»Sie sind eine Berühmtheit.«

Er lachte und winkte ab. »Zuviel der Ehre. Ich bin nicht Neo Rauch.«

Er startete den Mercedes, dessen altersschwacher Motor röchelte.

»Edles Gefährt. 240 D, oder? Echt unverwüstlich. Mein Atelier ist nur ein paar Straßen entfernt. Wir sind in fünf Minuten dort.« Der Motor röhrte nochmal, und Pit Wallstedt fuhr das Auto in Schrittgeschwindigkeit durch die Dunkelheit und den anhaltenden Regen.

»Sind Sie ein Freund der Lietzenburgs?«

Er zögerte. »Sozusagen. Ich kenne Robert seit vielen Jahren. An der Uni Potsdam halten wir gemeinsam Seminare. Sein Part ist die Kunsttheorie, meiner die Praxis. Von der Wissenschaft verstehe ich nichts. Außerdem begleitet er meine künstlerische Arbeit seit einiger Zeit recht intensiv ... Und Sie? Woher kennen Sie Robert, oder sind Sie eine Freundin von ... Sophia?«

»Ich bin eine Kollegin von Robert. Mein Name ist Harriet Lievens.«

»Ah, Sie sind die skandalumwitterte Professorin aus Cambridge.«

Harriet schwieg betroffen. Ihr Ruf hatte sich rasend schnell in der Stadt verbreitet.

»Oh nein, ich bin wirklich ein Trampeltier. Ist mir nur so rausgerutscht. Ich spreche manchmal, bevor ich denke. Sorry«, sprudelte er hervor.

Harriet spürte seinen Worten misstrauisch hinterher, aber sie konnte keinen Anflug von Boshaftigkeit wahrnehmen.

»Von den Studenten höre ich nur Gutes über Sie. Die fühlen sich besser betreut als von Ihren Kollegen.«

»Ich gebe mir eben mehr Mühe, als das in Deutschland – leider – verbreitet ist. Mehr nicht«, entgegnete Harriet verlegen und wand sich auf dem von Regenwasser durchtränkten Beifahrersitz. Mit Lob hatte sie noch nie gut umgehen können. »Ich versuche gerade erst, hier in Deutschland wieder anzukommen. Und das ist nicht ganz einfach.«

»Mmmh«, brummte Wallstedt und konzentrierte sich auf das Fahren. »Das kann ich mir gut vorstellen.« Das Auto fuhr durch die regnerische Nacht und bog in die Berliner Straße, die links und rechts von großbürgerlichen Wohnhäusern eingefasst war.

»Eine einzige Kulisse, unsere Stadt, nicht wahr?«

»Was meinen Sie damit?«, fragte Harriet.

Er deutete auf die am Autofenster vorbeifliegenden Häuserreihen. »Ich meine diese luxussanierten Häuser, die überall in der Stadt zu finden sind und die von protzigen Neubürgern aus dem Westen gekauft wurden. Ich bin ja aus dem Osten, bin in Potsdam zur Schule gegangen und habe dann später in Leipzig studiert. Direkt nach der Wende, das war der Hammer, hier zu leben. Schauen Sie dort!« Er zeigte auf eine Jugendstilfassade, deren Blumenornamente im schwachen Licht der Straßenlaternen hervortraten.

»Hier habe ich mal gewohnt, Anfang der 1990er-Jahre. Für fast kein Geld habe ich ein 45 Quadratmeter großes Zimmer gehabt, mit Stuck an der Decke und vier Meter hohen Wänden. Das Klo war natürlich auf halber Treppe. Und das Haus daneben war besetzt, so wie viele andere Häuser hier im Viertel der Schönen und Reichen. Wussten Sie, dass Potsdam in den 1990er-Jahren die Hauptstadt der Hausbesetzer war?«

Harriet schüttelte den Kopf. Unter anderen Umständen wären diese Erläuterungen interessant für sie gewesen, aber die Schmerzen im Arm und am Kopf wurden stärker. Sie hörte nur mit halbem Ohr zu.

»Dachte ich mir, dass Sie das nicht wissen. Die meisten der neu Zugezogenen glauben, dass Potsdam schon immer so eine preußische Puppenstube war. Aber, nö, so war es nicht. Erst als die Investoren kamen, wurde alles aufgehübscht. Zu sehr, wenn Sie mich fragen.«

»Warum sind Sie mit Ihrem Atelier denn nicht nach Berlin umgezogen? Olafur Eliasson und Jonathan Meese haben sich in Kreuzberg oder Friedrichshain und neuerdings sogar in Schöneweide eingerichtet.«

Harriet stellte die Frage mehr aus Höflichkeit als aus echtem Interesse.

»Mit denen kann ich mich sowieso nicht messen! Aber ich zeige Ihnen gleich, warum ich in Potsdam bleiben möchte.« Das Auto fuhr auf den Hof einer Kaserne und rumpelte über Kopfsteinpflaster auf ein Gelände, das wie ein ehemaliger Industriestandort aussah. In der Dunkelheit konnte Harriet ein hoch aufragendes Gebäude aus Backstein mit einem in rot und blau angeleuchteten Schornstein erkennen.

»Willkommen an der Schiffbauergasse am Tiefen See! Nach der Wende haben wir hier wilde Techno-Partys gefeiert, nächtelang. Dort drüben am Waschhaus, damals die Großwäscherei des VEB Rewatex, ging alles los. Ich ging in Wendezeiten zwar noch zur Schule, aber der Unterricht war nicht mehr wichtig. Feiern war wichtig. Das Beste waren die russischen Soldaten, die nachts von ihrem Kommando abgehauen sind und einfach mitgemacht haben. Mann, die konnten saufen!«

Er unterbrach sich, sprang aus dem Auto und öffnete ihr die Tür.

»Kommen Sie, Mylady.«

Harriet stellte ihre Beine schwerfällig auf den Boden und stieg langsam und mit schmerzverzerrtem Gesicht aus. »Hier entlang.«

Er griff nach ihrer Hand. Harriet konnte sich nicht entscheiden, ob es ihr gefiel oder nicht, aber sie beließ es dabei. Es waren nur wenige Meter bis zum Eingang des Gebäudes, zu dem er sie brachte, aber er zog schnell seine Jacke aus und breitete sie schützend über sie. Sie liefen durch knöcheltiefe Pfützen, während der Regen unablässig auf sie herabprasselte, standen schließlich durchnässt vor einer Glastür und traten in ein nüchternes Treppenhaus. Dann ging es mit einem Fahrstuhl nach ganz oben, bis sie in einem Loft mit großformatigen Bildern und gewebten Wandteppichen an den roh verputzten Wänden ausstiegen. Es besaß eine breite Fensterfront, vor die Pit Wallstedt schwere Vorhänge in Bordeauxrot zog.

»Hier arbeite ich. Und manchmal wohne ich auch hier. Ist aber verboten – Gewerbegebiet, also nicht weitersagen. Ich habe auch eine kleine Wohnung in der Innenstadt. Da bin ich aber selten.«

»Kann hier einfach jeder rein?«

»Ja. Ich glaube an das Gute im Menschen.«

Er warf den Autoschlüssel auf einen kurzbeinigen Nierentisch und deutete auf eine Tür, die beinahe hinter aufgestapelten Bilderrahmen verschwand.

»Dort ist das Bad. Ich könnte mir vorstellen, dass eine heiße Dusche jetzt genau das Richtige wäre, oder? In der Zwischenzeit versuche ich schon einmal, etwas zum Anziehen für Sie zu finden und uns etwas zum Trinken zu besorgen.«

Das Bad war luxuriös, mit einer runden Wanne in der Mitte und blitzenden Armaturen. Der Badezimmerspiegel warf Harriet ein wenig schmeichelhaftes Bild zurück. Ihr rechtes Auge war geschwollen, die Oberlippe an einer Stelle aufgeplatzt und der Kratzer auf der Stirn blutete ein wenig. Eine rote Spur, Blut, vermischt mit Tränen und Regenwasser, zog sich über ihr Gesicht. Sie duschte so lange, bis der Spiegel im Badezimmer beschlug und die feuchte Luft in Schwaden durch den Raum waberte. Während das warme Wasser über ihren Kopf und die Schultern strömte, dachte sie an das Gespräch zwischen Robert und Sophia. Es war offenkundig, dass er und Sophia in – nicht nur finanziellen – Schwierigkeiten steckten. Sophia hatte von dem Riesen gesprochen, wie von einer Gestalt aus einem Märchen für Kinder. Und warum hatte Sophia sich so abfällig über sie – Harriet – geäußert? Harriet fand ein großes Badetuch, mit dem sie sich sorgfältig abtrocknete, und das sie wie eine Tunika um ihren Körper drapierte. Ihr durchnässtes Kleid hängte sie an die Duschwand, in der Hoffnung, dass es ein wenig trocknete, bis sie nachhause fahren konnte. Der Stoff war empfindlich, sodass sie es nicht einfach nass zusammenlegen und in die Tasche stecken könnte. Ein letzter Blick in ihr verbeultes Gesicht, dann trat sie aus dem Bad in den Atelierraum. Erst jetzt sah sie, dass in einer Ecke ein Sofa und zwei Ohrensessel standen, flankiert von altmodischen Boxen, aus der leise Musik drang. Tom Waits, *Rain Dogs*. Daneben befand sich ein Bett mit vielen Kissen und einer hellen Tagesdecke aus indischem Tuch. Einige Meter weiter war eine Küchenzeile eingelassen, an der Pit Wallstedt eifrig hantierte. Harriet sah nur seinen Rücken. Er hatte sich ein trockenes T-Shirt angezogen, unter dem sich deutlich seine Muskeln abzeichneten, Shorts übergestreift und war barfuß. Er wirkte eher wie ein Fußballspieler als wie ein Künstler. An seinem Nacken wuchs ein Tattoo empor, das sich bis zur Hälfte seines kahlgeschorenen Schädels zog. Es sah aus, als sei es frisch gestochen. Die Farben leuchteten intensiv und eine Spur zu grell. Es bestand aus in sich verschlungenen Wörtern, die aus der Entfernung nicht lesbar waren.

»Wow, da kommt Aphrodite! Möchten Sie einen heißen Tee? Oder einen Kakao?« Harriet, noch immer in die Betrachtung des Tattoos vertieft, fühlte sich ertappt. Er drehte seinen Kopf über die Schulter und sah sie fragend an. »Oder doch lieber einen Calvados? Ich komme gerade aus Frankreich und habe ein paar Flaschen mitgebracht!« Ihre Verlegenheit amüsierte ihn.

»Es ist schon spät und ich habe morgen einen arbeitsreichen Tag vor mir. Ich muss Klausuren meiner Erstsemester korrigieren.«

»Ach, kommen Sie, das wird Ihnen doch keine Probleme bereiten«, erwiderte er. »Ich muss morgen auch arbeiten und hoffe, dass ich dieses Bild endlich abschließen kann.«

Er deutete auf ein an der Wand lehnendes Gemälde, das eine wie von Schmerz verzerrte Gestalt zeigte, die von zuckenden Lichtern und schwarzen Schlieren eingerahmt wurde. Acrylmalerei, soweit sie erkennen konnte. Es strahlte eine unterdrückte Wut, aber auch Trauer aus, die durch die geschickte Komposition des Werkes entstand. Solides Handwerk, aber kein Geniestreich. Von dem neuen Star der Szene hätte sie mehr Raffinesse und Subtilität erwartet.

»Hier ist der Calvados!«

Pit Wallstedt kam mit einem Tablett, auf dem zwei Gläser und kleine Metallschälchen mit Oliven, Erdnüssen und Salzstangen standen, aus der Küchenecke. »Sie müssen wenigstens probieren – nur ein Gläschen. Dann bringe ich Sie nachhause. Ehrenwort.«

Harriet musste eingestehen, dass der Mann ihr gefiel. Sie würde auf der Hut sein müssen, denn das war gefährlich. Es war noch zu früh für Experimente. »Okay, aber ich fahre dann selbst. Ich bin wirklich wieder fit.«

»Darüber reden wir gleich. Ich hole Ihnen jetzt die trockenen Sachen.«

Er stellte das Tablett auf dem Nierentisch ab und drückte ihr ein Glas in die Hand. »Auf das Leben!«

Sie stießen an. Dann ging Pit zu einem in die Wand eingelassenen Schrank und kam mit einem roten T-Shirt und einem Jeansrock zurück. »Das müsste passen.«

Die Kleidung duftete. Ein Parfum, das ihr irgendwie bekannt vorkam. Ihr Handtuch verrutschte, weil sie sich eine Sekunde nur auf den Duft konzentriert hatte, den die Kleidung verströmte. Es gab den Blick auf ihre linke Schulter frei, die von roten Narben überzogen war.

»Mein Gott, wie ist das passiert?« rief Pit. »Sieht aus wie Verbrennungen. Hattest du einen Unfall?«

»Darüber rede ich nicht«, erwiderte Harriet kurz angebunden. Sie zog das Handtuch über ihre Schulter und ging rasch zurück ins Badezimmer, um sich umzukleiden. Der Rock und das Shirt waren zwar etwas zu weit, saßen aber sonst akzeptabel. Als sie wieder ins Atelier kam, hatte Pit sich schon den zweiten – doppelten – Calvados eingeschenkt. Er saß auf dem Sofa und beobachtete Harriet aus halbgeschlossenen Augen. Ein gutaussehender Mann, der seinen Wert kannte.

»Ich werde allmählich neugierig auf dich. Stimmt es, dass du deinen Liebhaber in England – diesen Politiker – beinahe erstochen hast?«

Harriet war auf die Frage gefasst.

»Auch das ist kein Thema.«

»Du bist eine rätselhafte Person, schöne Frau. Ich bin froh, dass wir uns kennengelernt haben. Das Universum meint es gut mit mir. Und irgendwann, während eines langen Spaziergangs am Meer, erzählst du mir, wer dich so verletzt hat.«

Harriet trank einen Schluck, der intensiv nach Apfel und ein wenig nach Arzneimittel schmeckte. Sie spürte die Wärme des Alkohols und mit ihr eine leichte Benommenheit, die nicht unangenehm war.

Er klopfte neben sich auf das Sofa. »Setz dich, Frau Professor.«

Ohne Scheu griff er nach ihrer Hand und zeichnete die Linien in ihrer Innenfläche nach. Sie ließ es einfach geschehen. Zu ihrer Überraschung tat es richtig gut.

»Werden Robert und Sophia dich nicht vermissen?«, fragte sie.

Er stutzte.

»Nein«, erwiderte er dann. »So wie es ist, ist es besser.«

»Warst du im Urlaub in Frankreich?«

Er lachte kurz auf. Es klang eher gequält als fröhlich. »Ich brauchte etwas Ruhe, aber als Urlaub würde ich meinen Aufenthalt dort nicht bezeichnen. Eher wie die Vorbereitung auf ein neues Leben oder so ähnlich.«

Er setzte das Glas an seinen Mund und trank, bis es leer war. Mit jedem Schluck trat deutlicher zutage, dass unter seiner oberflächlichen Gelassenheit Unruhe lag und etwas, das Harriet auch bei den Lietzenburgs gespürt hatte. Furcht.

»Wie meinst du das?«

»Schöne Frau, du kannst Fragen stellen. Leider kann und darf ich dir nicht antworten. Erstens würdest du mir sowieso nicht glauben, wenn ich dir die Wahrheit erzähle, und zweitens würdest du mich für ein Monster halten – und nicht nur mich.«

»Das klingt ja geheimnisvoll.«

»Magst du Geheimnisse?«

Er drückte ihre Hand an seinen Mund. Harriet zuckte zurück, aber sie ließ ihn gewähren. Wie beiläufig küsste er sie und ließ seine Lippen über ihr Gesicht streichen. Harriet schloss die Augen. Wieder wurde ihr bewusst, dass sie sich auf dünnem Eis bewegte und eigentlich noch nicht so weit war. Aber *etwas* an der Situation fühlte sich richtig an. Wie von allein zog sie Pits Shirt hoch und fuhr mit den Fingern über seinen Bauch. Fasziniert betrachtete sie dabei die Schlangen und Drachen, die in blauen und grünen Farbtönen über seine Haut krochen und sich ineinander verflochten. Sein Oberkörper war komplett tätowiert. Harriet schmiegte sich enger an ihn und spürte, wie seine Hand sich unter ihrem Rock vortastete. Plötzlich hielt er inne.

»Bevor du dich mit mir einlässt, musst du einige Dinge über mich wissen. Morgen gehe ich zur Polizei und zeige mich selbst an. Ich bin in einem Alptraum gefangen und als ich in Frankreich war, ist mir das richtig bewusst geworden. Ich muss Dinge ändern, mich ändern und das heißt auch, dass ich reinen Tisch machen muss. Mit mir, aber auch mit den anderen. Ich muss mein Karma aufpolieren.«

Er deutete auf das unfertige Bild auf der Staffelei: »Es trägt den Titel Schmerzensmann. Das da, das bin ich. Ich habe unerträgliche Schmerzen, und das Schlimmste ist, dass ich selbst daran schuld bin. Ich war dumm und selbstgerecht.« Inzwischen hatte er das vierte Glas mit Calvados gefüllt und geleert. Pits Zunge begann schwer zu werden, seine Worte wurden durch ein leichtes Lallen verzerrt.

Harriet war verwirrt. Ihr Körper hatte sich gerade an die Nähe und die Bewegungen des anderen gewöhnt.

»Das meinst du aber nicht ernst, oder? Was hast du denn getan? Falsch geparkt und die Knöllchen nicht bezahlt? Bei Rot mit Höchstgeschwindigkeit über die Kreuzung gefahren?«

»Ich meine das ganz ernst.« Durch das Lallen hindurch klang seine Stimme bestimmt. »Morgen gehe ich zur Polizei.«

Plötzlich flackerten seine Augenlider, und er stieß leise hervor:

»Voller Ernst. Bitte bleib bei mir. Geh nie mehr weg.«

Dann fielen seine Augen zu. Er sank in sich zusammen und begann leise zu schnarchen.

Harriet betrachtete sein Gesicht, das ihr vertrauter erschien als ihre kurze Bekanntschaft es rechtfertigte. Sie hätte gern weiter mit ihm gesprochen und noch viel lieber seine Hände auf ihrem Körper gespürt. Aber vielleicht war es besser so. Im Hintergrund war in einer Endlosschleife noch immer die knarzende Stimme von Tom Waits zu hören.

Einen Moment lang schwankte Harriet, ob sie nicht einfach ihrer Müdigkeit nachgeben und sich neben Pit legen sollte. Sein Gesicht wirkte zugänglich und seine Züge kamen ihr verjüngt vor. Aber ihr Wunsch endlich nachhause zu fahren, war stärker als die Versuchung.

Harriet nahm eine Decke vom Sofa und legte sie über Pits Beine. Dann stopfte sie ihm ein Kissen in den Rücken. Sein Kopf fiel vornüber und sein Kinn landete auf der Brust. Die Tätowierung an seinem Nacken war nun gut erkennbar. *Non semper ea sunt, quae videntur – Die Dinge sind nicht immer, was sie zu sein scheinen.*

Das konnte sie nur bestätigen.

Sie ergriff ihre Handtasche und verließ Pits Atelier. Als sie auf den Parkplatz vor dem Haus trat, regnete es noch immer. Es war merklich kühler geworden. Das Gewittergrollen war nur noch in der Ferne zu hören. Sie ließ sich hinter das Lenkrad fallen und startete den Motor. Blitzschnell und geräuschlos huschte ein Schatten ins Gebäude. Harriet rollte vom gepflasterten Hof und schlug den Weg nach Linnerow ein. Ganz in der Nähe schlug die Turmuhr von St. Peter und Paul zweimal.

•

Pit schreckte hoch. War nicht eben noch eine Frau bei ihm gewesen? Eine schöne Frau, aber außen und innen verletzt. Er hätte sie nicht gehenlassen dürfen. Vielleicht war es endlich die, die für ihn bestimmt war. Ein weiterer Grund, in seinem Leben aufzuräumen. Seine Lippen fühlten sich rissig an. Ein schaler Geschmack machte sich in seinem Mund breit. Zu viel Alkohol in der letzten Zeit und auch das andere Zeug. Wieder einmal schwor er sich, die Finger von Drogen zu lassen. Benommen und vernebelt stand er auf, um ins Bad zu gehen. Weit kam er nicht. Erschrocken nahm er eine massige Gestalt wahr, die bewegungslos im Atelier stand. Instinktiv griff er nach der halbvollen Flasche, die auf dem Tisch stand und stürmte auf die Gestalt zu. Ein blitzschneller Tritt gegen sein Knie beendete die hilflose Attacke. Pit fiel mit dem Gesicht voran auf den Boden. Ein knirschendes Geräusch verriet, dass seine Nase gebrochen war, aber er war zu betrunken, das zu realisieren. Nur, dass er den metallischen Geschmack von Blut auf seiner Zunge hatte, drang in sein Bewusstsein. Mühsam versuchte er, sich aufzurichten. Erst schob er sich hoch auf die Knie, dann setzte er das linke Bein, das nicht durch den Tritt verletzt worden war, vorsichtig an. Unaufhörlich tropfte Blut aus seiner Nase auf den Boden und bildete eine dunkelrote Lache. In Zeitlupe stellte er den zweiten Fuß flach auf den Boden und stützte sich schwer atmend auf einem der Sessel ab. Schließlich stand er beinahe aufrecht, bis ihn ein zweiter Tritt in die Magengrube traf. Er klappte in der Mitte zusammen wie ein Taschenmesser und krachte rücklings auf das Tischchen mit den Gläsern, den Erdnüssen und den Oliven. Mit einem Knall zerbarst der Tisch in zwei Teile und Pit lag bewegungslos auf dem Rücken. Die schwergliedrige Gestalt kam näher. Pit wusste, dass der Tod im Raum war. Sein eigener Tod. Er hatte ihn erwartet, aber nicht so bald. Sich in das Unvermeidliche zu fügen, würde die Sache leichter machen.

»Du bist es?«, flüsterte er.

Seine Worte gingen in einem unverständlichen Blubbern unter, weil Blut aus der zertrümmerten Nase in den Mund floss. Die Gestalt nickte stumm. Pit schloss die Augen. Er spürte, dass sein Körper gedreht wurde. Als er auf dem Bauch lag, zwang die über ihm kniende Gestalt seine Arme nach hinten und fesselte schnell und geschickt seine Handgelenke. Pit legte die Stirn auf den Boden und lauschte dem Keuchen, das aus seinem eigenen Mund drang. Wie lange hatte er sich vor diesem Moment gefürchtet? Wochen, Monate? Und nun, im Angesicht des Todes war ihm beinahe heiter und leicht zumute. Er hatte von Anfang an gewusst, dass sein Handeln falsch gewesen war. Seitdem er von dem Toulouser Bild erfahren hatte, das es nie hätte geben dürfen, hatte er starke Reize als Ablenkung gebraucht, um nicht ständig an den Augenblick der Abrechnung denken zu müssen. Alkohol, ab und zu etwas Kokain und seit Neuerem auch Tabletten. Eine Bewegung entstand im Raum. Pit drehte mühsam den Kopf. Die Gestalt riss einen der Vorhänge hinunter, schob das Bett vor die Wand und drapierte den bordeauxroten Stoff so über den Bettpfosten, dass ein kompakter Faltenwurf entstand. Trotz des Nebels in seinem Kopf begriff Pit sofort, was vor sich ging. »Ist das eine Warnung an ihn?«, stieß er kaum verständlich hervor. Noch immer floss unaufhörlich Blut von der Nase in den Mund. Die große Gestalt schaute zu ihm hinüber und nickte. »Warum ich und nicht er?«

Keine Antwort.

»Hey, warum ich?«, versuchte es Pit mit erstickter Stimme nochmals. Das massige Wesen ging auf den am Boden liegenden Pit zu, griff sein T-Shirt am Nacken, stemmte ihm einen Fuß in den Rücken und zwang ihn in die Knie. Dann sah Pit etwas aufblitzen.

»Es geht nicht anders.«

Pit wusste, was passieren würde. Bilder wirbelten durch seinen Kopf: Die Frau, die bei ihm gewesen war, die Wärme ihres Körpers, seine Lippen auf ihrem verletzten Gesicht. Das letzte, was er sah, bevor die Klinge seine Halsmuskeln, die Wirbel und die Schlagader durchtrennte, war der Garten seiner Großeltern. Er saß auf einer Bank in der Sonne und hatte eine Waffel mit Vanilleeis. Er spürte die Süße und die angenehme Kälte der Eiscreme. Dann wurde es dunkel.

Pits Kopf fiel mit einem satten *Plopp* auf den Boden und rutschte auf dem Halsstumpf einige Zentimeter weit auf dem Parkett, eine flüssige Spur hinterlassend. Literweise Blut pumpte sich aus dem Rumpf und sammelte sich zu einer großen Pfütze, die an einer unebenen Stelle des Parketts entstand. Eine Staffelei stand inmitten der wachsenden Pfütze und wurde nach einigen Minuten von Blut umspült. Das rohe Holz ihrer drei Beine zog die Flüssigkeit in sich ein und färbte sie rostig. Die Pfütze dehnte sich aus, bis sie das Sofa erreicht hatte, und den zerborstenen Tisch. Die Erdnüsse und die Oliven wurden mit steigendem Pegelstand von der blutigen Lache umspült, weil die Flüssigkeit durch die versiegelte Oberfläche des Parketts nicht abfließen konnte. Der Mörder setzte sich in einen der Sessel und betrachtete schweigend sein Werk. Dann verbarg er das Gesicht in den Händen und knetete seine Stirn. Die Minuten verrannen, während der süßliche Geruch des Blutes sich im Atelier ausbreitete. Schließlich gab er sich einen Ruck, quälte sich hoch und ergriff den vom Rumpf getrennten Kopf an den Ohren. Vorsichtig trug er ihn durch das Atelier und legte ihn auf der Tagesdecke des Bettes ab, das Gesicht gen Himmel gedreht. Einige Sekunden stand er mit hängenden Armen da und starrte ins Leere. Dann stemmte er den kopflosen Körper seines Opfers hoch, um ihn ebenfalls zum Bett zu transportieren. Dabei rutschte er aus und konnte gerade noch verhindern, dass er, den Körper auf den Armen tragend, zu Boden fiel. Nachdem er sich gefangen hatte, arrangierte er den Rumpf auf dem Bett, den rechten Arm abgewinkelt, den linken unter den Oberkörper geschoben. Dann machte er Fotos mit seinem Handy. Dabei vermied er, in Pits aufgerissene Augen zu schauen. Er wählte eines der Fotos aus, gab eine Telefonnummer ein und drückte auf Send. Jetzt gab es kein Zurück mehr. Bevor er den Fahrstuhl betrat, nahm er den roten Vorhang vom Bett und watete vorsichtig durch die Blutlache auf dem Boden. Diese Spur wenigstens musste er verwischen. Er stieg auf einen Stuhl und befestigte den schweren Stoff notdürftig wieder an der Leiste vor dem Fenster. Würde er halten? Dann zog er seine Schuhe aus und drückte mit dem Ellenbogen auf den Knopf mit dem Pfeil nach unten. Er ging durch die Dunkelheit hinunter zum Fluss und stieg in das Boot, das an einem Anleger vertäut war. In der Ferne bellte ein Hund, während er die Ruderblätter in die langsam fließende Havel senkte und flussaufwärts ruderte.

•

Johannes Leddin war ein wirklich alter Mann mit der Gesichtsfarbe eines Menschen, der sein ganzes Leben im Freien verbracht hatte. Durch die ausgeprägte Wölbung seines Rückens konnte er den Kopf nicht mehr heben und war stets gezwungen, auf die Erde zu schauen. Wenn er ging, dann stützte er sich auf eine Krücke, die aussah wie ein roh behauener Ast. Jeden Tag nach dem Frühstück und nach dem Mittagessen zwang er sich, seine Runden durch den Park zu gehen. Lang war der Weg nicht mehr, den er nahm. Und es war jedes Mal der gleiche. An jenem Nachmittag verschloss er sorgfältig wie immer die Haustür seiner Wohnung, in der er mittlerweile seit über sieben Jahrzehnten lebte und trat hinaus. Er hatte noch immer Wohnrecht in seiner Dienstwohnung, die sich in der Villa Illaire, im Park Sanssouci befand, gar nicht weit vom Schloss. Sein Mietvertrag, der zuletzt in den 1970er-Jahren aktualisiert worden war, garantierte ihm ein unbefristetes Mietverhältnis zu einem äußerst günstigen Preis. Allerdings war die kleine Wohnung in der ersten Etage des Hauses alles andere als in einem guten Zustand. Die Heizkörper streikten schon einmal, wenn es überraschend kalt wurde. Dann blieb ihm nichts übrig als sich in dicke Wolldecken einzuhüllen und darauf zu warten, dass es wieder wärmer würde. Außerdem schlossen die Fenster nicht richtig, sodass im Winter Eisblumen auf dem Glas emporwucherten und sie bei Regen vollständig beschlugen. Trotzdem waren und blieben die drei Zimmer, vollgestopft mit Bildern, Manuskripten und Erinnerungen, sein Refugium in einer Zeit, die sich rasend schnell wandelte. Da es ein warmer Sommertag war, verzichtete er auf seinen Mantel und auch auf einen Hut. Er zog lediglich sein mittlerweile viel zu weites Tweedjackett enger um den mageren Körper, als er aus dem feucht riechenden Treppenhaus ins Freie trat. Langsam humpelte er durch den Marlygarten zur Hauptallee, wo er auf der Höhe der Fontäne von einer Gruppe italienischer Touristen, die von der Schlossbesichtigung kamen und in raschem Tempo zum Parkausgang stürmten, beinahe umgerannt wurde. Lautstark entschuldigten sie sich, richteten ihn wieder auf und klopften ihm auf die Schulter, bevor sie weiterliefen. So etwas passierte ihm in letzter Zeit häufiger. Er wurde eben immer wackeliger auf den Beinen. Früher war er ein fescher Kerl gewesen, nach dem die Frauen sich umgedreht hatten. Kräftig, mit breiten Schultern und roten Wangen, ein Bursche vom Land, wie ein Reitknecht, ein Förster oder ein Bauer. Dabei war alles, fast alles, was ihn je interessiert hatte, die Kunst gewesen. Nachdem er auf seinen Stock gestützt den Weinberg, auf dem Schloss Sanssouci lag, erklommen hatte, mühte er sich mit schwerfälligen Schritten vorbei an der Grabstätte Friedrichs zum Eingang der Bildergalerie und betrat sie – wie jeden Tag – mit großer Ehrfurcht. Der Eingang lag fast verborgen am Rand der obersten Terrassen von Sanssouci. Vorsichtig stieg er das schlichte weiße Treppenhaus hinab und trat durch die geöffnete Flügeltür in die Galerie. Noch immer faszinierten ihn die vergoldeten Stuckfiguren im Aufgang und vor allem die mit *Giallo antico*, einem seltenen gelben Marmor, ausgekleideten Wände des Gebäudes, das den größten Schatz beherbergte, den er sich vorstellen konnte. Mit skeptischem Blick seiner noch immer scharfen Augen musterte er den Fußboden, der Schlieren aufwies und formulierte in Gedanken einen Beschwerdebrief an die Generaldirektion, die mehr auf die Sauberkeit in der Galerie achten und die Besucher zwingen solle, Pantoffeln zu tragen.

»Guten Tag, Herr Kastellan!«, begrüßte ihn ehrerbietig ein untersetzter Wachmann, der in einer ausgebeulten Uniform am Eingang stand.

»Ja, Tach, Tach. Hier ist es übrigens dreckig«, murmelte der alte Mann und versuchte, so schnell wie es ihm möglich war, weiterzugehen, weil er keine Lust auf eine Unterhaltung mit dem Wachmann hatte. Ständig versuchte das Personal, ihm Gespräche aufzudrängen. Er mochte diese Art von moderner Aufdringlichkeit nicht und blieb am liebsten für sich.

»Freuen Sie sich schon auf Ihren Geburtstag? Bald ist es ja so weit.«

Sein Geburtstag war das letzte, worüber er nachdenken wollte. In ein paar Tagen würde er hundert werden – eine unwirkliche Zahl, denn war er nicht eben noch ein junger Mann gewesen? Er fürchtete sich vor der Zahl, aber mehr noch vor der Festveranstaltung, die extra für ihn ausgerichtet werden sollte.

»Mmmh«, nuschelte er und schlurfte weiter. Manchmal war es auch ein Glück, alt zu sein und sich nicht mehr an Höflichkeitsfloskeln halten zu müssen. Der Wachmann blieb ihm noch eine Zeitlang auf den Fersen und schwatzte, aber Gott sei Dank konnte er den einfältigen Burschen mit ein paar lapidaren Bemerkungen über das Wetter abspeisen. Am liebsten absolvierte er seine täglichen Runden vorbei an seinen alten Bekannten, die dicht an dicht die Wände säumten, allein und schweigend. Gerade in der letzten Zeit, da der Druck stärker geworden war, suchte er so oft wie möglich Zwiesprache mit seinen stummen Freunden. Die Bilder der Künstler, die er so sehr verehrte, wurden in barocker Hängung neben- und übereinander an den Wänden präsentiert. Langsam ging er an den Gemälden in den kostbar geschnitzten Rahmen vorbei und nickte ihnen zu, so, als begrüße er jedes einzelne. Er durchschritt die westliche Galerie, schlurfte vorbei an den niederländischen Meistern, an den Werken Rubens', van Dycks und Rembrandts, durch die halbrunde Tribuna zu den italienischen Malern. Im Ostflügel angelangt, schlug sein Herz höher. Zwar liebte er auch die niederländischen und französischen Meister, aber am allerliebsten hatte er die italienischen Künstler, deren Werke in der östlichen Galerie ausgestellt wurden. Mit Mühe hob er seinen Blick, obwohl er den Kopf wegen seines Buckels kaum mehr in den Nacken legen konnte, und ließ ihn über die Heiligenbilder von Reni und Celesti mit den in sich gekehrten Marienbildnissen schweifen. Fast alle Gemälde waren ihm gleich wertvoll, aber genau wie ein Vater insgeheim meist ein Lieblingskind hat, hatte auch er einen Favoriten unter den Meisterwerken. An jenem Nachmittag hatte er es besonders eilig, ihm nahe zu sein. Schon von weitem stellte er erleichtert fest, dass keine Besucher vor dem Gemälde standen, das den *Ungläubigen Thomas* zeigte. Froh war er, dass Caravaggios Meisterwerk auf seiner Augenhöhe hing und er es genau studieren konnte. Wie immer war er fasziniert von den Lichtkontrasten, die nur Caravaggio so hatte malen können. Mehr noch bewunderte er den Gesichtsausdruck des Apostels Thomas, der den Finger tief in die Seitenwunde des Gekreuzigten bohrte. Und dieser, Christus? Sein geneigtes Gesicht lag im Schatten und hob sich gegen das Gewand ab, das ihm von den Schultern fiel. Der Christus auf dem Meisterwerk Caravaggios glich ihm, dem *Vergessenen*, bis auf das Haar. Er würde sein Schweigen brechen müssen und dafür sorgen, dass die Welt von diesem Mann erführe. Das hieße, dass er sich von seinem Gelöbnis würde lossagen müssen. Aber hatte er nicht ohnehin gegen die jahrhundertealte Regel verstoßen und sich damit zum Sünder gemacht? Es gab da etwas, eine Sache, die er nicht erklären konnte und die ihm manchmal nicht einfiel. Sie quälte ihn, und oft wachte er mitten in der Nacht auf, weil ihm der Atem versagte, so sehr drückte sie auf seine Brust. Ein Bild hatte mit der Sache zu tun, aber nicht der *Ungläubige Thomas* war das Rätsel, das sein alter Kopf nicht mehr lösen konnte. Ein anderes Bild, das er nicht mehr greifen, nicht mehr erfassen konnte, um dieses andere Bild ging es. Minutenlang versenkte er sich in das Gemälde vor ihm und tastete mit seinen Blicken die scharfen Kontraste ab, die Kanten, den dramatischen Wechsel zwischen Hell und Dunkel. Um ihn herum liefen jetzt zwei Touristengruppen mit ihren Guides durch die östliche Halle der Galerie. Sie unterhielten sich flüsternd und zeigten mit den Fingern auf die Werke der großen Meister. Aber Johannes Leddin nahm sie nicht wahr. Er starrte auf die Darstellung des Christus. In seinem Kopf kreiste nur ein einziger Gedanke:

»Ich muss mich erinnern. Viel Zeit bleibt nicht mehr.«

Langsam löste er sich von dem Bild, wandte den Blick ab und schlurfte, immer nah an der Wand entlang, zurück zum Eingang.

»Eine recht schöne Sammlung, nicht wahr?«, sprach ihn ein Besucher aus der Gruppe an.

»Sie ist die schönste, mein Herr«, erwiderte Johannes Leddin eifrig. »Der Marquis von Argens, ein berühmter Kunstkenner, schrieb schon 1761 an König Friedrich, dass die Galerie nach St. Peter in Rom das Schönste sei, was es auf der Welt gibt. Das war noch vor der offiziellen Eröffnung der Galerie, aber seine Einschätzung gilt bis zum heutigen Tage. Wenn Sie mich fragen, gibt es keine prachtvollere.«

Noch immer hatte der Kastellan das Gefühl, die Bildergalerie gegen jedwede Kritik beschützen und den Kreis ihrer Bewunderer vergrößern zu müssen.

»Friedrich der Große hat sie gegründet, weil er die Künste liebte. Er hatte ja nicht nur Kriegführen im Sinn, wie immer behauptet wird.« Die Stimme von Johannes Leddin war mit den Jahren brüchig geworden, aber wenn er von der Kunst sprach, hatte sie an Leidenschaft nicht eine Spur eingebüßt.

»Sie scheinen ja ein echter Kenner der Geschichte dieser Galerie zu sein!«, antwortete der Tourist mit holländischem Akzent.

»Oh, ja. Ich habe fast mein ganzes Leben hier verbracht und ich möchte keine Minute davon missen.«

Der Niederländer nickte ihm anerkennend zu und schloss sich wieder seiner Gruppe an, die die große Ausstellungshalle durchquerte. Johannes Leddin vertiefte sich in das Werk, das den *Ungläubigen Thomas* zeigt. Aber die Erinnerung, nach der er so angestrengt suchte, kehrte nicht zurück.

•

Das Gutshaus mitsamt einem verwilderten Grundstück und einem Teich mit Seerosen und Fröschen lag ungefähr hundert Kilometer von Berlin entfernt in einer der dünn besiedelten Gegenden Brandenburgs. »Infrastruktur mit Entwicklungspotenzial«, hatte ihr der Makler am Telefon gesagt. Das nächstgelegene Dorf, einige Kilometer entfernt, hatte in den vergangenen zwanzig Jahren mehr als die Hälfte seiner Einwohner verloren. Eigentlich waren dort nur noch alte Leute übrig, abgesehen von einem Startup in einem Vierseithof, der sich dem *digital detox* verschrieben hatte und gestressten Managern für viel Geld deren Handys und iPads abnahm und in einem Safe verwahrte. Dabei hätte das Wegschließen gar nicht sein müssen, weil es kaum stabile Internetverbindungen in jenem Teil Brandenburgs gab. Harriet störte das nicht, weil sie so gut wie nie ins Internet ging. Sie hatte viel zu viel Angst, dort etwas über sich selbst lesen zu müssen. Schon während der Besichtigung hatte sie beschlossen, das Haus zu kaufen. Es war weit genug weg von allem, aber die Universität und selbst Berlin waren mit dem Auto erreichbar, wenn man Zeit hatte – und die hatte sie seit dem abrupten Ende ihrer Karriere mehr als ihr lieb war. Einfach nur auf der Landstraße fahren und dabei Musik hören, wurde zum Geschenk für Harriet. Es kam sogar vor, dass sie Umwege fuhr, um länger unterwegs zu sein. So lernte sie Orte wie Plaue, Wusterwitz oder Ziesar kennen, von deren Existenz sie nichts gewusst hatte. Robert von Lietzenburg, der ihr am liebsten eine Wohnung in seiner Nachbarschaft am Heiligen See in Potsdam verschafft hätte, hatte angesichts von Harriets spontanem Hauskauf den Kopf geschüttelt:

»Du weißt nicht, was du tust. Komm lieber in unsere Nähe – in die Zivilisation. Um uns herum wohnen so angenehme Menschen.«

Aber Harriet hatte die brandenburgische Ödnis dem gesellschaftlichen Leben in Potsdam vorgezogen und nun, da sie ein halbes Jahr in ihrem Haus in Linnerow wohnte, konstatierte sie, dass sie Recht daran getan hatte. Die Menschen aus dem Dorf – die Kassiererin an der Minimarktkasse, die Bäuerin, die ihr Kräuter und Eier verkaufte oder Handwerker aus der Umgebung – waren von unaufdringlicher Freundlichkeit. Nur die vielen AfD-Wahlplakate, die entlang der Bundesstraße und gut sichtbar zwischen den schlecht verputzten Häusern im Dorf hingen, störten sie.

Der nervöse Makler war überrascht gewesen, dass Harriet tatsächlich hatte kaufen wollen. Er hatte schon monatelang erfolglos versucht, einen Interessenten für das verwaiste Gutshaus, das er bei sich als Ladenhüter betitelte, zu finden. Aus der Fassung hatte ihn gebracht, dass Harriet den von ihm genannten Preis für das marode Anwesen nicht herunterhandeln wollte. Sie hatte den Kaufpreis ohne Diskussion akzeptiert und gleich am nächsten Tag einen Notar beauftragt, der sich um sämtliche Formalitäten gekümmert hatte. Zwei Wochen später war sie eingezogen und hatte das Weihnachtsfest in ihrem zukünftigen, noch ungeheizten Wohnzimmer inmitten ihrer Umzugskartons verbracht. Es war ihr sogar gelungen, den Kamin in Gang zu bringen und dort ein Feuer zu entfachen. Ihre Freude über die glimmenden Scheite und das bisschen Wärme, das sie verbreiteten, war allerdings kurz gewesen. Der Abzug war mit den Überresten eines Vogelnestes verstopft, die nur ein Schornsteinfeger entfernen konnte. Also blieb es erstmal kalt. Roberts Einladung, wenigstens den Heiligen Abend bei ihm und der Familie in der Villa Augusta zu feiern, hatte sie dankend abgelehnt. Sogar ihr Handy hatte sie ausgeschaltet; weniger um nicht gestört zu werden, als vielmehr um nicht darauf zu lauern, vielleicht doch von jemandem eine Nachricht zu bekommen. Als das Gefühl des Alleinseins in der Brandenburger Provinz am Ersten Weihnachtstag überhandgenommen hatte, hatte sie angefangen, Holz zu hacken. Nach drei Stunden schweißtreibender Arbeit hatte sie zwar Splitter in den Fingerkuppen und einen blauen Zeh, weil ein gespaltenes Scheit auf ihren Fuß gefallen war, aber die Sehnsucht nach menschlicher Gesellschaft hatte sich verflüchtigt. Das Holzhacken wurde von diesem Zeitpunkt an zu einer willkommenen Ablenkung, am liebsten begleitet von genügend Rotwein, wann immer dunkle Gedanken sich zusammenbrauten. Als der Kamin endlich funktionierte, hatte sich genug Feuerholz für zwei Wochen angesammelt.

Da das Haus über zwölf Zimmer verfügte und sie in Cambridge bescheidene vier Zimmer bewohnt hatte, standen einige Räume leer oder waren nur sehr spärlich möbliert. Wohnlich eingerichtet war eigentlich nur der große Wintergarten im ersten Stock, in dem sie ihren Schreibtisch, zwei Lesesessel und einen Divan aufgestellt hatte. In einer Ecke war ein Regal, noch von den Vorbesitzern, in dem sie die wichtigsten Bände aus ihrer Fachbibliothek einsortiert hatte, während die restlichen Bücher – sicherlich einige Tausend – noch in Kartons im Erdgeschoss lagerten. Das war nicht unpraktisch, weil sie einige der Kartons als Sitzgelegenheiten nutzen konnte. Harriet hatte sich von einer Baumschule in der Nähe ein Dutzend Palmen, ein paar Kakteenpflanzen und einen Lorbeerbaum anliefern lassen. Die Gärtner hatten die Pflanzen in Kübel aus Ton umgetopft und so geschickt drapiert, dass der Wintergarten trotz der abblätternden Farbe an den Fenstern und trotz der zersprungenen Fußbodenfliesen wie eine Oase wirkte. Harriet war so glücklich über die Verwandlung des Raumes, dass sie den Gärtnern 200 Euro Trinkgeld gegeben hatte, das diese erst nach endlosen Diskussionen annahmen. Der Wintergarten lag gen Osten, und Harriet genoss es, die Sonnenaufgänge auf dem Divan liegend, mit einem starken Kaffee in der einen Hand und einer Zigarette in der anderen, zu betrachten. Jede Nacht schlief sie nur drei bis vier Stunden. Eine Zeitlang hatte sie Schlaftabletten genommen, die wenig Wirkung gezeigt hatten, außer, dass ihr Kopf sich wie in Watte gepackt angefühlt und sie einen bitteren Geschmack auf der Zunge gehabt hatte. Schlaflosigkeit war ein Teil ihres Lebens, und es war an ihr, das Beste daraus zu machen. Der Wintergarten half dabei, auch wenn sie sich im Januar und im Februar noch fest in ihre

Wolldecke wickeln musste, weil der Raum sich nicht heizen ließ. Harriet litt nicht besonders unter der Kälte. Sie hatte große Teile ihrer Kindheit in einem teuren englischen Internat zugebracht, in dem man stolz darauf war, dass die Kinder abgehärtet wurden. Bei jeder Temperatur mussten die Fenster in den Schlafsälen geöffnet sein, selbst wenn es hineinschneite und der Schnee auf den Betten liegenblieb.

Am Montag nach der Feier bei den Lietzenburgs war sie, wie meistens im Morgengrauen, von ihrem Schlafzimmer auf ihren Divan im Wintergarten gewechselt und hatte beobachtet, wie die Sonne sich über dem flachen märkischen Land und dem Kiefernwald hinter ihrem Haus ausbreitete, während sie leise Beethovensonaten gehört hatte. Das Gartenfest in der Villa Augusta beschäftigte sie noch immer. Warum spielten Robert und Sophia der Welt um sie herum eine Komödie vor? Man schrieb doch nicht das Jahr 1950, in dem die heile Familie das Fundament des gesellschaftlichen Lebens war. Auch Pit Wallstedt ging ihr nicht aus dem Sinn. Seit langer Zeit hatte sie sich wieder von einem Mann angezogen gefühlt. Vielleicht hätte sie einfach bei ihm bleiben, sich an ihn schmiegen und neben ihm einschlafen sollen. Aber wahrscheinlich wäre ein solcher Versuch von vornherein zum Scheitern verurteilt gewesen. Die Wunden an ihrer Schulter waren zwar verheilt, aber die in ihrem Inneren klafften noch immer. Grübeleien würden ihr nicht helfen, das wusste sie aus Erfahrung. Sie hatte sich deshalb in die Arbeit gestürzt, denn darin war sie von jeher Meisterin. Das Ende des Semesters war beinahe erreicht. Sie ging mit den Seminararbeiten einiger ihrer Erstsemester unter dem Arm hinter das Haus und setzte sich an den Teich. Dort hatte sie im Schatten einer Kiefer eine wackelige Gartenbank aufgestellt, die sie im Anbau des Hauses gefunden hatte, und einen Tisch mit verkratzter Lackoberfläche, der recht standfest war. Mit ihrem Laptop konnte sie problemlos am Tisch sitzen und schreiben. Es war mittlerweile kurz nach sieben Uhr, und sie konzentrierte sich darauf, zügig Korrekturversionen der Arbeiten anzufertigen. Am Sonntag hatte sie nicht viel erledigen können. Nachdem sie Pits Atelier verlassen hatte, war sie gegen drei Uhr morgens in Linnerow angekommen und war erst – aufgerieben von den Erlebnissen in Potsdam – zwei Stunden später eingeschlafen. Ihr Kopf hatte noch immer von der Verletzung gedröhnt und ihr Arm so stark geschmerzt, dass sie den Tag über mehr Tabletten nahm, als gut für sie sein konnte. Immerhin war sie ein wenig hinter dem

Haus spazieren gegangen und hatte dem kehligen *Krok-Krok* eines Rabenpaares gelauscht, das sich in dem Wald, der an ihr Grundstück grenzte, angesiedelt hatte.

Im Teich quakten die Frösche anhaltend, Insekten summten um die Lupinen, die einer der Vorbesitzer des Gutshauses angepflanzt hatte. In den Arbeitspausen musterte sie die verwilderten Beete, den wuchernden Rasen mit den vielen Löwenzahnpflanzen und nahm sich vor, den Garten umzugestalten. Oder einen Gärtner damit zu beauftragen. Vielleicht würde sie die nächsten Jahre in Linnerow bleiben, auch wenn sie sich das noch nicht vorstellen konnte. Ein ungewohntes Geräusch riss sie aus der Arbeit. Es war der Motor eines Autos, das sich offenbar über die Lindenallee näherte, die die einzige Zufahrtsmöglichkeit zu ihrem Haus war. Das war seltsam, denn sie bekam niemals spontanen Besuch. Das Geräusch wurde immer lauter, bis es in das Knirschen des Kieses in ihrem Vorgarten mündete. Sie erhob sich von der Gartenbank und stieß gegen den Tisch, sodass beinahe der Laptop zu Boden gefallen wäre. Ärgerlich zog sie ihren Bademantel enger um den Körper und ging barfuß um das Haus.

•

»Wir nehmen sie mit. Das ist unser Auftrag, verdammt.« Die uniformierte Frau schlug mit der flachen Hand auf das Lenkrad, hinter dem sie saß.

Der Mann neben ihr blickte zu Harriet hinüber, die abwartend vor der Eingangstür ihres Hauses stand, und sagte dann ruhig:

»Auf welcher Grundlage, Olga?«

»Ihre DNA war im Atelier des Mordopfers verteilt und ihr Kleid hing im Bad. Sie ist mit ihm von der Feier bei den Schönen und Reichen weggefahren. Das hat uns diese Klatschreporterin bestätigt, die hat sie abfahren sehen.« Sie schnalzte mit der Zunge. »Die konnte sich doch gar nicht beruhigen. Hat immer wieder erzählt, dass er sie auf seinen Armen davongetragen hat und beide dann in ihrem Auto weggebraust seien. Was brauchst du noch, um ein Verhör zu begründen, Ron?«

Die Polizistin hielt ihrem Kollegen ihr Handy vor das Gesicht. »Hier. Das ist das Foto, das sie gemacht hat, als sie die Villa in der Berliner Vorstadt verließen.«

Ron schaute auf das unscharfe Handyfoto und erwiderte unwillig:

»Man kann doch kaum etwas darauf erkennen ...«

»Das Wesentliche schon, nämlich die beiden Personen«, konterte sie. »Und diese Adelheid Rumpers ...«

»Ist das die Journalistin?«

»Ja. Die hatte auch gleich parat, dass die Professorin dort drüben beinahe ihren Liebhaber, einen Sir Bonnwall oder so ermorden wollte und deshalb in England vor Gericht stand.«

»... und dann vom englischen Gericht in allen Punkten freigesprochen wurde. Ich habe die Akten gelesen.«

»Fleißig, Ron«, spottete sie, »aber Gerichte können irren. Sie hatte einfach die besten Anwälte, weil sie mehr als genug Geld hat, die zu bezahlen. Und ganz nebenbei wäre es gut, schnell eine Verdächtige zu präsentieren. Viele fühlen sich nicht mehr sicher. Die Wahlen stehen vor der Tür und du willst doch nicht, dass noch mehr Menschen zur AfD getrieben werden, oder? Gerade dir sollte das doch am Herzen liegen. Außerdem bist du auf Bewährung hier und ich erwarte, dass du jetzt das machst, was du am besten kannst: Den bösen Cop raushängen lassen und provozieren. Dann stell' ich dir vielleicht ein gutes Zeugnis aus.«

Er schwieg und fasste Harriet ins Auge, die nervös von einem Fuß auf den anderen trat. Die Polizistin fing seinen Blick auf.

»Sieht ja nicht schlecht aus, die Frau Professor, oder? Aber welcher Mann steht denn auf Frauen, die kaum Haare auf dem Kopf haben und dünn wie Skelette sind?«

»Also«, antwortete er und öffnete die Autotür, »ich finde, sie hat was.«

»Was wollen Sie hier?« fragte Harriet barsch, als die beiden Polizisten über den Kiesweg auf sie zugingen. In der frühmorgendlichen Landschaft Brandenburgs bildeten sie ein exotisches Paar. Die Frau trug Uniform. Unter ihrer Polizeimütze quollen rostrote Locken hervor und ihr Gesicht war mit Sommersprossen übersät. Der Mann neben ihr wirkte, als sei er Stammgast im Berghain. Zum schwarzen Trainingsanzug aus Satin, der aus den 1980er-Jahren hätte stammen können, trug er offene Lederboots und goldene Ringe in beiden Ohren. Nur der angesagte Hipster-Bart fehlte. Er wirkte wie einer ihrer Studenten und war ungefähr in deren Alter, vielleicht ein paar Jahre älter.

»Frau Dr. Lievens?«

Harriet rührte sich nicht.

»Ich bin Kommissar Olga Schweder, das ist Hauptkommissar Ron Weiss, Kripo Brandenburg.« Beide zückten ihre Ausweise, und der Mann, der aussah wie ein Berlin-Mitte-Hipster, reichte ihr seine Visitenkarte, die sie, ohne einen Blick darauf zu werfen, in die Tasche stopfte. Harriet musterte die Ausweise gründlich. Sie sahen echt aus.

»Könnten wir ins Haus gehen und uns ein wenig unterhalten?«

Die Polizistin betrachtete die verfallene Mauer, die das Grundstück einfriedete und die Überreste eines Kachelofens, den die Handwerker ausgebaut und vor dem Haus deponiert hatten. Harriet wurde bewusst, dass ihr Vorgarten wirkte wie eine Mischung aus Baustelle und Schrottplatz, aber das Innere ihres Hauses war auch nicht einladender. »Ich würde es vorziehen, hier draußen mit Ihnen zu sprechen«, antwortete sie kurz angebunden. »Worum geht es denn?«

»Woher kommen die Verletzungen in Ihrem Gesicht?«

»Bin vor eine Tür gelaufen.« Harriet steckte eine Zigarette an, inhalierte tief und ließ blaue Ringe aus ihrem Mund in die Höhe steigen. Sie fixierte einen imaginären Punkt in der Weite.

»Sie sollten uns ernst nehmen, Frau Dr. Lievens«, entgegnete der Polizist in Zivil. »Schon klar, dass die englischen Kollegen nicht besonders nett zu Ihnen waren, aber unsere Fragen müssen Sie trotzdem beantworten.«

Harriet schluckte. Die Vergangenheit endete wohl nie.

»Kennen Sie einen Mann namens Pit Wallstedt?«

»Kann sein.« Ihre Stimme zitterte. »Was wollen Sie von ihm?«

»Er ist tot. Ermordet. Gestern wurde die Leiche von einem Hausmeister im Atelier, das Sie ja kennen, an der Schiffbauergasse in Potsdam gefunden.«

»Ist das ein schlechter Scherz, oder was? Für so etwas habe ich keine Zeit. Ich muss jetzt wieder an meine Arbeit.«

Brüsk wandte sie sich ab. In ihrem Kopf war Leere. Der Polizist ergriff ihren Ellenbogen und zwang sie, sich umzudrehen. Dann hielt er ihr ein Foto vor das Gesicht. Es zeigte Pits Kopf, abgetrennt von seinem Körper, auf dem Bett im Atelier. Ein beißender Geschmack arbeitete sich von ihrem Magen durch die Speiseröhre, und um ein Haar hätte sie sich direkt auf die Lederboots des Kommissars oder was immer er dem Rang nach war, übergeben. Dennoch zwang sie sich, genau hinzusehen, um zu verstehen, was das Foto zeigte. Das Bild wirkte wie eine Inszenierung in einem Horrorfilm:

künstlich, irreal und schaurig. Aber da war noch etwas. Die Zigarette fiel ihr aus der zittrigen Hand. Sie trat sie rasch aus, weil sie auf ein Büschel trockenes Gras gefallen war. Irgendetwas in dem Atelier war anders, als sie es in Erinnerung hatte. Plötzlich erklang wieder Motorengeräusch. Das zweite Mal innerhalb von nur 20 Minuten. Ein roter BMW, der ihr bekannt vorkam, bog in die Einfahrt. Aus dem Autofenster beugte sich die letzte Person, die Harriet hätte sehen wollen: Adelheid Rumpers.

»Harriet, hallo, wie geht es Ihnen?«

Während Harriet nach Luft schnappte, zückte die Frau einen Fotoapparat und machte Bilder von ihr, den Polizisten und ihrem Haus – aus dem heruntergefahrenen Autofenster. Der Apparat klickte in schneller Folge. Der Mann reagierte unmittelbar. Er sprang nach vorn, warf sich über Harriet und schirmte ihr Gesicht mit seinem Oberkörper ab. Harriet hörte ihn rufen:

»Hauen Sie ab! Sie machen sich strafbar!«

Erschrocken wand sich Harriet aus der unfreiwilligen Umarmung, stolperte und fiel auf den vertrockneten Rasen. Wieder klickte der Fotoapparat.

»Danke, Harriet. Bis bald und einen schönen Tag!«, rief ihr die Frau am Steuer zu, wendete und fuhr mit hoher Geschwindigkeit davon.

Harriet wurde von einer Panikwelle erfasst. Ohne zu überlegen, trat sie den Polizisten, der versuchte, sie vom Rasen hochzuziehen, gegen das Knie und rannte Hals über Kopf los. Sie lief am Teich vorbei, rutschte auf dem Matsch aus, fing sich und stürmte in den Wald. Äste streiften ihr Gesicht und ihre nackten Beine. Sie lief durch hohe Brennnesselstauden, ließ den Wald hinter sich und erreichte schließlich ein Weizenfeld, das von Mohn- und Kornblumen durchsetzt war. Keuchend stolperte sie in einen schmalen Weg hinein, der das Feld teilte. Plötzlich hörte sie laute Schritte hinter sich.

»Stehenbleiben, sofort!« Die athletische Gestalt Olga Schweders näherte sich. Harriet sprang in das Feld und kämpfte sich durch den Weizen. Plötzlich spürte sie, dass sie strauchelte. Sie war mit einem Fuß in ein Kaninchenloch geraten. Die harten Stängel der Pflanzen bohrten sich unnachgiebig in ihren Körper, als sie zu Boden fiel. Dann spürte sie einen dumpfen Schmerz im Rücken und an den Schultern. Die Polizistin drückte gegen ihre Wirbelsäule und legte Harriet unsanft Handschellen an. Sie hörte das metallische Klicken des Schlosses und spürte, wie sie in die Senkrechte gezerrt wurde.

»Frau Professor Harriet Lievens, ich verhafte Sie wegen Mordverdachts. Kommen Sie mit!«

Déjà vu.

•

Trotz der Hitze trug Samat Sadykov, der auf einer der Bänke an dem vermüllten Fluss saß, einen bis oben zugeknöpften Anzug und einen Filzhut auf dem Kopf. Als Zugeständnis an die brennende Sonne und die feuchte Luft hatte er seinen Kragen gelockert und die obersten Knöpfe seines Hemdes geöffnet. In den letzten Jahren war er ein wenig aufgegangen, der Anzug spannte unter den Achseln und über dem Gürtel der Hose war ein Bauchansatz sichtbar. Aber noch immer wirkte er kraftvoll. Seine Hände waren wuchtig und mündeten in Handgelenke, die doppelt so breit waren wie bei normal gebauten Männern. Er war Linkshänder, weshalb der linke Unterarm stärker ausgeprägt war als der rechte. Vielleicht war dieser ihm unangemessene Körper schuld daran, dass in seinem Leben so viele Dinge anders gelaufen waren, als er es sich gewünscht hatte. Viele Menschen fürchteten sich vor seiner riesenhaften Gestalt, dabei hatte er die Seele eines Sperlings. Auf dem Jayma Basar, der am Ak-Buura Fluss lag, war ihm ein paar Tage zuvor ein Junge mit einer Plastikpistole begegnet. Er hatte auf ihn gezielt und gerufen: »Hulk, Hulk!« Er hatte den Kleinen, der vielleicht acht oder neun Jahre alt war, im Spaß hochgehoben und durch die Luft geschwenkt. Der Junge hatte vor Vergnügen gequietscht, aber dessen Mutter hatte ängstlich die Faust auf den Mund gedrückt. Als er ihn wieder auf den Boden gesetzt hatte, hatte sie ihren Sohn gepackt, ihn mit sich fortgezogen und war in der Menge verschwunden. Gerne hätte er noch länger mit dem Kind gespielt. Er mochte das. Kinder lenkten ihn von seinen Sorgen und von seiner Traurigkeit ab. Auch jetzt freute ihn das Lachen der Jungen und Mädchen, die auf dem altmodischen Karussell mit den Pferdefiguren und den Rennwagen fuhren oder gemeinsam mit ihren Vätern auf Dosen und Plastikblumen an den Schießständen zielten. Überall hörte man das Klacken der Luftgewehre, und in der Luft hing der würzige Geruch von Schaschlik mit einem Beigeschmack von Zuckerwatte und kandierten Früchten. Drei Mädchen liefen an ihm vorbei. Sie waren mit Pompons in ihren Zöpfen herausgeputzt wie für eine Feier, aber so gingen die Mädchen der ersten Jahrgänge fast jeden Tag in die Schule. Viele Frauen trugen bunte Kleider und Kopftücher. Eine ganze Anzahl von Männern hatten Anzüge an und wie er den spitz zulaufenden traditionellen Filzhut, den Kalpak, auf dem Kopf. Samat Sadykov dachte an seinen Großvater, der fast sein ganzes Leben in einer Jurte zugebracht hatte, obwohl seine Schafherde so klein war, dass sich das Herumziehen nicht mehr gelohnt hatte. Er hatte sich in seinem Leben nie einen Anzug gekauft, sondern stolz seinen Ichik getragen. Ein paar Bettler säumten das Flussufer. Sie hatten ihre zahnlosen Gesichter bedeckt und streckten die Hände nach Geldstücken aus. Einige von ihnen waren dem Alkohol verfallen, andere waren durch Arbeitslosigkeit zu Bettlern geworden. Auf den Straßen der Stadt begegnete man ihnen mit Respekt, da fast jede Familie in Osh Verlierer in ihren Reihen hatte. Ein Bettler näherte sich, streckte seine runzlige Hand aus und stieß unverständliche Laute aus. Samat griff in seine Tasche und gab ihm ein paar Som, die dieser höflich nickend entgegennahm. Auch er ehrte die Bettler, denn viele waren durch die Umbrüche im Land ins Elend gestürzt worden. Niemand wusste das besser als er selbst. Er steckte eine Zigarette an, öffnete ein Reclam-Heft, das auf seinen Knien lag, und vertiefte sich in die zerlesenen Seiten. Schon die ersten Zeilen des Gedichts *Zueignung*, das dem Romanfragment vorangestellt war, beruhigten ihn.

Du hast in mir den edeln Trieb erregt
Tief ins Gemüt der weiten Welt zu schauen;
Mit deiner Hand ergriff mich ein Vertrauen,
Das sicher mich durch alle Stürme trägt.

Er blätterte weiter und las von der Suche nach der blauen Blume und den Märchen des Dichters Klingsohr. Samat verehrte Novalis, dessen Werke er auf der deutschen Schule im abgelegenen Talas-Tal kennengelernt hatte, in das selten Fremde gekommen waren. Frau Kraft war die Ausnahme gewesen. Seine Deutschlehrerin, die von Thüringen in den Norden Kirgistans gezogen war, hatte ihn für Novalis begeistert, während seine Klassenkameraden im Unterricht eingeschlafen waren oder Pornobildchen getauscht hatten. Soviel er zu Schulzeiten mit seinem damals kindlichen Verstand hatte erfassen können, war Frau Kraft nicht aus freien Stücken aus der DDR in den Kaukasus umgesiedelt, sondern von ihrem Land verstoßen worden. Eine Tragödie für sie, eine schicksalhafte Fügung für ihn. Die Bewunderung von Novalis' Werk hatte er von ihr übernommen, ebenso wie sein Wissen über die deutsche Sprache und Kultur. Aber selbst die Schriften von Novalis konnten an jenem Tag die schmerzenden Rippen und das angebrochene Schlüsselbein nicht vergessen machen, die er sich bei einem Überfall zugezogen hatte. Die Angreifer waren zu dritt gewesen. Er hatte keine Chance gehabt, sich zu wehren und er ahnte, dass dies erst ein Vorgeschmack auf das sein könnte, was ihn erwartete. Jeder wusste, dass Kerer schon über unzählige Leichen gegangen war, ohne mit der Wimper zu zucken.

»Guten Tag, verehrter Samat Issajewitsch«, murmelte ehrerbietig ein Mann in den Zwanzigern, der gebückt an ihm vorbeihuschte. Es war einer der Verkäufer vom Obst- und Gemüsestand auf dem Hauptbasar. Samat kannte ihn noch aus der Zeit, als er selbst an der staatlichen Universität Osh Dozent für deutsche Literatur gewesen war. Der junge Mann war ein guter Student gewesen und hatte Deutschlehrer werden wollen, aber die Familie war so arm, dass er seine Studien nicht hatte zu Ende führen können. Stattdessen war er nach Russland gegangen, wie so viele der Jungen, um dort an der Supermarktkasse zu sitzen und den Großteil seines Lohnes nachhause zu schicken, damit seine Eltern und Großeltern überleben konnten. Später war er zurückgekommen, aber seine Studien hatte er nicht wieder aufnehmen können. Der Junge wäre sicherlich ein guter Lehrer geworden. Auch er lebte nicht das Leben, das eigentlich für ihn vorgesehen war – die Umstände wogen stärker als Talent und Bildung.

Jäh stieg ein Schatten aus dem Wasser, der für Samat Sadykov unerwartet kam, so sehr war er in seine dunklen Gedankengänge vertieft. Ein Pferd mit glänzendem Fell und schlanken Beinen entstieg dem Fluss. Es trug weder Sattel noch Zaumzeug, nur ein gehäkeltes Halfter, an dem ein Zügel befestigt war, lag um seinen Kopf. Der Zügel war in der Hand eines drahtigen Mannes, der eine sowjetische Panzerhaube auf dem Kopf trug. Er rieb das Tier mit einem Handtuch trocken und tätschelte ihm dann den Hals. Dann entfernten sich gemächlichen Schrittes Pferd und Reiter. Bald hörte er nur noch das Geräusch von klackenden Hufeisen auf dem Asphalt durch den Lärm des Jahrmarktes hindurch. Vielleicht hätte sein Volk auf ewig das bleiben sollen, was es in den Zeiten seiner Vorväter gewesen war: Nomaden und Reiter. Auch er wäre dann von Weide zu Weide gezogen und hätte von den Erträgen gelebt, die seine Herde ihm gebracht hätte, ungeachtet des Wandels der Zeiten, dem das Leben unterlag. Alles war anders gekommen. Morgen würde er sich verantworten müssen für den Betrug, den ein anderer begangen hatte. Aber war er nicht selbst auch ein Betrüger? Auf jeden Fall war er zum Dieb und zum Mörder geworden und er hatte sich mit Leuten eingelassen, denen er nicht gewachsen war. Von *ihm* verlangten sie das Geld. Er würde Farbe bekennen müssen und beichten, dass er mit leeren Händen aus Deutschland zurückgekehrt war. Der Professor hatte ihm das Geld nicht gegeben, nicht mal den Anteil, der ihm zustand. Er hatte den Künstler ermorden müssen – das war der einzige Weg gewesen, vielleicht noch das eigene Leben zu retten. Wenn Kerer gnädig wäre, würde er ihm eine letzte Frist einräumen. Er würde dann wieder nach Deutschland fliegen und hoffen, dass er diesmal erfolgreich wäre. Wenn nicht – daran wagte er nicht zu denken. Vorsichtig lehnte er sich auf der Bank zurück und spürte den Schweiß, der in Perlen seine Brust hinunterlief. Wieder nahm er das zerlesene Werk von Novalis zur Hand. Um ihn herum toste der Lärm des Jahrmarkts, vermischt mit dem Gesang eines Mädchens, das allein auf einer der Nachbarbänke saß und ein Volkslied aus dem Ferganatal sang.

•

Der Raum, in dem sich Harriet nach einer halbstündigen Autofahrt wiederfand, war karg und wurde von einer flackernden Neonlampe erhellt. An den Wänden klebte Raufaser und auf dem Boden lag Linoleum. Wahrscheinlich sahen Verhörräume auf der ganzen Welt ungefähr gleich aus. Ihr gegenüber saß der Kommissar und trank Tee aus einem Pappbecher. Selbst sein olivfarbener Teint wirkte in dem Neonlicht wächsern. Neben der Tür hockte ein Polizist in Uniform auf einem Plastikstuhl und starrte ununterbrochen auf den Boden. Er hatte Harriet noch kein einziges Mal angeblickt. An einer Seite des fensterlosen Raumes war ein Spanischer Spiegel angebracht. Harriet ergriff ihren Pappbecher mit lauwarmem Kaffee und nippte daran.

»Ich schalte jetzt meine Aufnahmegerät an, Frau Dr. Lievens«, sagte Kommissar Weiss, »und ich empfehle Ihnen nochmals, einen Anwalt anzurufen und mit Ihrer Verteidigung zu beauftragen. Bei Ihrer Vorgeschichte …« Er führte den Satz nicht zu Ende.

»Ich brauche keinen Anwalt, weil ich nichts getan habe, was gegen das Gesetz verstößt. Alles, was Sie mir vorwerfen können, ist, dass ich am

Samstag meine Freunde Sophia und Robert von Lietzenburg in Potsdam besucht habe und dort auf Pit Wallstedt traf, der mir bis dato vollkommen unbekannt war. Da ich bei einem heftigen Gewitter ausgerutscht und hingefallen bin, war er so freundlich, mich zu sich ins Atelier zu nehmen, damit ich mich umziehen und ein wenig erholen konnte. Das ist alles.«

»Warum sind Sie vor uns geflüchtet? Sie werden zugeben, dass das einen verdächtigen Eindruck macht, nicht wahr?«

Er sprach betont ruhig.

»Das ist doch absurd!«, empörte sich Harriet. »Sie selbst haben doch die Reporterin gesehen, die Fotos von mir gemacht hat und sind sogar eingeschritten. Wahrscheinlich ist schon alles im Netz und meine Studenten und meine Kollegen können Bilder von mir bewundern, wie ich mit einem blauen Auge und Kratzer im Gesicht von der Polizei verhaftet werde. Ich bin aus Panik weggelaufen!«

»Ich finde, dass Panik nicht zu Ihnen passt«, erwiderte der Kommissar trocken. »Sie sind eine überaus reflektierte Person. Was ist in Wallstedts Atelier passiert?«

»Das wissen Sie doch schon«, erwiderte Harriet ungeduldig. Ihr Herz klopfte schnell und unregelmäßig. Die Luft im Verhörraum war angefüllt mit dem Geruch eines billigen Aftershaves, das wahrscheinlich der uniformierte Polizist auf dem Plastikstuhl trug, der den Blick noch immer nicht gehoben hatte. Ihr Verlangen nach einer Zigarette war so groß, dass sie beinahe nachgefragt hätte, ob sie sich eine anzünden dürfte. Aber sie wollte keine Schwäche zeigen. »Nochmal«, fing Harriet an und ärgerte sich über die Unsicherheit in ihrer Stimme. »Ich bin mit zu Herrn Wallstedt ins Atelier, habe eine heiße Dusche genommen, Kleidung zum Wechseln von ihm bekommen und bin dann nachhause gefahren.«

»Pit Wallstedt hatte einen ziemlich hohen Alkoholpegel und außerdem so viel Kokain im Blut, dass Ihre Geschichte etwas unglaubwürdig klingt. Eher ist wahrscheinlich, dass Sie beide eine kleine Privatparty im Atelier gefeiert haben. Ist das Ganze dann außer Kontrolle geraten? Waren Sie nicht auch stark alkoholisiert, als Sie mit dem Messer auf Ihren ehemaligen Geliebten eingestochen haben?«

Harriets Zorn schlug in Verzweiflung um. Die Polizei hatte es darauf angelegt, die Tatsachen so zu verdrehen, dass sie als Mörderin von Pit Wallstedt dastand. Sollte sie wieder in Untersuchungshaft kommen, würde sie da nicht lebend rauskommen. Wie war sie nur in diese Abwärtsspirale geraten? War sie nicht immer ein Glückskind gewesen, dem alles gelungen war? Eine steile Karriere an einer der renommiertesten Universitäten der Welt, eine Vielzahl von international beachteten Veröffentlichungen bis hin zu einem Bestseller, der in der *New York Times* besprochen worden war – noch dazu ein Bestseller mit einem Nerd-Thema: Museen und Sammlungen. Sie hatte einen großen Bekanntenkreis gehabt und war eine geachtete Persönlichkeit gewesen – alles vorbei. Es war wie ein Fluch, der mit dem Tage begonnen hatte, an dem sie Sir Jonathan Barnwell das erste Mal getroffen hatte.

»Das Kleid, das Sie am Samstag auf der Feier getragen hatten, hing im Bad. Ihre DNA war über das Atelier von Pit Wallstedt verteilt. Und nicht nur das: Zum Tatzeitpunkt müssen Sie ziemlich nah bei ihm gewesen sein. Der Gerichtsmediziner hat in seinem Bericht geschrieben, dass Sie sich geküsst haben müssen. An seinen Lippen klebten Hautpartikel, die von Ihnen stammen.«

»Nein ... Ja ... Er hat meine Hand geküsst. Und dann ... Ich ... «

»Ach tatsächlich?« bemerkte er. »Ich dachte, Sie hätten ihn kaum gekannt. Küssen Sie alle Ihnen unbekannten Menschen?«

Es kostete Harriet ihre gesamte Kraft, nicht aufzuspringen und auf den Kommissar einzuprügeln. Sich mühsam beherrschend antwortete sie: »Auch wenn es Sie wundert, Herr Kommissar – und mich selbst eigentlich auch – Pit Wallstedt fand mich attraktiv. Er hat mit mir geflirtet und mich geküsst – was Sie eigentlich überhaupt nichts angeht. Und ja, wir haben gemeinsam Calvados getrunken, den er gerade aus Frankreich mitgebracht hatte. Aber ich habe ihn nicht umgebracht. Und was meine Vergangenheit betrifft, Herr Kommissar, ich bin vom Gericht freigesprochen worden. Allerdings bin ich für alle Zeit verurteilt, was meinen Ruf und meine Karriere angeht. Und«, fügte sie hinzu, während sie spürte, dass die Wut zurückkam, »Sie haben es geschafft, die Medien wieder auf meine Spur zu bringen! Danke!«

Keine Reaktion. Der Ventilator an der Decke sirrte. Die Sekunden krochen dahin wie Minuten. Er machte sich Notizen in ein Heft mit Ledereinband, das vor ihm auf dem fleckigen Resopaltisch lag.

»Kann es sein, dass Sie etwas gegen Männer im Allgemeinen haben?« Er legte seinen Stift zur Seite und lächelte Harriet an. Er hatte weiße, regelmäßige Zähne, nur ein Schneidezahn war kürzer als der andere. In einem der Eckzähne glitzerte ein Zirkonia. »Ich meine, ich könnte es Ihnen nicht verübeln. Bei dem, was Sie erlebt haben, würde mich das Gegenteil wundern. Männer können schon echte Schweine sein.«

Harriet wusste, dass sie sich auf keinen Fall provozieren lassen durfte. Während des fast einjährigen Prozesses in England hatte sie gelernt, durchzuatmen und sich erst einmal eine Parade mit Elefanten oder ein Pferderennen vorzustellen, bevor sie auf eine Frage im Verhör geantwortet hatte.

»Eine durchsichtige Strategie, Herr Kommissar«, antwortete sie. »Nein, ich habe nichts gegen Männer. Im Gegenteil. Ich glaube noch immer an die ewige Liebe, selbst zwischen Männern und Frauen.«

»Das ist schon erstaunlich, nachdem Jonathan Barnwell Ihr Leben zerstört hat und Sie dann auch noch die Schuld für alles bekommen haben.«

»Eigentlich brauche ich nichts mehr zu sagen, denn Sie wissen ja schon alles. Am besten schreiben Sie auch gleich meine Aussage, denn Sie kennen mich offenbar besser als ich mich selbst.«

»Langsam, Dr. Lievens. Wenn man Ihren Namen bei Google eingibt, dann springen einen die Schlagzeilen zu Ihrem Fall geradezu an. Ich weiß nicht mehr als jeder, der lesen kann, über Sie wissen könnte.« Er spielte offenbar auf die umfangreiche Berichterstattung der Medien über sie und Jonathan an. Nicht nur die englische Presse hatte sich darauf gestürzt, sondern auch die deutschen Boulevardmedien hatten über Wochen hinweg über sie und Jonathan berichtet. Schließlich war er ein bekannter Mann. Nicht nur Politiker – ehemaliger Bürgermeister von Manchester und ranghohes Mitglied der konservativen Partei –, er entstammte auch dem englischen Hochadel. Sein Gesicht war schon vor ihrer gemeinsamen Zeit ständig in der Presse gewesen: Jonathan bei politischen Veranstaltungen, mit den Jockeys beim Derby in Ascot, mit seiner Frau und den beiden Kindern bei einem Empfang der britischen Königin.

Ron Weiss gab dem Uniformierten mit einem Handzeichen zu verstehen, dass dieser den Raum verlassen solle. Nachdem der Mann die Tür hinter sich geschlossen hatte, schaltete er das Aufnahmegerät aus. Dann ergriff er über den Tisch hinweg Harriets Hand und drückte sie. Harriet erwiderte den Druck nicht; auch diese Polizeitaktik kannte sie. Zuckerbrot und Peitsche. Sie starrte ihm in die Augen und zischte:

»Ich habe viele Wochen mit Typen wie Ihnen zugebracht. Alle wollten mich, die *German Bitch*, dazu bewegen, einen Angriff auf Barnwell zuzugeben. Aber wie Sie wissen dürften, war es Notwehr, deshalb habe ich das Gefängnis auch mit einem Freispruch erster Klasse verlassen.«

»Soweit ich weiß, waren Sie monatelang im Krankenhaus des Gefängnisses. Denn nicht nur Barnwell war fast tot, auch Sie haben erhebliche Verletzungen davongetragen. Schwerste Verbrühungen, oder irre ich mich? – Moment!«

Er klappte eine Mappe auf, die vor ihm auf dem Tisch lag.

»Hier in den Akten steht jedenfalls, dass Sie von Barnwell attackiert wurden. Er hat Sie zu Boden geworfen und dann hat er Sie getreten. Immer wieder. Sie hatten gebrochene Rippen und eine Gehirnerschütterung, weil er auch gegen Ihren Kopf getreten hat. Das Ganze geschah bei Ihnen zuhause, nicht wahr?«

Harriet schloss die Augen. Der Alptraum kam zurück.

»Ich zitiere mal aus dem Untersuchungsbericht: Es gelang der Verdächtigen, sich Sir Barnwell zu entwinden und in die Küche zu fliehen, nachdem sie ihn attackiert und er sich zur Wehr gesetzt hatte. Dort warf er sie auf den Boden, wohl, um sie an weiteren Attacken zu hindern. Vorher hatte sie gerade Essen zubereiten wollen, deshalb stand ein Topf mit kochendem Wasser auf dem Herd, den Sir Barnwell versehentlich vom Herd warf, bei dem Versuch, der Verdächtigen Herr zu werden.«

Er schloss die Akte. »Sie waren zwar halb ohnmächtig, haben es aber irgendwie geschafft, sich zur Seite zu drehen. Anstatt über Ihr Gesicht ergoss sich das kochende Wasser auf eine Ihrer Schultern und auf Ihren Rücken. Und dann zogen Sie eine Schublade im Küchenschrank auf, fanden ein Tranchiermesser und stachen auf Ihren Angreifer ein, solange, bis Sie sicher waren, dass Sie ihn unschädlich gemacht hatten. Dann riefen Sie die Polizei und den Rettungswagen. Und, ach ja, Sie hatten zwei Promille Alkohol im Blut, weil sie am Nachmittag eineinhalb Flaschen Wein getrunken hatten.«

Seine Schilderung entsprach zwar der Wahrheit, aber war nur die Spitze des Eisbergs.

»Hallo, hören Sie mir eigentlich zu, Frau Professor?«, drang die Stimme des Kommissars von weit weg an Harriets Ohr.

»Bleibt mir etwas anderes übrig?«

»Sehr gut. Dann kann ich ja fortfahren«, erwiderte er. »Wenn ich richtig informiert bin, dann waren Ihre körperlichen Verletzungen harmlos im Vergleich zu den psychischen, richtig? Als Sie endlich aus dem Gefängnis kamen, waren Sie einige Wochen in einem Privatsanatorium in der Schweiz, weil Sie einen totalen Nervenzusammenbruch hatten.«

Harriet saß starr auf ihrem Stuhl. Sie hörte nichts bis auf das Rauschen in ihren Ohren. Es war, als erfüllte es den Raum. Um nicht an ihrer Wut zu ersticken, konzentrierte sie sich auf den auffälligen Ring, den der Kommissar am kleinen Finger der rechten Hand trug. Ein Siegelring mit der Darstellung eines Löwen. Seine linke Hand hielt noch immer die ihre. Sie spannte die Finger an und bohrte ihre Nägel in sein Fleisch. Er zuckte nicht einmal.

»Woher haben Sie die Infos über meinen Aufenthalt in Meiringen? Der dürfte Ihnen überhaupt nicht bekannt sein. Sie müssen sich illegal informiert haben.«

»Ich habe eben gründlich recherchiert. Und Freunde zu haben, schadet auch nicht. Es kann nicht jeder so einsam auf der Welt sein wie Sie. Ihnen hat ja nun wirklich niemand zur Seite gestanden. Sie waren sogar an Weihnachten allein. Warum eigentlich? Sind Sie tatsächlich ein so wenig liebenswerter Mensch?«

Behutsam versuchte er, seine Hand aus Harriets Umklammerung zu lösen, die mit voller Kraft zudrückte. Lange würde er den Schmerz nicht mehr aushalten, denn schon spürte er, dass sich unwillkürlich Tränenflüssigkeit in seinen Augenwinkeln sammelte. Die zarte Harriet Lievens verfügte über viel mehr Kraftreserven als es den Anschein hatte. Sie ließ seine Hände auf einen Schlag los. Ihre Nägel hatten blutige, halbmondförmige Spuren auf seiner Haut hinterlassen. Er tat, als spüre er sie nicht und setzte nach: »Gemein, dass dieser Barnwell Sie in die Lage gebracht hat, in der Sie jetzt sind. Und noch dazu sitzt er unbescholten mit Kindern und Ehefrau in England und gilt als Ihr Opfer. So sind die Männer. Kein Wunder, dass Sie einen Männerhass entwickelt haben. Unsere Psychologen haben sich angeschaut, wie der Mord an Pit Wallstedt verübt wurde. Ihm wurde der Kopf mit einem Schwert oder einem Säbel bei lebendigem Leib abgetrennt. Wussten Sie übrigens, dass er ein bekennender Frauenheld war? Hatten Sie sich in ihn verliebt – und er war hinter einer anderen her?«

»Wie ich schon sagte, ich kannte ihn kaum. Außerdem wäre es mir auch egal gewesen.« Harriet versuchte, gelassen zu wirken.

»Öffnen Sie die Mappe. Das ist alles für Sie.«

Mit zitternden Fingern schlug Harriet die Mappe auf, die er über den Tisch schob. Sie ahnte, was sie erwartete und sie lag richtig: Es waren ungefähr zehn Fotografien, die Pits Atelier und vor allem die Leiche in Großaufnahme zeigten. Sie zwang sich hinzusehen. Die Geruchswahrnehmung von totem Fleisch, süßlich und beißend, stieg in ihrer Nase hoch. Aber das Schlimmste war die riesige Blutlache auf dem Boden des Ateliers. Die Erinnerung an die Nacht vor zwei Jahren kam mit Macht zurück. Sie hatte auf Jonathan eingestochen, das Blut war in Strömen aus seinem Körper geflossen und hatte sich in der Küche verteilt. Diese Erinnerung würde sie für immer in sich tragen. Und nun war Pit Wallstedt brutal ermordet worden. Der erste Mann seit langer Zeit, bei dem sie sich wohlgefühlt hatte. Sie musste sich zur Systematik zwingen, um nicht durchzudrehen. Erst sortierte sie die Fotos, noch immer zitternd, in eine Reihe vor sich auf dem Tisch, dann nahm sie sich ein Bild des abgeschlagenen Kopfes vor. Pits Gesicht hatte keine Ähnlichkeit mehr mit dem des Mannes, den sie zwei Tage zuvor kennengelernt hatte. Die Nase war offensichtlich gebrochen und die Augen im Todeskampf weit aufgerissen. Mühsam konzentrierte sie sich auf die übrigen Fotos, die den kopflosen Rumpf mit dem Halsstumpf zeigten. Einer der Arme stand in einem unnatürlichen Winkel ab, der andere war unter den Oberkörper geschoben, der auf einem ehemals hellen Tuch lag, das jetzt von Blut durchtränkt war.

»Haben Sie Fotos, die die Umgebung der Leiche zeigen?«

»Ja, sicher.« Eine Spur von Erstaunen war in der Stimme des Kommissars. Er legte weitere Fotos auf den Tisch und schob diese zu Harriet hinüber. Sie studierte sie gründlich.

Dann sagte sie: »Ich finde, dass die Leiche irgendwie arrangiert aussieht, wie auf einer Bühne im Theater oder in einem Ausstellungsraum.«

»Wir sehen meist nur das, was wir vorher schon glauben zu sehen, Frau Dr. Lievens. Als Kulturwissenschaftlerin sehen Sie eine Bühne. Ich sehe einen kaltblütigen Mord.«

»Ich erforsche die Geschichte europäischer Museen und mich fasziniert die Frage, warum Menschen Kunst und Gegenstände sammeln und ausstellen – manchmal um jeden Preis. Ich habe Bücher über Sammelleidenschaft geschrieben und ich halte – oder vielmehr hielt – recht erfolgreich Vorträge zu diesem Thema. Aber das heißt noch lange nicht, dass ich für alles andere blind bin.« Harriet verlor allmählich die Hoffnung, sich jemals aus der absurden Situation befreien zu können. Sollte sie doch einen Anwalt anrufen? Die Luft im Verhörraum war mittlerweile zum Schneiden. Sie sehnte sich nach ihrem Wintergarten mit dem hellen Licht und der improvisierten Bibliothek in dem wackeligen Regal.

»Wie wunderbar, wenn man sich nur mit schönen Dingen befassen kann und nicht permanent ans Geldverdienen denken muss.« Ron Weiss trank einen Schluck Tee. »Als Erbin eines nicht unbeträchtlichen Vermögens stehen Sie schließlich ziemlich gut da.«

Sie öffnete den Mund zu einer passenden Erwiderung, als plötzlich die Tür aufsprang und die Polizistin mit den roten Locken im Türrahmen erschien. Sie sagte kein Wort, sondern winkte ihn nur aus dem Verhörraum. Harriet blieb allein zurück. Sie schaute an ihren nackten Beinen hinunter, die von der Verfolgungsjagd im Wald vollkommen zerkratzt waren. Außerdem trug sie noch immer ihren Bademantel. Er war an der Vorderseite gerissen, und ihre Hände waren dreckig von den Stürzen, die ihre Flucht vor der Polizei begleitet hatten.

Die Minuten verrannen. Kommissar Weiss kehrte nicht zurück. Irgendwann öffnete sich die Tür und die Polizistin stand vor ihr. Allein.

»Sie können gehen«, äußerte sie sachlich. »Die Polizei Brandenburg entschuldigt sich wegen der entstandenen Unannehmlichkeiten. Bitte kommen Sie.«

»Wie bitte? Was ist denn jetzt?« Harriet starrte die Polizistin fassungslos an.

Statt einer Antwort streckte sie den Arm aus und sagte: »Kommen Sie hier entlang, Frau Dr. Lievens.«

Harriet trat benommen auf den nach Desinfektionsmitteln riechenden Flur hinaus. Die Bürotüren, die sich im Flur aneinanderreihten, waren alle geschlossen. Aus einem der Zimmer drang unterdrücktes Gemurmel. »Wieso lassen Sie mich plötzlich gehen?«

»Freuen Sie sich doch einfach oder wollen Sie lieber hierbleiben? Ich kann Ihnen leider nichts sagen. Dienstgeheimnis. Aber Sie bekommen von der Behörde noch eine schriftliche Benachrichtigung. Und natürlich schicken wir Ihnen auch Ihr Kleid. Aber die Reinigung müssen Sie selbst bezahlen. Hier geht es raus. Ich habe Ihnen ein Taxi bestellt. Wartet am Lustgarten. Auf Wiedersehen.«

Die Tür schloss sich. Harriet ging die Straße zum Lustgarten hinunter und spürte, wie die Mittagssonne in ihrem Nacken brannte. Vor sich sah sie die Silhouette der überdimensionierten Nikolaikirche und der goldenen Atlasfigur, die das Alte Rathaus schmückt.

»Sie haben Ihr Handy bei uns vergessen.« Harriet zuckte zusammen. Die Polizistin stand wieder neben ihr und drückte ihr das Telefon in die Hand. »Und hey, nehmen Sie den Tritt in den Rücken mal nicht persönlich. Ich habe nur meinen Job gemacht.«

Harriet starrte auf den blinkenden Bildschirm und registrierte 24 Anrufe in Abwesenheit. Von Robert.

Ein Taxi bog um die Ecke, fuhr langsam auf Harriet zu und stoppte.

•

Johannes Leddin hatte sich trotz der Wärme in eine Wolldecke gehüllt, saß in seinem Wohnzimmer und starrte aus dem Fenster auf die Allee mit den Kastanienbäumen. Touristen in Shorts und junge Paare mit Kinderwagen schlenderten dort entlang. Es war früher Nachmittag, und er hatte eigentlich schon vor Stunden aus dem Haus gehen wollen, um die Galerie zu besuchen. Aber er schaffte es nicht. Zu sehr schmerzten seine Beine bei dem schwülen Wetter von der Arthrose, unter der er seit Jahren litt, zu stark waren die Ängste, die ihn jede Nacht vom Schlaf abhielten und bis in die Träume verfolgten.

Zwei Tage zuvor hatten die Feierlichkeiten zu seinem 100. Geburtstag stattgefunden. Ob das Datum stimmte, wusste er nicht. Der Pfarrer des Dorfes, in dem er geboren worden war, war kurz vor seiner Geburt gestorben, und dessen Nachfolger hatte alle Geburten des ersten Halbjahres 1919 auf den 15. Juni datiert und in die Kirchenbücher eingetragen. Glücklicherweise hatte er niemanden in seine private Wohnung lassen müssen, weil die Schlösserdirektion seine Geburtstagsfeier in der Bildergalerie von Sanssouci ausgerichtet und alle Gäste in den prachtvollen Westflügel eingeladen hatte. Eigentlich eine sehr nette Geste, wie Johannes Leddin zugeben musste. Aber ihn störte, dass die Gäste achtlos Krümel von dem Sandkuchen, der auf einem Buffet stand, auf den wertvollen Marmorfußboden fallen ließen und Kaffee aus einigen Tassen überschwappte und Flecken verursachte. Wenn es nach ihm gegangen wäre, dann hätte man nur Wasser angeboten. Als er noch im Dienst war, hätte er niemals erlaubt, dass Kaffee und Kuchen in der Bildergalerie gereicht worden wären – schon gar nicht in den Ausstellungssälen. Die Würde des Ortes verbot eine solche Zweckentfremdung. Missmutig hatte er einen jungen Mann von der Verwaltung auf die Kuchenkrümel und die Kaffeeflecken aufmerksam gemacht. Dieser hatte ihm geantwortet, dass dies nicht seine Sorge sein solle. Er würde sich schon darum kümmern. Hatte er aber nicht. Als Leddin nach anstrengenden zwei Stunden, gestützt auf seinen Stock, die Galerie verlassen hatte, lagen die Krümel noch immer auf dem Boden und der Flecken hatte sich auch niemand angenommen. Es war einfach unverantwortlich! Bei dem Gedanken an den Dreck in der Galerie schüttelte er den Kopf. Selbst das ansprechende Programm anlässlich seines Jubiläums hatte seinen Unmut über die Nachlässigkeiten nicht vertreiben können. Ein Vertreter der Stadt, dessen Namen er nicht verstanden hatte, hatte eine routinierte Rede gehalten, ihm zu seinem 100. Geburtstag gratuliert und zu den Verdiensten, die er sich um die Galerie erworben hatte. War es der Oberbürgermeister gewesen oder einer der städtischen Politiker? Johannes Leddin wusste es nicht genau und es war ihm eigentlich auch egal gewesen. Der Mann war ohnehin nur kurz dagewesen und nach seiner Rede sofort wieder gegangen, denn er war noch zur Geburtstagsfeier einer Dame erwartet worden, die ihren 102. Geburtstag gefeiert hatte. Irgendjemand hatte ihm erzählt, dass es noch niemals so viele Hundertjährige wie jetzt gegeben habe und dass die Stadt allen gratulieren müsse. Johannes Leddin hatte versucht, der Rede des Mannes zu folgen, was sich als schwierig erwies, weil er mittlerweile etwas schwerhörig geworden war. Am Ende hatte er ihm eine Plakette aus Schokolade mit einer *100* und dem Schriftzug *Herzlichen Glückwunsch* übergeben. Dann war er verschwunden, bevor Johannes Leddin sich für die freundlichen Worte hatte bedanken können. Eine Geigerin war aufgetreten und hatte ein Stück von Haydn gespielt. Dann war ein Mann in einem eleganten Anzug aufgetaucht, der freundliche Worte für Johannes Leddins jahrzehntelanges Wirken im Park und vor allem in der Galerie gefunden hatte. Es war wohl jemand, der wichtig für die Stiftung war – vielleicht war es sogar der Generaldirektor –, aber Johannes Leddin war vor allem aufgefallen, dass der Mann keine Krawatte trug, so wie es sich gehörte, sondern nur ein weißes Einstecktuch. Auch dessen Rede hatte er nur mit halbem Ohr gehört und war mit seinen Gedanken abgeschweift. Er war froh und glücklich gewesen, seinen Geburtstag inmitten der herrlichsten Bilder und Skulpturen zu verbringen – Worte hatte er nicht gebraucht. Die Reden hatte ihn eher verwirrt, weshalb er dann wohl auch Dinge gesagt hatte, die er nicht hätte sagen dürfen. Über Geschehnisse, die schon lange zurücklagen. Über verschollene Bilder und dass er wüsste, was mit ihnen passiert sei. Der Mann im Anzug hatte ihm zwar zugehört und genickt, aber geglaubt hatte er ihm sicher nicht. Wahrscheinlich hielt er ihn für einen dementen Alten, der alles durcheinanderbrachte. Und – Johannes Leddin wusste es selbst – manchmal stimmte das ja auch. Während er noch versucht hatte, den Mann von der Wahrheit seines Berichts zu überzeugen, war der Schrecken gekommen. War *er* schon zu Beginn seiner Feier dagewesen? Johannes Leddin hatte die ganze Zeit, während der Reden und dem Auftritt der Geigerin, in der ersten Reihe auf einem bequemen Stuhl mit einem Lederpolster sitzen dürfen. Da er seinen Kopf wegen seines Buckels nicht heben konnte, hatte er nicht sehen können, wer die vielen Leute waren, die an seinem Geburtstag die Galerie bevölkert hatten. Einige hatte er an ihren Stimmen erkannt, wie zum Beispiel den einfältigen Wachmann, der ihm ständig Gespräche aufzwingen wollte, andere, die ihm um den Hals gefallen waren und seine Wangen geküsst hatten, hatte er gar nicht zuordnen können. Waren es frühere Kollegen? Waren es die Gärtner? Sie sahen sich alle so ähnlich. Viele Namen waren ihm entfallen, viele Gesichter erkannte er nicht mehr. Und jäh war *er* aufgetaucht. Johannes Leddin hatte sich nicht vorstellen können, dass *er* die Abgebrühtheit besitzen könne, zu seiner Geburtstagsfeier zu kommen. Ein *Schatten*, der sich in die Schar der Gratulanten eingereiht hatte, die nicht ahnten, dass sich ein Verbrecher unter ihnen befand. Dieser hatte ihm die Hand gedrückt und war so nah an ihn herangetreten, dass er dessen Rasierwasser hatte riechen können. Es war dasselbe wie damals. »Glückwunsch, Herr Kastellan, zu Ihrem Geburtstag und zu Ihrem Lebenswerk!«, hatte er gesagt, mit seiner gekünstelten Stimme, die auch noch immer so klang wie früher. Ihn hatte es vor Ekel geschüttelt, auch weil der *Schatten* nicht nur nach dem edlen Rasierwasser, sondern auch nach Alkohol gerochen hatte. Aber Johannes Leddin hatte im Laufe seines Lebens gelernt, Haltung zu bewahren und sich weder Angst noch Unwohlsein anmerken zu lassen. Der *Schatten* war bis zum Schluss in seiner Galerie geblieben und hatte sogar scheinheilig mit den anderen Gästen ein Geburtstagslied für ihn angestimmt. Es war albern und bedrohlich zugleich gewesen. Als die Gäste gingen, hatte man ihn stützen müssen. Trotz seines schlechten Zustandes hatte er bemerkt, dass sich die beiden Damen vom Sozialdienst besorgte Blicke zugeworfen hatten. Er musste solange durchhalten, bis endlich die Wahrheit ans Licht käme, dann würde er abtreten. Das hatte er sich geschworen. Schon vor vielen Jahren hatte er sich eine Grabstätte auf dem Bornstedter Friedhof gekauft. *Was in Sanssouci stirbt, das wird in Bornstedt begraben*. Es war ein beruhigender Gedanke, dort irgendwann in der Nähe der Gartenkünstler Sello und Lenné zu ruhen, zwischen den Eiben und den Eichenbäumen, die den Friedhof beschatteten. Aber seine Grabstätte würde auf ihn warten müssen. Es war noch so viel zu tun ... Johannes Leddin schlief in seinem Lehnstuhl am Fenster ein. Er sah den heiligen Hieronymus vor sich, wie ihn Peter Paul Rubens gemalt hatte, als Eremiten, zu seinen Füßen ein Löwe. Heiligenbilder erschienen, und er träumte sich hinüber in einen Rausch aus Farbe und Musik. Gestalten wirbelten durch die Galerie, schattenhaft die einen, deutlich erkennbar die anderen. Und immer wieder sah er denjenigen, den er fürchtete, aus der Masse der Tanzenden heraustreten und sich ihm gefährlich nähern. Und da war auch noch ein anderer: ein Soldat mit einem traurigen Gesicht. Wer war das? Er wusste es, aber er konnte sich nicht erinnern. Das Klingeln seines Telefons weckte ihn aus tiefstem Schlaf. Er befreite sich mühsam von seiner Wolldecke und humpelte, auf seinen Stock gestützt, durch das Zimmer.

»Wer spricht?«

Er hörte ein Rauschen in der Leitung und eine Art Knacken, so, wie wenn früher die Stasi an seinem Apparat mitgehört hatte. Dann hörte er die Stimme des Mannes aus seinem Traum: »Du spielst mit deinem Leben, Johannes Leddin. Wenn du nochmal über die Bilder sprichst, wirst du schneller in Bornstedt landen, als du es dir vorstellen kannst.«

Johannes Leddin erstarrte und knallte dann mit aller noch vorhandenen Kraft den Hörer auf den altmodischen Apparat mit der Wählscheibe. So leicht ließ er sich nicht einschüchtern. Zu verlieren hatte er nicht mehr viel. Er zog aus der Kommode, für einen Mann seines Alters sehr behände, eine gebundene Broschüre aus vergilbtem Papier hervor. Vorsichtig legte er sie auf den Tisch und begann, mit den Fingerspitzen darin zu blättern. Nach all den Jahrzehnten, da sich das Dokument in seinem Besitz befand, liebte er es noch immer, die sorgfältigen Zeichnungen der Kunstwerke zu betrachten und die gestochene Schrift, mit der sie bezeichnet waren. Liebevoll strich er über die letzte Seite, die die Jahreszahl 1764 trug. Der *Schatten* wusste nicht, dass er, Johannes Leddin, dieses Dokument besaß. Er glaubte, dass sich das einzige seiner Art in *seinem* Besitz befände, nachdem er ihm die Kopie gestohlen hatte. Dabei hatte er das Original, das Nikolaus von Rebenstorff selbst vor seiner traurigen Rückkehr nach Breslau noch verändert hatte. Das Meisterstück, um das es ging, war dort als *beschädigt, zu restaurieren* verzeichnet. Nicht als *zerstört*. Irgendwann würde der Schatten so dumm sein, auch dieses Meisterwerk für seine Zwecke zu benutzen. Dann würde er stolpern. Vielleicht war es schon so weit und deshalb wurde er allmählich nervös. Johannes Leddin lachte in sich hinein und zog dann eine weitere Schublade auf. Da lag sie, in ein weiches Tuch aus Baumwolle gewickelt – seine Makarow. Käme es hart auf hart, wäre er gerüstet. Er hatte sie, als die Russen noch in Potsdam waren, einem betrunkenen Soldaten abgenommen, der sie leichtsinnigerweise gezückt und damit in die Luft geschossen hatte. Das war Silvester 1963 gewesen, und er erinnerte sich noch immer daran, wie erstaunt der junge Mann ausgesehen hatte, als er ihm eine Ohrfeige gegeben und die Waffe einfach aus der Hand genommen hatte. Er presste den kalten Stahl der Makarow an sein von Furchen durchzogenes Gesicht, bevor er sie in die unterste Schublade seiner Kommode zurücklegte. Die Damen vom Sozialdienst waren zwar neugierig, aber auch faul. Wenn sie kamen, um seine Wohnung zu putzen, dann würden sie sich niemals die Mühe machen, dort herumzustöbern. Die Waffe war in der Schublade sicher, und es war nur eine Frage der Zeit, bis er sie einsetzen würde. Der Gedanke an Rache gab ihm Kraft. Er nahm sein Tweedjackett von der Garderobe und machte sich auf den Weg zur Galerie.

•

Nachdem das Taxi abgefahren war, blieb Harriet im Vorgarten ihres Hauses stehen und schaute dem Wagen hinterher, bis er am Ende der Allee abbog und verschwand. War das alles real? Sie begann, langsam ihr Haus zu umrunden. War das Gebäude schon immer so baufällig und der Garten so verwildert gewesen? Ohne romantischen Blick auf das Ensemble wurde deutlich, dass die Farbe an der Fassade abblätterte und die Hecken in alle Richtungen wucherten. Annehmbar war nur der

Teich hinter dem Haus, der als Biotop immerhin Insekten, Frösche und Libellen beherbergte. Auf seiner Oberfläche glitten Wasserläufer dahin, die langen Beine ausgestreckt, bewegten sie sich zwischen den Seerosen umher wie Skifahrer. Plötzlich packte Harriet die Wut auf sich selbst. Was hatte sie bloß geritten, an diesen gottverlassenen Platz zu ziehen und eine schlechtbezahlte Lehrprofessur an der Universität Potsdam anzunehmen? Wahrscheinlich hatte dieser Journalist im Ruhestand Recht gehabt: Sie sollte sich einfach an einen Ort absetzen, wo sie niemand kannte und sich ein schönes Leben machen.

Aber was war ein schönes Leben?

Ohne zu überlegen, warf sie den Liegestuhl, in dem sie während ihrer Arbeitspausen im Halbschlaf zu dämmern pflegte, in den Teich und beobachtete, wie sich der gestreifte Stoff seiner Liegefläche allmählich mit Wasser vollsog und dunkel verfärbte. Harriet zog eine Zigarettenschachtel aus der Tasche ihres Bademantels, zerknüllte sie, warf sie ebenfalls in den Teich und sah zu, wie die Pappe auf der Wasseroberfläche schwamm und die Wasserläufer ihr geschickt auswichen. Dann drehte sie sich um und ging ins Haus. Am Ende gab es nur ein Mittel, das die Realität in ein milderes Licht rückte. Sie stieg in den Weinkeller des Hauses und zog aus einem der Regale eine verstaubte Flasche Bordeaux, deren angelaufenes Etikett vom Alter seines Inhalts zeugte. Noch bevor der Wintergarten fertig eingerichtet war, hatte Harriet dafür gesorgt, dass sich der Keller mit gutem Wein füllte. Einige Flaschen hatte sie in einem Laden in der Potsdamer Innenstadt gekauft und, zum Entzücken des Inhabers, Rotwein für über 1.000 Euro mitgenommen und ins Auto verfrachtet. Auch einige Flaschen Weißwein hatte sie auf gut Glück erworben, reserviert für Gäste, die sie niemals empfangen würde, weil sie in Deutschland weder Freunde hatte noch sich welche wünschte. Das war nicht immer so gewesen: Gern hatte sie mit Kollegen aus ihrem College bis tief in der Nacht auf der Terrasse ihres Hauses in Cambridge gesessen, über Bücher und Ausstellungen diskutiert und dabei viel getrunken und gelacht. An einem jener Abende hatte sie Jonathan Barnwell kennengelernt: Er war im Schlepptau einer ihrer Kolleginnen vom St. George College gekommen, mit der er weitläufig verwandt war. Amber war eine Cousine zweiten oder dritten Grades von ihm und hatte gemeinsam mit Jonathan die Schule besucht. Jonathan hatte Harriet kennenlernen wollen, weil sie einen Abschnitt ihres Bestsellers

Über das Sammeln seinem Vater gewidmet hatte, der eine Sammlung von Handschriften aus dem 17. Jahrhundert besaß, die er auf einem seiner Landsitze in Cornwall verwahrte. Jonathan war angeblich von Harriets prägnanter Darstellung seines Vaters so begeistert gewesen, dass er die Gelegenheit beim Schopf ergriff, als seine Verwandte ihm von der Einladung bei Harriet erzählt hatte. Zumindest war das die offizielle Variante gewesen, die Jonathan ihr gegenüber erwähnt hatte. Später war sie sich nicht mehr so sicher, ob er sie nicht schon länger verfolgt und das Treffen bewusst herbeigeführt hatte. Aber in jener magischen Nacht war sie bereit gewesen, ihm alles zu glauben, seit er gemeinsam mit Amber ihr Haus betreten hatte. Sein maßgeschneiderter Anzug war derangiert und er selbst beschwipst gewesen, da er von der Feier seiner ehemaligen studentischen Verbindung gekommen war, aber Harriet hatte ihn vom ersten Moment an hinreißend gefunden, obwohl sie nicht hätte sagen können, was genau sie so angezogen hatte: Jonathan war nicht besonders groß und von gedrungener Gestalt mit einem kräftigen Oberkörper und – genau betrachtet – etwas zu stämmigen Beinen. Sein Gesicht, das selbst nach durchzechter Nacht immer frisch wirkte, besaß keine aristokratische Anmutung, sondern wirkte eher bäuerlich, was durch seine Haare betont wurde, die sich jeder Frisur gegenüber als widerständig erwiesen. Aber sie hatte nie zuvor einen Mann kennengelernt, der zu jedem Zeitpunkt so sehr er selbst war. Nachdem alle anderen Gäste an jenem Abend gegangen waren, hatten sie bis zum Sonnenaufgang auf der Terrasse gesessen und Monteverdi gehört, den Jonathan verehrte. Während sie auf Liegestühlen nebeneinander lagen und bei einem starken Espresso in die ersten Strahlen der Sonne schauten, hatte er ihr von der Bedeutung der menschlichen Stimme im Werk Claudio Monteverdis erzählt. Harriet hatte es genossen, einmal nicht die Dozentin zu sein, und irgendwann hatte sie ihren Kopf auf seine Schulter sinken lassen, irgendwo auf dem Grad zwischen Hingabe und Müdigkeit. Wie selbstverständlich war er die nächsten zwei Tage bei ihr geblieben, in denen sie das Bett nicht verlassen hatten. Wie sich später herausgestellt hatte, war er gerade Strohwitwer gewesen, weil seine Frau mit den Kindern in ihr Cottage gefahren war, um dort einige Tage Urlaub zu verbringen. Damals hatte in Harriets Kopf keine Alarmglocke geschrillt. Die Tatsache, dass er verheiratet, Vater zweier Kinder war und der Öffentlichkeit ein mustergültiges Familienleben vorspielte, hatte sie schlicht ignoriert. Jonathan war alles gewesen, was sie sich ersehnt hatte, und dass ihre Geschichte jemals ein solches Ende nehmen könnte, wäre ihr niemals in den Sinn gekommen. Selbst dann, als die ersten Warnzeichen eingesetzt hatten – Eifersüchteleien, überraschendes Auftauchen in ihrer Uni, Kontrollanrufe –, war sie nicht misstrauisch geworden. Erst als es schon zu spät war, hatte ihr allmählich das Ausmaß des Desasters gedämmert, in das sie geraten war. Zu diesem Zeitpunkt war allerdings schon beinahe alles, was sie sich aufgebaut hatte, in sich zusammengefallen.

Aber warum ließ sie die Geschehnisse wieder einmal Revue passieren? Es machte keinen Sinn, sie musste den Weg in die Gegenwart zurückfinden, auch wenn es schmerzte. Harriet ging in ihre zur Hälfte eingerichtete Küche, in der noch immer statt eines Herdes eine Kochhexe und ein altersschwaches Küchenbuffet mit zersplittertem Aufsatz standen, nahm einen Korkenzieher aus einer Schublade und öffnete den Bordeaux. An den Teich zurückgekehrt, hockte sie sich ins Gras und begann zu trinken. Der Rotwein tat gut und tröstete über die Schwärme von Mücken hinweg, die um den Teich tanzten und sich auf ihren nackten Armen und Beinen niederließen. Nach einer Dreiviertel Flasche war sie so weit, in ihren Wintergarten zu gehen und den Computer hochzufahren. Da sie normalerweise vermied, ins Internet zu gehen, brauchte sie einige Minuten, um ihr schwaches WLAN zu aktivieren und die Startseite der *Brandenburger Post* zu finden. Von dort sprang sie ihr eigenes Gesicht und eine Headline mit fetten Lettern an:

Zwielichtige Millionärin unter Mordverdacht

Im brandenburgischen Linnerow wurde heute die aus Hamburg stammende Millionärin Harriet L. wegen Mordes an einem Potsdamer Künstler verhaftet. Offensichtlich handelt es sich um den bekannten Maler »Pit« (Hans-Peter) Wallstedt, dessen Leiche in seinem Atelier in der Schiffbauergasse von dem Hausmeister Dario A. gefunden wurde. Dario A. steht unter Schock und konnte daher noch nicht vernommen werden, aber die Spuren führen zu Harriet L., die seit einem halben Jahr in einem heruntergekommenen Haus in Brandenburg lebt und als Dozentin an der Universität Potsdam arbeitet. Zu den näheren Umständen des Mordes an Wallstedt wollte die Polizei sich nicht äußern, schließt aber eine Beziehungstat nicht aus. Harriet L. wurde in England wegen versuchten Mor-

des an ihrem Liebhaber Sir Jonathan B. angeklagt, dann aber aufgrund ungeklärter Umstände freigesprochen. Sie hatte ihren Geliebten, einen verheirateten Mann aus dem englischen Hochadel – außerdem Vater von zwei Kindern – mit dem Messer attackiert, sodass er beinahe verblutet wäre. Damals hieß es, der Mann habe sich von ihr trennen wollen, deshalb sei sie »ausgerastet« und habe ihn umbringen wollen, damit »keine andere Frau« ihn bekomme. Nach Beendigung des Prozesses trat sie freiwillig von ihrer Professur an einer renommierten Universität in Cambridge zurück und tauchte zunächst unter. Seit dem Herbst 2018 lehrt sie an der Potsdamer Universität. Eine geschockte Studentin, die anonym bleiben möchte: »Ich finde es unverantwortlich, dass man uns von einer Frau unterrichten lässt, die vor Gewalt nicht zurückschreckt. Die Universität sollte ein gewaltfreier Ort sein.« Harriet L. stammt aus einer wohlhabenden Hamburger Familie, zu der sie jedoch keinen Kontakt pflegt. Warum sie sich in einem Abbruchhaus auf dem Land aufhält und augenscheinlich auch ihr Äußeres in einem starken Maß vernachlässigt, ist nicht bekannt. Gerüchte über eine psychische Erkrankung, die aber bislang nicht bestätigt sind, machen die Runde. In Kürze erfolgt ein Update der Geschehnisse. (Adelheid Rumpers)

Unter dem Artikel befanden sich mehrere Fotos, die Harriet im Bademantel vor ihrem Haus und auf der Flucht vor der Polizei zeigten. Auf einem Foto war eine Großaufnahme ihres Gesichts mit einem blauen Auge und dem langen Kratzer auf der Stirn abgebildet. Darunter war zu lesen: *Hat Harriet L. sich die Verletzungen im Gesicht bei einem Kampf mit ihrem Opfer zugezogen*? Und daneben: ein Foto vom Tatort, zwar ein verpixeltes, das nur die Umrisse des toten Körpers, aufgebahrt auf dem Bett, erahnen ließ, aber eindeutig einen geköpften Menschen zeigte. Der Artikel schloss mit einem Bild, das zeigte, wie Pit sie nach ihrem Sturz vor der Villa Augusta in strömenden Regen zu ihrem Auto trug. Es war unscharf und wirkte, als seien sie ein Liebespaar. Harriet sprang vom Schreibtisch auf und ergriff ihr Handy. Dann durchsuchte sie mit zitternden Händen ihre Taschen, bis sie fand, wonach sie gesucht hatte: die Visitenkarte von Kommissar Weiss. Sie tippte seine Nummer ein und registrierte enttäuscht, dass das Telefon ins Leere klingelte. Es war mittlerweile Abend geworden, und er war wahrscheinlich nicht mehr im Büro. Zornig zerknüllte sie die Karte und entfaltete sie sogleich wieder, weil ihr einfiel, dass möglicherweise eine Mobilnummer darauf zu finden sein könnte. Und richtig! Sehr kleingeschrieben, fand sich in der Signatur tatsächlich eine Handynummer. Es klingelte nur ein einziges Mal.

»Ron Weiss.«

Harriet verzichtete darauf, ihren Namen zu nennen.

»Ihretwegen habe ich die Öffentlichkeit am Hals. Haben Sie mal ins Internet geschaut, speziell in die Online-Ausgabe der *Brandenburger Post*? Meine ganze Geschichte können Sie dort nachlesen, mit dem schönen Zusatz, dass ich unter Mordverdacht stehe. Wissen Sie, was das für mich bedeutet?! Ich werde Sie verklagen, wenn es sein muss bis zur letzten Instanz, wegen Rufschädigung!«, schrie Harriet ins Telefon.

Keine Reaktion.

»Was sagen Sie dazu? Der Artikel von dieser Adelheid Rumpers wird wahrscheinlich gerade in sämtlichen sozialen Netzwerken geteilt, von meinen Studenten und – besser noch – von meinen lieben Kollegen gelesen! Und woher wusste diese Frau überhaupt davon, dass Sie zu mir kommen würden? Die Information kann doch nur von der Polizei selbst stammen. Und wie kommt denn diese Reporterin an ein Bild des Ateliers nach dem Mord? Sie verfolgt mich, sonst gäbe es auch das Foto vor der Villa Augusta, im Regen mit Pit Wallstedt gar nicht.«

Schweigen.

»Sie haben die volle Verantwortung für alles, was passiert ist und was noch passieren wird. Ich hatte die Chance bekommen, mich zu rehabilitieren und jetzt stehe ich als Mörderin da. Hallo?!«

Erst Rauschen, dann Leere. Harriet schleuderte ihr Handy wütend in eine Ecke des Wintergartens, wo es in einer Lache Kondenswasser landete, die durch ein undichtes Fenster entstanden war. Sie ging zu ihrer Musikanlage, legte eine CD ein und schob die Regler hoch. Dröhnend klang Wagner aus den Lautsprechern. Dann kehrte sie zurück in den Garten, ergriff eine Axt und begann, Holz zu hacken. Trotz ihres verletzten Armes drosch sie mit Wucht auf die Scheite ein und spaltete eines nach dem anderen, begleitet vom *Ritt der Walküren*. Wagner lag ihr eigentlich nicht. Aber jetzt passte er. Nach einer halben Stunde war ein ansehnlicher Stapel Feuerholz entstanden, den sie im Winter gut würde brauchen können. Keuchend hielt sie inne und lauschte in die Dunkelheit. Ein Auto näherte sich. Schon wieder. Fest umklammerte sie den Schaft der Axt, atmete tief durch und rannte ums Haus.

•

Eine von Kerers Leibwächterinnen und ein hagerer Mann, den Samat Sadykov nicht kannte, saßen vor hohen Bierkrügen und unterhielten sich. Das konnte er von draußen sehen. Unschlüssig stand er vor der blinkenden Leuchtreklame und fragte sich, ob er wirklich in den *Blonder Pub* hineingehen sollte. Aber blieb ihm eine andere Möglichkeit? Er gab sich einen Ruck und trat durch die Drehtür in den verrauchten Gastraum. Es war gegen 22 Uhr und der Pub war voll junger Leute, die an Tischen mit karierten Plastiktüchern saßen und helles Bier aus Literkrügen, gebraut in einer hauseigenen Anlage, tranken. Die Männer trugen enge Anzüge mit schmalen Krawatten und klobige Brillengestelle. Die Mädchen waren in Miniröcken unterwegs und balancierten auf hohen Absätzen von ihren Tischen zum Tresen oder zu den Toiletten, die sich hinter einer verschrammten Tür befanden. Hätte er nicht gewusst, dass er sich in Osh befand, hätte er auch in einer Bar in Moskau oder Berlin sein können. Der Besitzer des *Blonder Pub* hatte nach einem Besuch bei Verwandten in München seine Leidenschaft für Bayern entdeckt und den Innenraum seines Gasthauses einem deutschen Biergarten nachempfunden – aber alles, von den Blumen über die Pergolen bis hin zu den Tischen und Stühlen war aus Plastik. Aus Lautsprechern drang mit Jodlern versetzte Blasmusik, die mit Techno-Klängen unterlegt war. An den Wänden flimmerten überdimensional große Bildschirme, die Videoclips zeigten.

Die Leibwächterin und der Hohlwangige saßen am Rande eines Kunstrasens, in den Strahler eingelassen waren, die die Discokugeln an der Decke beleuchteten. Samat trat höflich an ihren Tisch und fragte, ob er sich setzen dürfte. Die Leibwächterin schwieg und beobachte ihn. Sie gehörte zu einer Gruppe angsteinflößender Frauen, die Kerer um sich geschart hatte und ohne die er niemals auftrat. Es war ungewöhnlich, dass man eine von ihnen ohne die anderen traf. Sie war sicher über 1,85 Meter groß, hatte breite Schultern und die kurzgeschorenen Haare betonten die hervorstehenden Wangenknochen. Ihre Nase zierte ein ungewöhnliches Piercing mit gezackten Rändern. Es war offensichtlich, dass Kerer starke Frauen liebte, vielleicht war das auch der Grund gewesen, weshalb er das

Bild unbedingt hatte haben wollen. Der hagere Mann in ihrer Begleitung bedeutete ihm, dass er sich hinsetzen solle.

»Du bist Samat?«

Er nickte und ließ sich auf einem Stuhl nieder. Unwillkürlich begann er zu schwitzen. Sein Kragen drückte ihn, und er öffnete den obersten Knopf seines Hemdes.

»Mein Name ist Vlad. Bist du nervös, Samat?« Vlad entblößte seine goldenen Vorderzähne. »Wenn ich du wäre, hätte ich Todesangst.«

Samat konnte nicht antworten. Seine Lippen fühlten sich mit einem Mal seltsam trocken an, so, als seien sie aufgesprungen und voller Staub. Er räusperte sich.

»Ihr wisst, dass nicht ich es war, der Herrn Kerer betrogen hat.«

»Das sieht Herr Kerer anders. Der Verkäufer des Bildes warst du. Also wird er sich an dich halten, Samat. Einen Vorgeschmack auf das, was dich erwartet, hattest du ja schon.«

Samat zuckte zusammen und dachte an den Überfall, dessen Opfer er gewesen war. Als er blutend und unfähig, sich zu bewegen, am Boden lag, hatte einer der Angreifer sein Messer gezückt und ihm die Klinge vor das Gesicht gehalten. »Herr Kerer ist sehr enttäuscht von dir!«, hatte er gesagt. »Du hast ihn für dumm verkaufen wollen. Aber Herr Kerer ist ein gebildeter Mann. Er liest Zeitung. Das solltest du auch tun.« Samat hatte mühselig seine Lippen voneinander gelöst, aber er hatte nichts erwidern können. Der zweite Mann hatte Samat ein Blatt Papier in die Innentasche seines Anzuges gestopft und sich dann auf seinen Brustkorb gesetzt. Beide hatten auf ihn eingeprügelt, bis ihm schwarz vor Augen geworden war. Vor Schmerzen wimmernd war er Stunden später in einem verdreckten Krankenhaus aufgewacht. Die Frage nach dem »Warum?« hatte in seinem Hirn gehämmert, so lange, bis er das Blatt Papier gefunden und aus der Tasche seines Anzugs gezogen hatte. Es war die Kopie eines Artikels aus dem *Wall Street Journal*. Nachdem er ihn gelesen hatte, begriff er das Ausmaß der Katastrophe, in die er hineingeraten war.

Die Leibwächterin streckte ihre Hand aus und berührte sein Gesicht. Ihre Fingerspitzen waren rau wie Schmirgelpapier. Dann sagte sie: »Du hast noch Zeit bis zur nächsten Woche, um das Geld zu besorgen. Das ist deine letzte Chance. Er wird dir keine Zinsen berechnen, so wie er es mit anderen Partnern täte. Du stammst aus demselben Tal wie er, deshalb wird er großzügig sein.«

»Ich werde das Geld beschaffen«, presste Samat hervor.

Sie nickte. »Natürlich wirst du das.«

Die Frau hob die Hand und bestellte eine Flasche Wodka, die in Sekundenschnelle auf ihrem Tisch stand. »Nastrovje!« rief sie, hob ihr Glas und trank es in einem Zuge aus. »Ich trinke darauf, dass deine Reise erfolgreich sein soll!«

Samat trank die ersten Schlucke widerstrebend. Sein Magen brannte. Im Hintergrund dröhnte ein russischer Popsong, der von starken Männern, Wölfen und der Liebe zur Heimat handelte. Sie tranken schweigend Runde um Runde, bis Vlads Kopf langsam auf den Tisch sank und ein lautes Schnarchen aus seinem Mund drang. Die Leibwächterin schaute Samat mit schwimmenden Augen an:

»Du weißt doch ganz sicher, was dir passieren wird, wenn du das Geld nicht zurückzahlst?«

Samat nickte.

»Gut so. Ich möchte aber sichergehen, dass du es ganz *genau* weißt.«

Sie hielt ihm ihr Handy dicht vor das Gesicht und zeigte ihm drei verschiedene Fotos von zwei Männern und einer Frau, deren Tod offensichtlich nicht auf natürliche Weise eingetreten war.

»Mach keinen Fehler, Samat. Und wünsch' dir, dass du mich nie wieder treffen wirst.«

Sie stand auf, packte Vlad am Kragen seines Jacketts und zog ihn hoch. Wortlos und ohne zu zahlen verließ sie den Blonder Pub, den taumelnden Mann hinter sich herziehend. Starr vor Entsetzen blieb Samat zurück. Über einen der riesigen Bildschirme lief ein Videoclip, der drei Bikinischönheiten in einem Pool mit Seerosen zeigte und einen Delfin, der durch einen Reifen sprang.

•

»Das glaube ich jetzt nicht! Sie trauen sich, hier aufzutauchen? Ich sollte Ihnen den Schädel spalten, Herr Kommissar.« Harriet hatte sich auf dem Rasenstück vor ihrem Haus aufgebaut und hob drohend die Axt. »Sie drehen sich jetzt um, setzen sich in Ihr Auto und verschwinden so weit weg, dass ich Sie nie wiedersehen muss.«

»Tja, ich glaube, dass ich mit der Annahme, in Ihnen eine männerhassende Mörderin zu sehen, gar nicht mal so falsch lag.«

In der Dunkelheit waren nur die Umrisse des Kommissars erkennbar. Soweit Harriet sehen konnte, lehnte er lässig gegen seinen Wagen. In seiner Stimme lag nicht eine Spur von Schuldbewusstsein.

»Gehen Sie schon! Sie widern mich an!«

»Beschimpfen Sie mich bitte weiter. Auf sowas stehe ich. Das könnte ein netter Abend für uns beide werden.«

Harriet kämpfte mit ihrer Beherrschung. Um nicht vollends die Nerven zu verlieren, ging sie zurück hinter das Haus. Die Axt hielt sie noch immer umklammert, während sie langsam bis zehn zählte. Aus der Weinflasche, die sie auf einem Baumstumpf deponiert hatte, trank sie einen großen Schluck und fuhr fort, Holz zu zerkleinern. Noch immer dröhnte die *Walküre* aus den Boxen im ersten Stock.

»Wagner war übrigens ein ziemlicher Antisemit. Er war der Ansicht, dass Juden unfähig seien, sich künstlerisch auszudrücken. Aber das ist Ihnen ja sicherlich geläufig.«

»Sind Sie hier, um meinen Musikgeschmack zu kritisieren?« Harriet biss sich auf die Lippen. Erdreistete sich dieser Polizist etwa, sie zu belehren?

»Wenn Sie gern Musik von einem Judenhasser hören wollen, ist das Ihre Sache. Ich wollte Ihnen etwas anderes sagen: Wenn Sie nicht so ungeschickt geflüchtet wären, dann wäre alles anders gelaufen. Vor der Polizei flüchten ist das Dümmste, was man tun kann. Das sollten gerade Sie wissen.« Er war ihr gefolgt und hatte sich auf dem Baumstumpf niedergelassen, auf dem die Weinflasche stand. »Sie laden mich doch bestimmt auf einen kleinen Umtrunk ein, nicht wahr?« Er setzte die Flasche an die Lippen. »Nicht schlecht. War teuer, oder?« Mit der Taschenlampe seines Handys leuchtete er auf das Etikett und studierte es intensiv.

»Chateau La Couspaude 2001. Grand Cru Classé. Dafür werden Sie ja einiges hingelegt haben.«

Dann trank er noch einen Schluck. »Wahrscheinlich würde er noch besser aus einem Glas schmecken. Wenn Sie möchten, hole ich uns Gläser aus Ihrer Küche – oder trinken Sie Ihren Wein immer aus der Flasche?«

Harriet blieb vor Wut die Luft weg. Sie zwang sich, Ron Weiss zu ignorieren und konzentrierte sich auf das Holzhacken. Mit voller Wucht drosch sie auf die Scheite ein, die in alle Richtungen flogen.

»Sind Sie sicher, dass Sie das da richtig machen? Als ich das letzte Mal jemanden beim Holzhacken beobachtet habe, sah das erheblich geordneter aus. Der hat nicht mit seinen Armen so gerudert, als seien es Windmühlenflügel.«

Harriet machte schweigend und verbissen weiter.

»Wenn ich es mir recht überlege, dann brauchen wir ohnehin eine zweite Flasche. Die hier ist ja schon fast leer. Ich hole mal Nachschub. Sie haben bestimmt noch ein paar Dutzend Flaschen zuhause. Alkohol ist doch Ihre Droge, oder?«

Er wandte sich um und stieg die Freitreppe hoch, die über die Terrasse ins Haus führte. »Die Bude hier ist ganz schön runtergekommen. Hat Ihnen das schon mal jemand gesagt?«

Das reichte.

»Kommen Sie sofort zurück! Was fällt Ihnen ein, mein Haus zu betreten!« Harriet schleuderte die Axt ein paar Meter weit, sodass diese im flachen Wasser des Teiches landete. Ron Weiss unterbrach seinen Weg ins Haus, setzte sich auf die brüchigen Treppenstufen und betrachtete im schwachen Licht der Hauslaterne intensiv die Spitzen seiner Boots. Mit dem Ärmel seiner Trainingsjacke wischte er einen – wahrscheinlich imaginären – Fleck weg.

»Ich bin keine Verdächtige mehr. Sie haben hier also nichts zu suchen!« Harriet verstummte schwer atmend. Dann überlegte sie einen Moment lang und ging auf ihn zu. »Aber eines will ich wissen, bevor ich Sie endgültig rauswerfe: Warum haben Sie mich laufenlassen? Sie hatten sich doch gerade im Verhör auf mich eingeschossen! Weshalb war ich plötzlich nicht mehr verdächtig?«

Er schaute sie vom oberen Treppenabsatz aus an und entgegnete: »Wütend gefallen Sie mir viel besser als verängstigt. Steht Ihnen irgendwie. Tja, zu Ihrer Frage: Das sind ermittlungstechnische Details. Über die kann ich leider nicht mit Ihnen reden.«

Harriet schüttelte den Kopf. »So kommen Sie nicht davon! Ich bin die Zielscheibe der Medien. Haben Sie den Artikel von dieser Adelheid Rumpers gelesen? Der Beitrag wurde so oft geteilt, dass jeder Student der Uni Potsdam ihn schon kennt. Sie waren es, der mich in diese Lage gebracht hat, und jetzt wollen Sie mir nicht einmal sagen, weshalb ich verhaftet und dann urplötzlich wieder freigelassen wurde? Und kommen Sie mir bloß nicht damit, dass ich noch ein amtliches Schreiben erhalten soll. Das hat mir freundlicherweise Ihre Kollegin schon mitgeteilt.«

Harriet schnappte ihre Weinflasche, lief die Treppen hoch an Ron Weiss vorbei und ließ ihn auf den Stufen sitzen. Dann schloss sie klappernd sämtliche Türen im Haus, kontrollierte, ob die Fenster im Erdgeschoss geschlossen waren und stieg hinauf in den Wintergarten. Dort drehte sie die Regler ihrer Anlage hinunter, legte sich auf den Divan und schloss die Augen. Sie hatte genug. Es musste ungefähr Mitternacht sein. Harriet lauschte in die Nacht und wartete auf das Geräusch eines davonfahrenden Wagens, aber nichts passierte. Die Mischung aus Schlafmangel und Bordeaux ließ sie trotz der Aufregung müde werden. Sie zwang sich in eine aufrechte Sitzposition und streckte den Rücken. Diese Haltung funktionierte aber nur wenige Sekunden. Harriet sackte in sich zusammen, schaffte es ein paarmal, sich wiederaufzurichten, gab aber irgendwann der bleiernen Müdigkeit und dem angenehmen Schwindel nach. Während sie in den Schlaf glitt, spürte sie, dass ihr alles zusehends gleichgültiger wurde. Als Teenager waren ihr die Mandeln entfernt worden, und das Gefühl von Gleichmut, nachdem sie eine Beruhigungsspritze bekommen hatte, ähnelte jenem, welches sie jetzt im Dämmerzustand auf dem Divan empfand. Mit einem Schlag war alles egal: der Mordverdacht, die Verhaftung, der Kommissar, selbst Jonathan Barnwell. Ihr Kopf fiel zur Seite, und sie sank in einen unruhigen Schlaf. Plötzlich weckte sie eine Bewegung aus einem Traum, der irgendwo in der Wüste spielte. Es dämmerte bereits, fahles Licht fiel durch die Scheiben des Wintergartens. Harriet schreckte hoch. Ihr Blick fiel auf Ron Weiss, der ihr gegenüber mit übereinander geschlagenen Beinen in einem Sessel saß und sie beobachtete.

»Wie lange sitzen Sie da schon?«

»Eine Weile. Sie schnarchen.«

»Wenn Sie nicht gleich verschwinden, dann rufe ich die Polizei!«

»Sie kennen ja die Nummer – noch immer 110. Allerdings dürfte es ein paar Stunden dauern, bis die Kollegen hier sind. Bei der schlechten Bezahlung und dem noch schlechteren Ruf der Brandenburger Polizei drängelt man sich nicht gerade um einen Arbeitsplatz bei uns. Wir haben also eine recht dünne Personaldecke. Sie könnten anrufen und uns dann erstmal einen starken Kaffee kochen. Bis die Bereitschaft da ist, haben wir sicher schon gefrühstückt.«

Er grinste.

Harriet richtete sich mühsam auf. Vom Rotwein und den vielen Zigaretten hatte sie einen schlechten Geschmack im Mund.

»Wie sind Sie überhaupt in mein Haus gekommen?«

»Die Haustür war offen. Das ist praktisch eine Einladung.«

»Lieber Herr Kommissar, das kann nicht sein! Ich habe alles abgeschlossen. Sie müssen sich also irgendwie Zugang verschafft haben, und ich kann nur hoffen, dass Sie nicht eingebrochen sind und – viel wichtiger – hier nichts beschädigt haben. Ihr Polizistenhirn mag es ja nicht bemerkt haben, aber die Haustür ist ein Original aus dem 18. Jahrhundert. Sollte sie auch nur einen Kratzer abbekommen haben, werde ich Sie wegen Sachbeschädigung verklagen.«

»Seien sie unbesorgt. Ich lasse hier alles intakt.«

Der geschmacklose Schmuckstein in seinem Eckzahn blitzte auf. »Wenn hier jemand Kaffee macht, dann sind Sie das!«, erwiderte sie, während sie sich wieder nach hinten in die Kissen fallen ließ und die Decke bis unter das Kinn zog. »Sie finden alles, was Sie brauchen, unten in der Küche. Ich trinke meinen Kaffee mit viel Milch und mit ein wenig Zucker. Aber bitte nicht zu viel. Ein kleiner Teelöffel reicht vollkommen aus. Und bitte machen Sie die Milch warm und schäumen Sie sie auf. Man soll niemals kalte Milch in den Kaffee kippen.«

Ron Weiss war verblüfft. Aber nur kurz. Er fing sich rasch und verschwand wortlos. Nach ein paar Minuten drang der Duft frischen Kaffees in den Wintergarten, und sie hörte, dass er mit einem Quirl oder einem Schneebesen – beides hatte sie in ihrer Küche noch nie gesehen, geschweige denn benutzt – kräftig in einem Topf rührte. Offenbar schlug er Milch für sie auf. Kurze Zeit später öffnete sich die Tür, und er kam, ein Tablett balancierend, in den Wintergarten zurück. Teller, Messer, Tassen, Untertassen, sogar Servietten waren ordentlich auf dem Tablett arrangiert. Außerdem hatte er ihren Kühlschrank geplündert und die Reste von Käse, Tomaten und altem, aber noch essbarem Brot, mitgebracht. Zwei gekochte Eier waren in Schnapsgläsern angerichtet, die er im Küchenbuffet gefunden haben musste.

»Sie brauchen unbedingt eine Espresso-Maschine«, merkte er an, während er die Tassen mit starkem Kaffee und heißer Milch anfüllte. »Den Filterkaffee, den Sie haben, kann man ja nur im Notfall trinken.«

»Sie sind wohl nicht in der Position, hier Kritik anzumelden«, knurrte Harriet ihn an. »Erst verhaften Sie mich und hetzen mir damit diese Adelheid Rumpers auf den Hals, dann dringen Sie bei mir ein und schlussendlich mäkeln Sie auch noch an meinem Kaffee herum. Sonst noch was?«

»Ja«, entgegnete er, ohne eine Miene zu verziehen. »Mit dieser Reporterin habe ich nichts zu tun. Die ist doch eher eine Freundin *Ihres* guten Freundes Robert von Lietzenburg. Und noch etwas: Etwas mehr Schlaf würde Ihnen sicher guttun. Sie sehen reichlich angegriffen aus. Außerdem würde ich an Ihrer Stelle künftig Autan oder so etwas benutzen. Mit Ihren Mückenstichen könnten Sie jedem Streuselkuchen Konkurrenz machen.«

Harriet ärgerte sich über seine Bemerkungen. Aber warum? Der Mann war ein Provokateur, dessen Worte sie nicht auf die Goldwaage legen sollte. Ihm musste sie nicht gefallen – das Problem war wohl eher, dass sie sich selbst nicht gefiel und zugeben musste, dass er Recht hatte.

»Sie sind zwar unverschämt, aber Kaffee kochen können Sie. Das ist immerhin etwas.«

»Hier, fangen Sie!«, rief er plötzlich und warf Harriet eines der Eier zu.

Zwar erschrak sie, fing das Ei aber geistesgegenwärtig mit ihrer rechten Hand auf.

»Das ist es«, äußerte er und nippte an seinem Kaffee.

»Was meinen Sie?« Mit einem Mal war Harriet hellwach.

»Sie haben das Ei mit der rechten Hand gefangen. Pit Wallstedt ist von jemandem enthauptet worden, der Linkshänder ist.«

»Und könnte ich das nicht rein theoretisch auch gefaked haben? Ich hätte doch einfach meine Linke benutzen können, um eine falsche Spur zu legen.« Sie warf ihm das Ei mit der linken Hand zu. Er fing es mühelos auf und begann, damit zu spielen.

»Nein«, entgegnete Ron, »das ist nicht möglich. Sie könnten mit der linken Hand niemals so viel Kraft aufwenden, geschweige denn die Geschicklichkeit, einen sportlichen, durchtrainierten Mann wie Wallstedt umzubringen.«

Harriet schloss die Augen. Sie erinnerte sich an Pits muskulösen Rücken und die Tattoos, die seinen Oberkörper bedeckt hatten. *Non semper ea sunt, quae videntur.* »Aber warum haben Sie mir den Mord am Anfang zugetraut? Es war doch klar, dass die Enthauptung mit sehr viel Kraft durchgeführt worden ist. Sie hätten sehen müssen, dass ich dazu gar nicht in der Lage gewesen wäre, egal, ob mit der linken oder mit der rechten Hand. Sie haben ja nicht umsonst festgestellt, dass ich schrecklich aussehe. Dünn, verschlissen und irgendwie abgewirtschaftet. Warum also bin ich verhaftet worden?«

Ron Weiss warf das Frühstücksei von einer Hand in die andere. Erste Lichtstrahlen fielen in den Raum. An seinem Kinn hatte sich ein Bartschatten breitgemacht, unter seinen Augen lagen schwarze Ringe, die den ihren mindestens ebenbürtig waren.

»Wie Sie wissen, stehen die Wahlen kurz bevor. Hätten Sie den Mord begangen, dann hätte die Politik schnell einen Erfolg präsentieren können. Im Moment ist in Brandenburg die Sicherheit ein großes Thema, mit der vor allem die rechten Parteien punkten wollen.«

Harriet blieb stumm und dachte über das Gesagte nach. Das war es also. Um ein Haar wäre sie zum Bauernopfer geworden. Sie sollte besser nicht zu intensiv darüber nachgrübeln.

»Ich hoffe, Sie mögen Ihr Frühstücksei weich.« Er klopfte beinahe liebevoll auf das Ei, sodass sich dessen Schale wie von selbst löste.

»Wollen Sie sich bei mir als Zimmerkellner bewerben?«, stichelte sie. Harriet wickelte sich in ihre Decke wie in einen Kokon. »Aber ja«, fuhr sie fort, »das Ei scheint genau richtig. Fünf Minuten, keinesfalls mehr. Am allerliebsten esse ich Ei im Glas – das muss ich wahrheitsgemäß hinzufügen. Mit Schnittlauch, Pfeffer und Worcestersauce.«

»Das wundert mich gar nicht, liebe Frau Dr. Lievens«, entgegnete er spöttisch. »Alles andere wäre ja auch viel zu wenig Oberschicht.«

Sorgfältig streute er Salz auf das Ei. »Leider haben Sie in Ihrer formidablen Küche weder Schnittlauch noch andere frische Kräuter, bestimmt, weil das Personal frei hat. Deshalb fällt das Ei im Glas heute wohl aus.«

»Sie können gern gehen. Ich habe Sie nicht eingeladen.«

»Seien Sie doch nicht immer gleich beleidigt.«

Beide löffelten in ungemütlichem Schweigen ihre Frühstückseier aus, aßen die Käsereste und die etwas matschigen Tomaten.

»Wir haben Ihre Fingerabdrücke und Ihre DNA überall in Wallstedts Atelier gefunden«, brach er plötzlich das Schweigen. »Außerdem Ihr Kleid, das im Bad hing. Es standen zwei Gläser auf dem Tisch. Aus dem einen hatten ohne Zweifel Sie getrunken. Unsere Profiler haben darauf getippt, dass Sie Pit Wallstedt zunächst betäubt und dann enthauptet haben. Barnwell hatten Sie ja schließlich auch mit einer Klinge attackiert.« In ihrem Mund entwickelte sich ein bitterer Geschmack. Sie spuckte den Bissen in hohem Bogen aus, sodass er als weiß-gelber Klumpen auf dem abgeschabten Parkett des Wintergartens landete.

»Aber Sie wissen doch, dass Jonathan Barnwell mich angegriffen hat, oder? Er hat mich gewürgt und dann versucht, mich mit kochendem Wasser zu verbrühen, nachdem er mich wochenlang gestalkt hatte!« Harriet wusste, dass sie sich nicht rechtfertigen musste. Trotzdem stand sie auf, drehte sich um und riss ihr T-Shirt über die Schulter hinunter. Zu ihrem Entsetzen spürte sie, dass sie den Tränen nahe war. »Sehen Sie sich das Souvenir in aller Ruhe an!«

Ron Weiss sagte nichts. Er starrte auf die wulstigen, roten Narben, die Harriets Haut entstellten. »Warum um alles in der Welt haben Sie sich so von diesem Mann demütigen lassen?«, fragte er in die Stille hinein. »Ich habe Ihren Fall studiert. Sie hatten alles, wovon man so träumt: ein großes Erbe, eine internationale Karriere als Professorin – sogar einen Lehrstuhl in Cambridge. Weshalb musste es unbedingt Barnwell sein? Soweit ich es beurteilen kann, ist er nicht mehr als ein bigotter Politiker.«

Harriets Oberlippe zitterte. Wie sollte sie ihm erklären, warum sie sich mit Jonathan eingelassen hatte, wenn sie es selbst nicht verstand?

»Sein Job und seine Lebensumstände waren mir egal. Ich hatte mich Hals über Kopf in ihn verliebt – in seine Bildung, seinen Humor und darin, dass er alles, was er anfing, mit Leidenschaft tat.«

»Klingt nach Kitsch.«

Harriet ignorierte seinen Einwand.

»Neben seinem Beruf hat er sich für Musik begeistert und ist ein ausgewiesener Experte für das Werk Claudio Monteverdis. Und Sie wissen wahrscheinlich noch nicht einmal, wer Monteverdi ist.«

Ron zuckte die Achseln. »Ich mag ein schlichtes Gemüt sein, aber ich habe noch keine meiner Freundinnen verbrüht.«

»Nochmal: Was wollen Sie eigentlich hier?« Sie ließ sich wieder auf ihren Divan fallen.

»Tja, warum bin ich hier mit Ihnen und sitze nicht mit einer netten Frau in einer Bar an der Warschauer Straße? Antwort: Erstens, ich war Ihnen eine Erklärung schuldig – dieser Punkt ist abgehakt. Zweitens, der Mord an Pit Wallstedt ist kein gewöhnliches Gewaltverbrechen: Es fehlt nichts aus seinem Atelier, deshalb kann es kein Einbruch gewesen sein, ein politisch oder religiös motivierter Mord kommt aus meiner Sicht nicht in Frage. Dazu fehlt auch ein Bekennerschreiben.«

Harriet schob ihren Groll beiseite. »Könnte der Mord an Pit etwas mit Immobilienspekulationen zu tun haben? Als wir zu ihm ins Atelier fuhren, hat er von seiner Zeit als Hausbesetzer erzählt – in den frühen 1990er-Jahren. Vielleicht war es Leuten ein Dorn im Auge, dass er plötzlich so exklusiv wohnte und seinen neuen Reichtum auch nicht versteckte.«

Ron schaute sie aufmerksam an. »Kein schlechter Gedanke. Aber: Er war nach wie vor mit einigen aus der damaligen Szene gut befreundet und galt als äußerst spendabel. Das haben wir überprüft. Außerdem haben viele ehemalige Hausbesetzer rasante Aufstiege gemacht und sind jetzt Unternehmer oder Ärzte. Es ist etwas anderes.« Er sortierte seine Gedanken: »Mein Eindruck ist, dass etwas an dem Mord nicht nur abstoßend, sondern merkwürdig ist. Das hat vor allem mit der Art der Tötung zu tun. Und ich glaube, dass Sie der Schlüssel dazu sind.«

»Ich?« rief Harriet. »Ich kannte den Mann vor unserem Zusammenstoß während des Wolkenbruchs gar nicht! Es war reiner Zufall, dass wir bei den Lietzenburgs buchstäblich ineinander gerannt sind. Wie soll ich da denn der Schlüssel zu ihm, gar zu seiner Ermordung sein?« Sie vergrub sich wieder in ihre Decke.

»Ich habe mir nochmals alles durch den Kopf gehen lassen. Sie sind eine gute Beobachterin und waren wahrscheinlich die letzte Person, abgesehen vom Mörder, die mit Wallstedt Kontakt gehabt hatte. Deshalb ist alles wichtig, was Sie von dem Abend noch im Gedächtnis behalten haben. Als Sie das Atelier verließen, ist Ihnen da irgendetwas aufgefallen? Oder hat er vielleicht Dinge gesagt, von denen Sie überrascht waren?«

»Nein«, entgegnete sie mit Entschiedenheit, »es war eine Zufallsbekanntschaft, nichts weiter! Ich bin gegangen, als Pit Wallstedt eingeschlafen war. Wie Sie selbst schon festgestellt hatten, hatte er ziemlich viel Alkohol getrunken.«

»Hatte er vielleicht Angst vor irgendetwas?«

»Angst, vielleicht…«, überlegte sie einen Moment. »Aber in erster Linie wirkte er irgendwie gehetzt. Er sprach davon, dass er in Frankreich gewesen und dann erst einmal Ruhe gebraucht hätte. Und außerdem… – ach, vielleicht sollte ich das gar nicht sagen, er war ja vollkommen betrunken.«

»Was hat er außerdem gesagt?«

»Dass er zur Polizei gehen wolle und sich selbst anzeigen. Allerdings hat er das nicht weiter ausgeführt. Wahrscheinlich kann man die Bemerkung gar nicht ernst nehmen. Irgendwie hing sie mit einem seiner Bilder zusammen.«

Ron schaute aus dem Fenster. Er stützte das Kinn auf die Hände und kaute auf seiner Unterlippe.

»War er ärgerlich darüber, dass er die Gartenparty verpasst hatte, weil er sich um Sie gekümmert hat? Robert von Lietzenburg und er waren doch beste Freunde.«

»Hmmh.« Harriet überlegte einen Moment. »Das war in der Tat etwas merkwürdig. Diese Frage habe ich ihm nämlich auch gestellt. Das jährliche Gartenfest ist für die Lietzenburgs ein Höhepunkt im gesellschaftlichen Jahr. Allein die Vorbereitung dauert Wochen, und ganz sicher kostet das Ganze auch einiges. Leider endete das Fest dieses Jahr in einem ziemlichen Desaster, vor allem, weil die Tochter der beiden, Lissy, bockig war und nicht auf ihre Mutter gehört hat.«

»Das passiert doch ständig. Daran kann doch kaum das Fest gescheitert sein. Oder ist das bei den Reichen und Schönen anders?«

»Natürlich nicht. Das Hauptproblem war, dass Sophia mit ihrer Tochter nicht gerade zartfühlend umgegangen ist. Sie hat sie ziemlich grob geohrfeigt. Das Gewitter war vielleicht sogar die Rettung, weil man jetzt behaupten kann, das Gartenfest sei durch das Unwetter aus den Fugen geraten.« Harriet verschwieg die Auseinandersetzung zwischen Sophia und Robert, deren Ohrenzeugin sie unfreiwillig geworden war. Der Streit ging nur die beiden etwas an, und sie hütete sich davor, Weiss darüber zu informieren und damit vielleicht schlafende Hunde zu wecken.

»Und was hat er denn nun auf Ihre Frage geantwortet?«

Harriet versuchte, sich so präzise wie möglich zu erinnern. »Pit war gar nicht so scharf darauf gewesen, die Lietzenburgs zu treffen. Fast schien es, als käme unser Zusammenstoß ihm gerade recht. Er meinte sogar, es sei vielleicht besser gewesen, dass er dem Fest ferngeblieben sei. Eine etwas kryptische Bemerkung, die er nicht weiter erklärte. Zumal in der Villa Augusta ganz sicher auch einige vermögende Abnehmer für seine Werke gewesen wären. Netzwerken schadet ja nie. Aber vielleicht war er gar nicht aufs Verkaufen aus. Finanziell ging es ihm wohl sehr gut.«

»Wir haben seine Konten überprüfen lassen und auch rückwirkend die Entwicklung seiner Einnahmen gecheckt. Eines ist sicher: Erst in den letzten Jahren hat seine Karriere, jedenfalls, was das Geld betrifft, an Fahrt aufgenommen. Er hatte ein kleines Vermögen auf dem Konto, das war wohl ein ungewohnter Zustand für ihn. Wir haben recherchiert, dass er noch vor ein paar Jahren praktisch von der Hand in den Mund gelebt hat. Erst als seine Bekanntschaft mit Lietzenburg begann, änderte sich sehr schnell etwas an seiner finanziellen Situation – und zwar sehr zum Positiven.«

»Ja, da könnten Sie Recht haben. Ich glaube, Robert hat immer sehr lobend über Pit Wallstedts Arbeiten geschrieben, und da er einer der maßgeblichen Kritiker der Gegenwartskunst in Deutschland und weit darüber hinaus ist, hat er Pits Karriere damit einen entscheidenden Impuls gegeben.«

Harriet war in ihrer Welt gelandet. In der altmodischen Welt der Bücher, der Zeitungen und der Wissenschaft. »Zu diesem Thema habe ich direkt etwas für Sie. Moment.« Sie streifte die Decke ab, tapste barfuß über den kalten Fußboden und begann, in einem Bücherregal zu kramen, das an einer der hohen Wände des Wintergartens angebracht war.

»Können Sie mir bitte mal meine Brille geben? Sie muss auf dem Tisch neben dem Tablett liegen.« Ohne ihn anzuschauen, streckte sie ihre Hand aus. Er gab ihr die Brille und beobachtete, wie Harriet konzentriert die Buchrücken durchging. Nach kurzer Suche zog sie schließlich zwei großformatige Bände aus dem Regal.

»Hier!«

Ron Weis sah Harriet beim Blättern aufmerksam über die Schulter. Er war so groß, dass er sie um gut 25 Zentimeter überragte. Aus der Nähe strömte er einen ungewöhnlichen Duft aus, eine Mischung aus Moschus, Honig und Patchouli, so, wie es in den Indien-Läden gerochen hatte, die Harriet in London als Teenager regelmäßig aufgesucht hatte, um – natürlich im Internat verbotene – Beedis-Zigaretten zu kaufen.

»Kommen Sie!«, winkte sie ihn heran. »Ich zeige Ihnen, was ich meine. Hier sehen Sie zwei Artikel von Robert Lietzenburg, die er vor gut zwei Jahren in der *Kunstchronik* und in einem Sammelband über Tendenzen in der zeitgenössischen Kunst veröffentlich hat. Beide Artikel handeln unter anderem von Pit Wallstedt, den er in eine Reihe mit Stars wie Neo Rauch oder Damien Hirst stellt.«

»Könnten diese Veröffentlichungen wichtig sein?«

Harriet runzelte die Stirn und rückte ihre Brille zurecht. »Unter Umständen sogar sehr wichtig. Robert Lietzenburg beschreibt die Entwicklung Pit Wallstedts von einem begabten Schüler Arno Rinks hin zu einem eigenständigen, nahezu genialen Künstler. Er würdigt seine Werke wirklich sehr ausführlich.«

»Wer ist Arno Rink?« Rons Müdigkeit schien auf einmal wie weggeblasen.

»Rink ist einer der wichtigsten Vertreter der sogenannten Leipziger Schule. Damit ist eine der Keimzellen der Bildenden Kunst der ehemaligen DDR gemeint. An der Leipziger Hochschule für Künste wurde in den 1970er- und 1980er-Jahren eine Art zu malen entwickelt, die figurativ war und sich unter anderem an altmeisterlichen Techniken orientierte. Im Westen zeigte man lange Zeit kein Verständnis für diesen Stil und tat ihn als altmodisch und verstaubt ab. Dort dominierte das Abstrakte.«

»Okay, danke für die Gratis-Vorlesung. Aber: Was hat das mit Wallstedt zu tun?«

Harriet ließ sich von dem Einwurf nicht beirren und setzte ihre Ausführungen fort. »Robert Lietzenburg gilt als erstklassiger Kenner der internationalen Kunstszene. Wenn er das Loblied auf jemanden singt, kann man davon ausgehen, dass dieser Künstler im Wert gewaltig steigt. Sehen Sie hier!« Harriet tippte mit dem Finger auf Abbildungen, die Werke Pit Wallstedts zeigten. »Lietzenburg beschreibt, wie Wallstedt mit seinem magischen Realismus eine Dimension in seine Werke bringt, die anderen fehlt.«

Ron betrachtete die Abbildungen lange und konzentriert. »Schon beeindruckend. Wie die riesigen Gemälde in seinem Potsdamer Atelier.«

Harriet schaute ihn über den Rand ihrer Brille hinweg an. »Finden Sie? Ich muss gestehen, dass mir das Verständnis dafür fehlt, weshalb mein guter Freund und Kollege Robert die Arbeiten Pit Wallstedts so sehr in den Himmel gehoben hat. Meiner bescheidenen Ansicht nach war das etwas übertrieben. Ganz sicher war Pit Wallstedt ein guter Künstler, der sein Handwerk verstand, aber aus meiner Sicht gibt es bessere. Möglicherweise sieht Robert mehr als ich. Er ist der Experte für das aktuelle Kunstgeschehen. Ich bin in Sachen zeitgenössische Kunst eher eine interessierte Laiin. Meine Expertise liegt auf dem Gebiet der Kulturgeschichte, wie Sie wissen.«

»Könnte man sagen, dass Wallstedts Karriere erst an Schwung aufnahm, nachdem Lietzenburg sich so positiv über ihn geäußert hatte? Oder vielleicht sogar, dass sein Aufstieg ursächlich mit Lietzenburgs Einschätzung zu tun hatte?«

Harriet nickte. »Das ist sicher so. Robert kann Karrieren aufbauen oder zerstören. Innerhalb kurzer Zeit, nachdem Robert ihn als Entdeckung des Jahres angepriesen hatte, wurde Pit zum Shootingstar und hat eine Menge Bilder verkauft. Außerdem plante er international einige Ausstellungen. Eine sogar bei *Gagosian Art* in New York und im letzten Jahr hatte er eine Einzelausstellung im *Hamburger Bahnhof*. Das ist der ersten Liga des Kunstmarkts vorbehalten.«

Ron lehnte sich in seinem Sessel zurück. »Das ist wirklich interessant.« Dann stand er auf. »Ich bin gleich zurück.«

Harriet vertiefte sich in den Artikel in der *Kunstchronik* und nippte an ihrem Kaffee.

Plötzlich hörte sie Motorengeräusch, dann das Knirschen von Kies unter Autoreifen. Sie musste nicht aufstehen und aus dem Fenster schauen, um sich bestätigen zu lassen, dass Kommissar Weiss gerade davonbrauste, ohne sich zu verabschieden. Er hatte Witterung aufgenommen, eine heiße Fährte. Jagen wollte er allein.

•

Der Flug von Bischkek nach Istanbul war schlecht gebucht gewesen, wahrscheinlich konnten viele Kirgisen sich die Flüge einfach nicht mehr leisten. Wenn sie nicht gerade nach Russland flogen, wo viele von ihnen arbeiteten, blieben sie im Land und bewegten sich höchstens mit Autos auf den Straßen, die den etwas reicheren Norden des Landes mit dem Süden verbanden. Viele von ihnen konnten nur noch Fahrten in Marschrutkas bezahlen, den Kleinbussen, die als Sammeltaxis unterwegs waren.

In der Turkish-Airlines-Maschine, die Samat am Morgen bestiegen hatte, waren die meisten der Sitze leer geblieben. Er hatte unter falschem Namen eingecheckt und am Schalter ein Arbeitsvisum als Lehrer für Deutschland präsentiert. Seine Kontakte in die Botschaft funktionierten noch immer, weil ein ehemaliger Student von ihm dort arbeitete. Aber lange würde er diese Verbindung nicht mehr strapazieren können, auch, weil er den jungen Mann, der einer vielversprechenden Karriere entgegensah, nicht gefährden durfte. Diesmal aber hatte Samat keinen anderen Weg gesehen – er musste ausreisen.

Der Anschlussflug von Istanbul-Atatürk nach Berlin war bis auf den letzten Platz besetzt, und Samat saß eingequetscht zwischen einer Frau mit Kopfhörern, ihren Shoppingbags, die sie unter dem Sitz verstaut hatte, und einem Mann, der nonstop auf seinem Handy spielte. Übernächtigt balancierten die Stewardessen die Tabletts durch die Gänge und schoben die Wagen mit Getränken und Sandwiches vor sich her. Besonders eine Blonde war ihm aufgefallen. Puder und Makeup hatten sich in den Falten um ihren Mund und um ihre Augen abgesetzt. Das Gesicht war zu einer starren Maske geworden. Sie ging, als täten ihr die Füße weh, die in Schuhen mit hohen Hacken steckten. Er suchte ihre Augen, vielleicht, um sie zu trösten. Wie die anderen aber schaute auch diese Frau ihn nicht direkt an, sondern an ihm vorbei. Er war ein älterer grauer Mann in einem ausgebeulten Anzug, dessen Körper überdimensioniert war. Keine Frau, die ihm begegnete, sah ihn an, wie Frauen Männer anschauen sollten, und wenn doch, dann trafen ihn keine begehrlichen, sondern ängstliche Blicke. Er konnte den Frauen ihre Angst nicht verdenken. Oft genug erschrak er selbst vor seinem Spiegelbild: Gesichtszüge – wie von ungelenken Händen gezeichnet, ein kantiges Kinn und eine fliehende Stirn unter dem glatten, von grauen Strähnen durchzogenen Haar. Und dann die Falten auf der Stirn und um den Mund, die wie Bögen nach unten wiesen wie bei einem traurigen Clown. Damals, viele Jahre zuvor, waren seine Gedanken voller Hoffnung auf ein besseres, mindestens anderes Leben gewesen. Er war bis zu jenem weit zurückliegenden Zeitpunkt, als er aufgeregt in Bischkek ins Flugzeug gestiegen war, um zur Garnison nach Moskau zu fliegen und dann weiter nach Ost-Deutschland, selten aus seinem Dorf, geschweige denn dem Talas-Tal, hinausgekommen. Natürlich mit Ausnahme der Zeit, die er in einem militärischen Ausbildungslager am Ufer des Issykul zugebracht hatte. Den Gedanken an den Aufenthalt an diesem Ort verdrängte er so gut er konnte. Die nächtlichen Appelle, die Schikane bei den kilometerlangen Märschen am Ufer des Sees, die Strafaktionen der sadistischen Ausbilder – all das hatte er in Kauf genommen, um endlich nach Deutschland, dem Land Schillers, Lessings, Goethes und vor allem Novalis' zu kommen. Wie naiv er gewesen war! Der Flug war wie ein Rausch gewesen. Doch kaum hatten die Räder der Antonow den märkischen Sandboden berührt, den er später noch zur Genüge kennenlernen sollte, hatte die Ernüchterung eingesetzt. Sie waren am Rande einer riesigen Brache in Sperenberg gelandet, und er war sehr enttäuscht gewesen von dem ersten Blick auf seine neue Heimat: vertrocknete Heide, vereinzelte Bäume, sonst nichts. Halb und halb hatte er ein Deutschland erwartet, das überall aussah wie auf den Bildern seiner Deutschlernbücher: Burgen und Schlösser mit verzierten Giebeln, Fachwerkhäuser und Kirchen mit Zwiebeltürmen in einer grünen Landschaft waren dort abgebildet gewesen. Samat hatte sich als Schüler in ein Buch, das im ersten Jahr seines Deutschunterrichts benutzt worden war, regelrecht verliebt und nach Beendigung des Schuljahres nicht zurückgegeben, obwohl das seine Pflicht gewesen wäre. Frau Kraft hatte er erzählt, dass er es verloren habe. Sie hatte es ihm bestimmt nicht geglaubt, aber das Buch dennoch stillschweigend ausgebucht und auf einer Liste mithilfe eines Lineals fein säuberlich durchgestrichen. Zuhause hatte er den Band wieder und wieder durchgeblättert, weil die Bilder ihm so gut gefallen hatten. Warum? Das konnte er fünfzig Jahre später noch immer nicht sagen. Vielleicht, weil alles so ordentlich ausgesehen hatte. Das hatte er immer schon gemocht. Seine Liebe zur Ordnung hatte wohl auch dazu geführt, dass er in der Kaserne in Deutschland sofort zum Außenseiter und zur Zielscheibe derben Spotts geworden war. Die Kameraden, die aus den großen Städten der Sowjetunion stammten, hatten ihn *Muschik* genannt, weil er ein kirgisischer Nomade war und aus dem ländlichen Talas-Tal kam. Oft war es geschehen, dass – kaum hatte er sein Bett gemacht und seine Habseligkeiten geordnet – einer der anderen gekommen war und alles wieder durcheinandergebracht hatte. Einmal war auf sein Bett uriniert und Küchenabfall in sein Spind gestopft worden. Die meiste Zeit über war er allein gewesen und hatte sich mit sich selbst beschäftigt. Wodkagelage und wilde Feiern waren nicht seine Sache gewesen. Nur dann und wann war er zu einer gewissen Adresse gegangen, wo die roten Herzchen an der Eingangstür auf das Gewerbe hinwiesen, das sich hinter ihr verbarg. Wenn die anderen Soldaten die Flasche kreisen ließen und sentimentale Lieder vom Krieg und der Heimat angestimmt hatten, hatte er sich zurückgezogen, um zu lesen und Schokoladenplätzchen, die mit bunten Perlen verziert waren, in sich hineinzuschlingen. Während seiner Zeit in der DDR war er süchtig nach Süßigkeiten geworden. Immer wieder war er als Schwächling oder als Schwuler beschimpft worden. Das allein hatte ihn allerdings sehr wenig gestört, auch, dass er manchmal von einem der rotgesichtigen und oftmals betrunkenen Offiziere verprügelt und mit Fußtritten traktiert worden war, hatte er beinahe gleichmütig hingenommen. Er kannte es nicht anders. Auch sein Vater und seine Mutter hatten ihn und die Schwester oft ohne Grund geprügelt, wenn sie zu viel Wodka getrunken hatten. Meistens war das an den Tagen passiert, wenn der Vater die Wolle von den Schafen zur Sammelstelle gebracht und ein wenig Geld dafür bekommen hatte. Damit war er dann in den Laden am Ende der Dorfstraße gelaufen, in dem es neben allen Arten von Bonbons in buntem Alupapier und Konservendosen mit Büchsenfleisch auch Wodka gegeben hatte. Anfänglich hatte seine Mutter versucht, den Vater vom vielen Trinken abzuhalten. Später hatte sie resigniert und war ebenfalls dem Alkohol verfallen, der bald ihren Geist und ihren Körper gezeichnet hatte. Seine Erfahrungen als Kind hatten ihn hart genug gemacht, Schikanen auszuhalten. Aber er hatte auch gelernt, zurückzuschlagen, und wenn er sich wehrte, dann kannte er keine Gnade.

Eines Abends, als ein grobschlächtiger Kerl aus Leningrad, der in seinem Leben sicherlich noch niemals ein Buch freiwillig gelesen hatte, seine Gedichtbände, darunter auch die *Hymnen an die Nacht*, aus dem Regal gefegt hatte, um sie zu zerstören, war das Maß voll gewesen. Samat war vom Appell in die Soldatenstube zurückgekehrt, um seine staubige Uniform abzulegen und die schweißgetränkten Socken zu wechseln, als er im Schlafsaal auf Sergej gestoßen war. Dieser war gerade dabei gewesen, auf den am Boden liegenden Büchern herumzutrampeln. Als Samat die Tür zum Schlafsaal geöffnet hatte, hatte Sergej ihn mit seinem lückenhaften Gebiss angegrinst und einfach weiter gemacht. Dabei hatte er ihn herausfordernd angestarrt. Samat hatte gesehen, wie die *Hymnen* unter seinen groben Tritten zermalmt, wie das Papier in Fetzen gerissen worden war. Samats Verstand hatte für einen Moment ausgesetzt. Er hatte Sergej gepackt, ihm seine großen Hände um den Hals gelegt und zugedrückt. Sergej war vollkommen überrascht von Samats Attacke gewesen. Verzweifelt hatte er versucht, Samats Hände von seinem Hals zu lösen. Die Augen waren ihm aus dem Kopf getreten und seine rote Gesichtsfarbe war einer bläulichen Färbung gewichen. Seine Schreie waren irgendwann in ein Gurgeln übergegangen, das allmählich verebbt war. Schließlich war sein Körper schlaff geworden, die Atmung hatte gestoppt, und Samat hatte ihn auf den Boden sinken lassen. Erschöpft, aber ohne Bedauern hatte er auf den Kadaver hinuntergeblickt und sich gefragt, was er mit der Leiche tun solle. Im Schlafsaal waren mehr als zwanzig Männer untergebracht, und es wäre nur eine Frage der Zeit gewesen, bis einer von ihnen aufgetaucht wäre und Samat mit dem Toten entdeckt hätte. Er hatte schnell handeln müssen. Nach kurzer Überlegung hatte er die schwere Leiche geschultert und sie aus dem ersten Stock auf den Rasen hinter dem Haus geworfen, wo sie mit einem dumpfen Geräusch auf den mit Moos durchsetzten Boden gefallen war. Samat war die Treppe hinuntergestürzt und hatte den Kadaver in einen der Kellerräume gezerrt, der über eine Treppe an der Hinterseite des Hauses zugänglich war. Die am Boden liegenden Bücher hatte er zurück ins Regal gestellt und die zerrissenen Seiten der *Hymnen* mit Klebeband notdürftig wiederhergestellt. Er hatte an seine Lehrerin gedacht und daran, dass Frau Kraft zerfledderte Seiten in einem Buch niemals akzeptiert hätte. Wer auf seine Bücher nicht achtgab, musste während des Unterrichts in der Ecke stehen. Die zerstörten Bücher hatten ihn damals stärker beschäftigt als die Leiche im Keller der Kaserne. Den Nachmittag hatte er damit zugebracht, den Aufmarschplatz vor dem Casino von Müll zu säubern und den Motor eines defekten Motorrades zu reparieren. Als endlich die Dunkelheit angebrochen war, hatte er den Toten aus dem Keller geschleppt, ihn durch den Seiteneingang der Kaserne nach draußen geschafft und in einen Jeep verfrachtet. Die Wachen hatten sich nicht für ihn interessiert. Die drei Männer hatten bei einem Kartenspiel zusammengesessen und die Beiden für wodkaselige Saufkumpane gehalten, die zusammen die Stadt unsicher machen wollten. Zwar hatte Samat keinen Passierschein, und damit keine Genehmigung, ohne Begleitung die Kaserne zu verlassen, aber Mitte der 1980er-Jahre waren viele Regeln und Vorschriften mit aufkommender *Glasnost* nicht mehr wichtig gewesen. Samat hatte die Leiche von Sergej im Heiligen See versenkt. Mit Steinen beschwert, war sie sofort untergegangen und – soweit Samat wusste – auch niemals wiederaufgetaucht. Wahrscheinlich hatten die Hechte im See das ihre dazu beigetragen. Natürlich wurde Sergej damals vermisst und es wurde nach ihm gesucht – wenn auch nicht sehr ausdauernd. Eine gar nicht kleine Anzahl von Kameraden war in der Zeit des Umbruchs spurlos verschwunden. Niemand sprach Samat direkt an und befragte ihn nach Sergejs Verschwinden, obwohl einige der anderen gewusst hatten, dass Sergej wieder einmal vorgehabt hatte, Samat zu quälen. Etwas anderes geschah: Plötzlich hatten die Kameraden und auch die Offiziere ihn mit so etwas wie Respekt betrachtet. Niemand hatte es mehr gewagt, ihn zu schikanieren oder zu drangsalieren. Man ging ihm aus dem Weg und ließ ihn in Frieden. Er, der *Muschik*, konnte sich von nun an Freiheiten herausnehmen, von denen er zuvor nicht einmal hätte träumen dürfen. Und so kam es, dass Samat aus dem Talas-Tal den Park Sanssouci, den Neuen Garten, die Schlösser und die Kunstgalerie Friedrichs des Großen hatte besuchen dürfen, wann immer er wollte. Und dort endlich hatte es ausgesehen wie in dem Schulbuch über Deutschland, das er als Kind so geliebt hatte. Er war überwältigt gewesen von der Schönheit der Gartenanlagen, den Kunstwerken, die er sah, und den nach barocken Vorbildern bepflanzten Beeten. Damals hätte er nie ahnen können, dass seine Besuche in der Bildergalerie auf dem Weinberg, die ihn magisch angezogen hatte, sein Leben verändern würden. Erst zum Guten: Wohlstand war in sein Leben eingezogen, man hätte es sogar Reichtum nennen können. Und dann zum Schlechten: Er war jetzt ein geächteter Mann, vogelfrei, rechtlos und zum Abschuss freigegeben. Und Gutes wie Schlechtes hatte er dem Mann zu verdanken, den er in Gedanken immer nur den »Professor« genannt hatte. Noch immer war er voller Respekt vor dessen Bildung, obwohl Samat nun wusste, zu welcher Gewissenlosigkeit der Professor fähig war. Wenn er seine Mission erfolgreich zu Ende bringen wollte, dann würde er seine Achtung vor ihm abstreifen müssen und ihn als das sehen, was er war: ein skrupelloser Betrüger. Der Gedanke daran machte ihn traurig. Noch trauriger, als er schon war. Er lehnte sich im Flugzeugsitz zurück und überließ sich dem Dröhnen der Triebwerke. Es dauerte nicht mehr lange, bis das Flugzeug in Berlin-Schönefeld landete und Samat sich mit dem Strom der anderen Fluggäste in die Halle spülen ließ. Das Gepäckband startete rumpelnd einige Minuten später. Die ersten Gepäckstücke – Koffer und einige unförmige Reisetaschen – fuhren auf dem Band in die Halle hinein. Samat stellte sich in die zweite Reihe, um seinen Koffer in Empfang zu nehmen, der als eines der letzten Gepäckstücke des Fluges durch die plastikverhangene Öffnung zutage gefördert wurde. Für den Fall einer Kontrolle hatte er ihn mit Lehrbüchern, einem Schreibblock, Stiften, zwei Anzügen und einigen Hemden gefüllt. Die Fassade des Austauschlehrers musste gewahrt werden, falls die Security am Flughafen auf die Idee kommen sollte, sein Gepäck zu durchsuchen. Samat hatte vorgesorgt: Sein

Militärrucksack mit den Werkzeugen und der Kleidung, die er wirklich brauchte, war in einem Schließfach untergebracht. Die müde Stewardess mit den Falten um die Augen ging an ihm vorbei, und er grüßte sie höflich. Sie lächelte nicht einmal. Überall war er das, was er schon immer gewesen war: ein unwillkommener Gast. Samat verließ die Ankunftshalle nach einiger Wartezeit vor dem Schalter unbehelligt und winkte ein Taxi heran. Schwerfällig ließ er sich auf den Rücksitz fallen.

»Wohin soll 's denn gehen, junger Mann?«, fragte der schnauzbärtige Taxifahrer mit Basecap und blickte ihn misstrauisch im Rückspiegel an.

»Nach Potsdam!«, antwortete Samat.

Der Taxifahrer nickte. »Kostet 80 Euro. Vorkasse bittschön.«

•

Die Temperatur stieg weiter und einige Kilometer von Linnerow entfernt, in einem Moorgebiet, war ein Waldbrand entstanden, den die Feuerwehr nicht unter Kontrolle bekommen konnte. Eigentlich waren es mehrere kleinere Brände, die durch den heißen Wind immer aufs Neue entfacht wurden. Die regionalen Nachrichten begannen seit einigen Tagen ihre Berichterstattung kontinuierlich mit dem Stand der Feuerbekämpfung, und es wurde gemutmaßt, ob Evakuierungen in einigen Brandenburger Dörfern durchgeführt werden müssten. Harriet wurde morgens, auf ihrem Divan im Halbschlaf dämmernd, von schwachem Brandgeruch geweckt und beobachtete, dass über den Tag verteilt Hubschrauber wie hektische Insekten am Himmel kreisten. Jeden Abend wässerte sie den Garten, aber ihre Versuche, dem Boden Feuchtigkeit zu geben, scheiterten. Das Wasser versickerte sofort im Sand, und der Rasen in ihrem Vorgarten war braun oder so verdorrt, dass er den Blick auf die Erde darunter freigab. Harriet hatte angefangen Unkraut zu jäten, aber nach einer halben Stunde erschöpft und müde damit aufgehört. Ihr Kopf tat immer noch von dem Sturz vor der Villa Augusta weh, und den rechten Arm konnte sie nach wie vor nicht anwinkeln, ohne dass der Schmerz durch den Ellenbogen zuckte, obwohl das Gartenfest, das so dramatisch verlaufen war, nun schon knapp zwei Wochen zurücklag. Ein dunkelblauer Fleck, der sich an den Rändern grünlich färbte, zog sich vom Unterarm hoch bis zum Trizeps, sodass sie beim Schreiben ihrer Seminarplanung achtgeben musste, den Arm nicht auf den Tisch zu legen. Das war unbequem, aber immer noch besser als nichts zu tun und grübelnd auf den Teich hinter dem Haus zu starren, in dem noch immer der Liegestuhl dümpelte. Die Tage flossen zäh dahin und vergingen mit dem Pflanzen von Lavendelsträuchern, die sie im Baumarkt gekauft und in der Nähe des Teichs mühevoll eingesetzt hatte, und mit dem Anstrich der rissigen Hausfassade, wozu sie ihren linken Arm benutzt hatte. Sie hatte feststellen müssen, dass sie den falschen Farbton im Baumarkt gekauft hatte und die frisch gestrichene Stelle nun mehrere Nuancen heller war als der Rest der Fassade. Resigniert beschloss sie, eine Firma mit der Arbeit zu beauftragen und sich künftig vom Renovieren fernzuhalten. Seitdem Ron Weiss ihr Haus verlassen hatte, hatte sie mit niemandem mehr gesprochen – nicht telefonisch und schon gar nicht von Angesicht zu Angesicht. Den Computer hatte sie vom Internet getrennt und nutzte ihn nur als Schreibmaschine. Nicht einmal die E-Mails, die auf dem Uni-Account lagen, rief sie ab. Alles musste warten. Robert hatte einige Male versucht anzurufen und ihr Textnachrichten geschickt, mit der Bitte, sich unbedingt bei ihm zu melden. Aber Harriet hatte sich nicht dazu durchringen können, ihm zu schreiben oder gar anzurufen. Zu frisch war die Erinnerung an den entlarvenden Streit zwischen den Lietzenburgs und die abschätzigen Bemerkungen, die Robert und vor allem Sophia über sie gemacht hatten. Hoffentlich würde er nicht unangemeldet in Linnerow auftauchen und sie zur Rede stellen, weshalb sie nicht zurückrief.

Während sie sich erfolglos im Garten und am Haus versucht hatte, wünschte sie sich inständig, dass nichts mehr geschehen würde, was mit Pits Tod in Verbindung stand. Und so war es gekommen, von der Tatsache abgesehen, dass ein Transportunternehmen ihr fleckiges Cocktailkleid angeliefert hatte und auch das angekündigte Behördenschreiben eingetroffen war: Es enthielt nicht einen entschuldigenden Satz für ihre vorschnelle Verhaftung, nur einen Hinweis, wie sie einen Teil des verauslagten Taxigeldes zurückbekommen konnte. Sie zerriss den Brief und zündete ihn in einem Aschenbecher an. Die Waldbrände in Brandenburg und in Mecklenburg-Vorpommern hatten sich in den Fokus der Öffentlichkeit geschoben. Parallel wuchs die *Fridays for Future*-Bewegung, über die heftig debattiert wurde, und die Kommentatoren schlachteten das Phänomen *Greta Thunberg* aus. Zwar hatte Adelheid Rumpers sich erdreistet, ihr mehrere Interviewanfragen auf die Mailbox zu sprechen, aber Harriet hatte sich totgestellt und im Institutssekretariat krankgemeldet. Von der Universität war nichts als Schweigen zu ihrer Verhaftung und dem nachfolgenden Medienrummel ausgegangen. Das konnte ein gutes Zeichen sein – oder ein schlechtes.

Am Freitagmorgen, noch vor sieben Uhr, saß sie im Wintergarten und grübelte über den Aufbau ihrer Vorlesung am Nachmittag, als das Handy aufdringlich zu summen begann. Ein Blick auf den Screen sagte ihr, dass es wieder Robert war, der versuchte, sie zu erreichen.

Sie zauderte kurz, aber entschied dann, das Gespräch anzunehmen.

»Ja, bitte.«

»Harriet, endlich! Wie geht es dir? Ich hörte, dass du verhaftet worden bist, wegen Pit? Mein Gott, das ist alles so schrecklich. Warum hast du dich nicht bei mir gemeldet? Wir hätten dir beistehen können.«

Seine Stimme schwankte, und die Silben der Wörter rannen ineinander. War er betrunken?

»Ich hatte genug mit mir selbst zu tun.«

»Ich verstehe. Okay.«

Eine klamme Pause trat ein. »Wir … – Ich muss dich unbedingt sehen. Sophia und ich sind sehr niedergeschlagen. Der arme Pit. Wir beide waren ihm sehr verbunden. Jeder von uns auf seine Art.«

Definitiv betrunken. Hatte Robert die Nacht durchgemacht? Im Hintergrund hörte sie laute Musik und jauchzende Menschen. Er konnte nur in Berlin sein, denn in Potsdam wurden die Gehsteige um 22 Uhr nach oben geklappt. Partys bis in den Morgen gab es in der Stadt der Schlösser und Gärten nicht. Sie wusste nicht, was sie erwidern sollte und lauschte angestrengt den Atemzügen Roberts.

»Die Polizei war auch bei uns und hat uns ausgefragt«, setzte er wieder an. »Wieso ich seine Arbeit so hoch eingeschätzt habe, hat sie interessiert. Als ob die auch nur ein Funken Verständnis für Kunst hätten. Auch über dich wollten die alles wissen.«

»War ein Kommissar namens Weiss dabei?«

»Ja, ein ziemlich aufdringlicher Typ. Irgendwie durchgeknallt. Der hat so getan, als hätte ich Pits Arbeiten zu positiv rezensiert und wollte wissen, wo ich zum Zeitpunkt des Mordes war.«

»Und wo warst du?«, fragte Harriet schnell und mit einem Anflug von Schuldbewusstsein.

»Na, in meinem Bett. Sophia musste sogar formell erklären, dass ich zuhause gewesen sei, warum auch immer. Erst verhaften sie dich und dann mich. Das ist ein Feldzug gegen gesellschaftliche Eliten, sage ich dir! Ich kenne den Innenminister recht gut. Bei dem werde ich mich beschweren über diesen unverschämten Bullen, diesen Weiss, der sich auch noch für was Besseres hält.«

Dann fuhr er eine Spur zu aufgesetzt fort: »Aber was zählt das überhaupt angesichts des Todes unseres armen Freundes? Du warst die Letzte, die unseren Pit noch lebend gesehen hat. Das hat uns jedenfalls die Polizei erzählt.«

»Tja, das stimmt wahrscheinlich. Ich war gestürzt, vor der Villa Augusta während des Gewitters, und Pit hat mich mit in sein Atelier genommen. Ich konnte mich dort umziehen und duschen. Dann bin ich nachhause gefahren und das nächste, was ich von ihm hörte, war, dass er tot sei und ich die Hauptverdächtige. Dann kam ich in Untersuchungshaft, war allerdings schnell wieder draußen.«

»Harriet, das ist furchtbar! Du hast mein Mitgefühl. Ja. Hast du. Wir also, auch Sophia, und ich, müssen dich sehen, unbedingt. Wir müssen mehr erfahren über, über ... die letzten Stunden unseres Pit.«

Wäre sie nicht zufällig Zeugin der Unterhaltung in Roberts Arbeitszimmer gewesen, hätte sie sich über die emotionale Ansprache gefreut, wäre vielleicht sogar gerührt gewesen, aber jetzt kam sie ihr abgeschmackt vor. »Ich habe wenig Zeit. Schließlich muss ich sämtliche Lehrveranstaltungen und die Organisation meines Terminkalenders selbst bewerkstelligen. Ich habe ja keinen Stab um mich, so wie du. Und jetzt war ich auch noch krank und muss einiges aufholen.«

»Wir sind doch deine Freunde ... Wir stehen hinter dir. Bitte. Lass uns wenigstens einen Kaffee zusammen trinken.«

Der Sound feiernder Menschen, der ihn wie eine Wolke umgeben hatte, war in den Hintergrund getreten. Harriet hörte nur mehr das Hupen von Autos und Motorengeräusche.

»Das ist wirklich sehr freundlich von dir. Aber das Argument, dass mir die Zeit fehlt, muss ich leider aufrechterhalten. Das ist keine Ausrede.«

Vorsichtshalber kreuzte sie Mittel- und Zeigefinger.

»Hey, du hast doch heute Seminar, oder? Ich komme einfach vorher bei dir im Büro vorbei.«

Harriet atmete tief durch. Er ließ sich nicht abspeisen.

»In Ordnung, Robert. Dann erwarte ich dich so gegen drei Uhr. Bis dann. Und: Lass am besten das Auto stehen.« Sie hoffte, dass er ihr Treffen verschlafen würde – auf einer Parkbank oder im Taxi. Robert war ihr fremd und ein wenig unheimlich geworden.

Die nächsten Stunden verbrachte sie damit, ihrer Vorlesung »Einführung in die Kulturgeschichte« den letzten Schliff zu verpassen. Keine besondere Herausforderung, eher eine Fingerübung, aber sie war stolz auf die anschaulichen Schilderungen, die sie mit vielen Überlegungen entworfen und verarbeitet hatte. Die bescheidene Professur in Potsdam, die nicht mit der herausragenden und großzügig ausgestatteten Forschungsprofessur in Cambridge konkurrieren konnte, zwang sie zu genauem und methodischem Arbeiten, gerade weil sie kein Team hatte, das ihr die Routinearbeiten abnahm. Das Wichtigste an der Erstellung der Lehrmaterialien war es, Mittel zu finden, den oftmals noch kindlichen Studentinnen und Studenten das wissenschaftliche Werkzeug beizubringen. Viele kamen direkt von der Schule an die Universität und hatten nur verschwommene Vorstellungen vom wissenschaftlichen Arbeiten – wie vom Leben überhaupt. Da half nur, wenn sie selbst so präzise wie möglich arbeitete, und das wiederum gab ihr die notwendige Struktur für ihr Leben zurück. Wenn auch sehr langsam. Aber das war besser, als stundenlang ins Leere zu starren oder Regentropfen zu zählen, die vom Himmel in eine Pfütze fielen. Das waren ihre Beschäftigungen gewesen, bevor sie nach Potsdam an die Uni gekommen war. Bei der Vorbereitung der Lehre fiel es ihr noch immer schwer, die deutsche Sprache zu verwenden. Die Eleganz des Englischen vermisste sie im Deutschen, das sie schon immer schwerfälliger gefunden hatte. Als Kind hatte sie bewundernd zugehört, wenn ihr Vater – an den sie nur sehr verschwommene Erinnerungen hatte – mit seinen Geschäftspartnern auf Englisch telefoniert hatte. Und so unglücklich sie im Internat im Norden Englands gewesen sein mochte, die sie umgebende Sprache war ihr immer ein Trost und eine Zuflucht gewesen. Lange und mit großer Hingabe hatte sie auf Englisch gelehrt, hatte sich verbissen mit Regeln und den grammatikalischen Ausnahmen auseinandergesetzt. Jonathan, dessen elegantes Englisch ihr noch immer in den Ohren klang, hatte sich dann und wann über ihren Ehrgeiz lustig gemacht. »Deine Sätze klingen englischer und aristokratischer als die eines hochwohlgeborenen Peers«, hatte er sie eines Morgens beim Frühstück geneckt, als sie ein paar gestohlene Tage in seinem efeuberankten Cottage in Cornwall verbracht hatten. Lange Spaziergänge am Strand, rauschhafte Nächte, Jonathan und sie allein auf der Welt – das war ihre Erinnerung an die Woche im Sommer 2017 gewesen, die sie heimlich in Porth Tregorian verbracht hatten. Zu diesem Zeitpunkt hatte sie seine Aufmerksamkeit ihr gegenüber – seine Fragen, wie und mit wem sie ihre Zeit verbringe – noch nicht als Kontrollzwang gesehen, sondern als Liebesbeweis. Erst als er immer häufiger unangekündigt in ihrem Büro im College aufgetaucht und abfällige Bemerkungen über ihre männlichen Arbeitskollegen gemacht hatte, dämmerte ihr, dass etwas mit ihm nicht stimmen konnte.

Sie riss sich zusammen und konzentrierte sich auf eine Passage ihres Vorlesungsskriptes, in der es um Recherchen im Archiv ging. Für viele eine Strafe, für Harriet die pure Freude und Entspannung. Sie liebte Archive, vor allem Handschriftensammlungen – schon allein der Geruch alten Papiers sorgte bei Harriet für Wohlbefinden. Es war gut, dass sie Termindruck hatte und weiterarbeiten musste, anstatt immer und immer wieder über Jonathan nachzudenken. Als die letzten Korrekturen an der Vorlesung durchgeführt waren, duschte sie kalt und fuhr dann zur Universität. Sie war früh dran und würde noch ihre Post im Büro erledigen können, bevor ihre Veranstaltung begann. Während der Fahrt öffnete sie die Autofenster und drehte das Radio auf, das eine Aufführung des Freiburger Barockorchesters von Monteverdis *L'Orfeo* übertrug. Für sie – leider – unerträglich. Sie schaltete das Radio sofort aus und hielt für ein paar Minuten an einer Auffahrt für Forstfahrzeuge, um tief Atem zu holen. So sehr sie Monteverdi geliebt hatte, so sehr machte er sie nun krank. Würde sie jemals wieder die *Madrigali guerrieri et amorosi* hören können, ohne dass ihr schlecht würde? Warum hatte Jonathan noch immer Macht über einen Teil ihres Lebens und wann würde das aufhören?

Mit etwas Verspätung erreichte sie die Universitätsgebäude in der Nähe des Neuen Palais im Park Sanssouci. Der Stoff ihres Kleides klebte ihr am Körper, obwohl es aus leichter Baumwolle war. Ihre Unterlagen unter dem Arm und zusätzlich bepackt mit einer schweren Büchertasche ging sie schnell, um der sengenden Sonne zu entgehen, und bog in den Weg ein, der zu den flachen ehemaligen Wirtschaftsgebäuden führte, die ihr Büro beherbergten. Verglichen mit ihren Diensträumen in Cambridge, von denen einer sogar einen Kamin gehabt hatte, wirkten die nüchternen Büros der Universität Potsdam mit ihren PVC-Böden und der Raufasertapete an der Wand sehr funktional. Aber immerhin hatte sie ein Einzelbüro, das sie mit niemandem teilen musste, und konnte in Ruhe ihre Sprechstunden abhalten. Während sie in ihrer Tasche nach dem Büroschlüssel kramte, nahm sie plötzlich aus den Augenwinkeln eine Bewegung wahr. Vor ihrer Bürotür saß eine zusammengesunkene Gestalt auf dem Treppenabsatz. War es einer der Obdachlosen, die manchmal im Park übernachteten?

»Hallo?«

Der Mann hob den Kopf.

»Grüß dich, Harriet«, antwortete er mit schwankender Stimme. Robert von Lietzenburg. Wie war der bloß so schnell nach Potsdam gelangt? Trotz der Hitze war er in einen Trenchcoat gewickelt, dessen Kragen er hochgeschlagen hatte. Beim Näherkommen schlug ihr seine Alkoholfahne entgegen, und sie sah, dass seine Hose zerrissen und der feine Anzugstoff blutig war.

»Hattest du einen Unfall?«, fragte Harriet erschrocken.

»Nein. Warum fragst du? Oh, das…« Er deutete fahrig auf seine Hose. »Eine kleine Auseinandersetzung …Ich denke nur gerade darüber nach, was für ein scheußlicher Kasten dieses Neue Palais ist. Sieht aus wie ein Klotz. Kein Wunder, dass Friedrich da nicht wohnen wollte.«

Sie blickte zum Neuen Palais hinüber.

»Ein Zeichen von Größenwahn. Die Zurschaustellung preußischer Macht nach dem Siebenjährigen Krieg. Immerhin hat Friedrich dort ein Theater einbauen lassen. Für die Künste hatte er etwas übrig, das muss man ihm lassen. Aber willst du wirklich mit mir Herrschaftsarchitektur in der preußischen Geschichte diskutieren?«

Er ging auf ihre Bemerkung nicht ein.

»Friedrich war ein eitler Kerl, sage ich dir. Mit den Künstlern hat er sich nur geschmückt. Ihm war der äußere Schein wichtiger als alles andere.«

Non semper ea sunt, quae videntur – Die Dinge sind nicht immer, was sie zu sein scheinen. Sie musste plötzlich wieder an Pit denken. »Mit dieser Haltung ist er ja nicht allein, oder?«, bemerkte Harriet trocken. »Ich glaube, ein Kaffee würde dir guttun.«

Robert machte keine Anstalten, sich zu erheben, und versperrte ihr weiterhin den Weg ins Büro. Aus glasigen Augen starrte er sie an und nestelte an dem Kragen seines Mantels.

»Okay, Robert. Wenn du einen Kaffee möchtest, dann musst du jetzt aufstehen und mich vorbeilassen.«

Er nickte übertrieben und hob seine rechte Hand zu einem angedeuteten militärischen Gruß: »Zu Befehl!« Leicht schwankend stand er dann endlich auf.

Harriet schlängelte sich an ihm vorbei, schloss die Tür auf und fragte: »Cappuccino, Espresso, Caffè Latte? Was möchtest du? Das Zeug schmeckt eh alles gleich."

»Espresso mit zwei Stück Zucker bitte.«

In dem kleinen Büro verbreitete sich rasch der unangenehme Geruch eines Menschen, der seit Tagen mehr Alkohol zu sich nahm, als gut für ihn war. Harriet öffnete das Fenster weit und ließ Fliederduft hinein. Sie legte eine Alu-Kapsel in den Kaffeeautomaten ein, den ihr Vorgänger ihr hinterlassen hatte und drückte auf die »Espresso«-Taste. Fauchend spuckte der Automat eine schwarze Brühe aus, die sie Robert in einer zusammengewürfelten Kombination – schwarze Tasse, bunte Untertasse – servierte. Roberts Verfassung war besorgniserregend. Sie kannte ihn nur makellos gekleidet, duftend nach *Penhaligon's Blenheim* und glattrasiert. Jetzt hatte er einen Dreitagebart, der ihm nicht stand, Tränensäcke unter den Augen, und allem Anschein nach hatte er sich mehrere Tage lang nicht die Zähne geputzt und stattdessen mit Schnaps gegurgelt.

»Robert, was ist los? Wo warst du?«

»Hey, es ist ja wohl mein gutes Recht, mir mal eine geistige Auszeit zu gönnen. Einer meiner besten Freunde ist ermordet worden und ich soll *business as usual* fahren, oder was? Nee, nicht mit mir.«

»Geh' nach Haus und schlaf' mal ein bisschen aus. Du bist gerade nicht du selbst.«

»Haltung soll der Adel zeigen, nicht wahr? Fällt mir derzeit etwas schwer. Es ist ja nicht nur wegen Pit. Ich, ich ... «

Er verstummte und suchte nach Worten.

»Ist etwas mit Lissy oder Sophia?«

»Sophia? Die soll der Teufel holen!«, murmelte er laut genug, dass sie es hören konnte. »Meiner Lissy geht es gut. Sie will nicht mehr zum Ballett, sondern lieber Klettern. Von mir aus okay, auch wenn mir Hockey lieber wäre, aber du kennst ja Sophia.«

Harriet nickte, obwohl sie keinerlei Ambitionen verspürte, sich zwischen Robert und dessen Ehefrau zu stellen.

»Aber ich bin nicht hier, um mit dir über die Familie zu reden. Oder vielleicht doch irgendwie. Alles hängt zusammen. Ich brauche etwas von dir. Also ich will nichts geschenkt, aber ... «

Plötzlich klingelte Harriets Handy. Ron Weiss rief an – eine gute Ausflucht. Nicht für lange, aber mit Glück, bis Robert wieder nüchtern war.

»Kommissar Weiss?«

»Sie müssen in die Schiffbauergasse kommen, in Wallstedts Atelier. Ich muss Sie etwas fragen.«

»Geplänkel ist wohl nicht Ihre Sache, oder? Wie wäre es mit *Guten Tag* oder gar *Wie geht es Ihnen*?«, erwiderte Harriet. »Das wäre ja wohl das Mindeste, nachdem Sie mitten in unserer letzten Unterhaltung kommentarlos verschwunden sind.«

»Für die Feinheiten des Lebens habe ich keine Zeit, das überlasse ich Menschen wie Ihren Freunden, den Lietzenburgs.«

Harriet schaute zu Robert hinüber, der noch immer teilnahmslos auf ihrem Besucherstuhl hockte und an seinem Espresso nippte. In diesem Moment hätte Ron Weiss mit seiner Einschätzung nicht weiter daneben liegen können.

»Also was ist jetzt? Wo sind Sie denn?«

»Wo ich bin, geht Sie gar nichts an. Ich ... also, ich bin an der Uni, am Neuen Palais.«

»Wunderbar.« Er klang erleichtert. »Ich hatte schon befürchtet, dass Sie in Ihrer Bruchbude in Linnerow sind. Es wäre gut, wenn Sie sofort kommen. Bis gleich.«

Widerspruch war zwecklos. Sie schaute auf die Uhr. Ihr blieben noch genau zwei Stunden, bis ihr Seminar beginnen sollte. Wenigstens hatte sie jetzt eine Ausrede, sich ihres ungebetenen Gastes zu entledigen.

»Sorry, tut mir wirklich leid. Ich melde mich heute Abend bei dir, okay?«, wandte sie sich an Robert, der sie verständnislos anschaute.

»Harriet, ich muss dich etwas fragen. Eigentlich muss ich zwei Dinge wissen, wegen Pit ... Du warst der letzte Mensch, der ihn lebend gesehen hat. Ich ... Und heute Abend ist die Ver... «

Weiter kam er nicht. »Ein Notfall!«, fuhr sie ihm über den Mund. »Leider muss ich schnell weg. Du kennst dich hier ja aus. Ich will nicht zu mütterlich klingen, aber vielleicht solltest du nachhause gehen, dich ausruhen und ein frisches Hemd anziehen.«

Er schloss den Mund und fixierte sie so gut er konnte. In seinem verschwommenen Blick lag eine seltsame Mischung aus Feindseligkeit und Fatalismus.

Harriet bog in die Schiffbauergasse ein, die tagsüber und bei Sonnenschein viel einladender auf sie wirkte als in der Nacht, als sie mit Wallstedt auf das ehemalige Industriegelände gefahren war. Tänzerinnen probten barfuß eine Choreografie auf einem der weitläufigen Höfe. Fetzen von Jazz-Musik flogen ihr ins Ohr. Im Erdgeschoss des Hauses, in dem sich Pits Atelier befand, war ein Fitnessstudio, das mit dem Porträt einer Olympiasiegerin warb. Bei ihrem ersten Besuch war ihr das gar nicht aufgefallen. *FeelFit* stand in großen Lettern über dem Eingang. Harriet betrat den Fahrstuhl und betrachtete sich im Spiegel, während sie nach oben fuhr. Noch immer sah ihr Gesicht mit all den Blessuren aus, als hätte sie ein Laster überfahren. Ärgerlich wandte sie sich ab und lenkte ihren Blick ins Leere. Sie dachte an Pit und an die Nacht, in der sie gemeinsam in sein Atelier gefahren waren. Sie war zum Greifen nah und doch in so weite Ferne gerückt.

Die Fahrstuhltür öffnete sich. Ron Weiss stand in der Mitte des Ateliers. »Da sind Sie ja endlich. Haben Sie einen Abstecher zum Kudamm gemacht und waren noch schnell shoppen, bevor Sie hergekommen sind?«

»Ich freue mich auch, Sie zu sehen, Herr Kommissar Weiss!«, kommentierte sie seine ruppige Begrüßung und spähte in das Innere des Raumes. »Was soll ich hier? Ich hoffe nicht, dass nun doch ein Verdacht gegen mich besteht und Sie mir gleich wieder einen Mord unterstellen.«

»Nein. Ich…, also, ich bräuchte Ihre Expertise.«

»Ach? Meinen Sie das ernst, Herr Kommissar? Erst verhaften Sie mich, dann brechen Sie in mein Haus ein, ziehen die Infos, die Sie haben wollen, und suchen dann ohne Verabschiedung das Weite. Und ach ja: Zwischendurch laufen Sie mal eben bei den Lietzenburgs auf, um meinen Freund Robert mithilfe halbgarer Infos, die Sie auch noch von mir hatten, auseinander zu nehmen. Und jetzt brauchen Sie mich?«

»Ja.«

Er strich lose Strähnen seines sorgfältig gestylten Undercuts, dessen Konturen exakt entlang der Schläfen rasiert waren, hinter die Ohren. Sie entdeckte ein kaum wahrnehmbares Zucken um seinen Mund. Es war minimal, aber da. Kannte der Mann etwa doch so etwas wie Unsicherheit?

»Bitte. Kommen Sie rein.«

Harriet grinste. Diesmal wurde es keine Grimasse. Dann folgte sie ihm durch das Atelier. Noch immer lag der süßliche Geruch von Blut in der Luft, gemischt mit dem Odeur von Essigreiniger und Sagrotan. Oder schien ihr das nur so? Gab es ein Geruchsgedächtnis, das Orte mit der Wahrnehmung von Gerüchen verband?

»Was soll das, eh, Ron? *Qui est-ce?*«

»Ganz ruhig, Vinnie. Das hier ist Professor Lievens. Sie wird sich gleich den Tatort nochmal ansehen, weil ein paar Dinge hier nicht stimmig sind.«

»Mon Dieu, Ron«, stöhnte der Mann in dem weißen Overall, »genauso ist das damals in Berlin losgegangen. Olga wird *pas amusée* sein.«

»Darf ich vorstellen: Vincent Vincent, Vor- und Nachname gleich.«

»Eine kleine Plaisanterie meiner Eltern.«

»Auch Vinnie genannt. Chef unserer Spurensicherung und irgendwann der Liebe wegen von Paris nach Berlin gezogen.« Vincent winkte ihr zu, und sie sah so etwas wie Interesse in seinem Gesicht aufblitzen. Etwa an ihr?

»Die Liebe hat sich aber, wie sagt man nur auf Deutsch: verflüchtigt. *Disparu.*« Er holte mit der Hand aus und zuckte gleichzeitig die Schultern, so elegant, wie nur Franzosen es können.

»Wir sind dankbar, dass die Berliner ihn dann und wann an uns ausleihen. Die Brandenburger Spusi ist vollkommen unterbesetzt.«

Vincent Vincent schüttelte den Kopf und verzog seinen Mund, der klein in dem flächigen Gesicht mit den hoch angesetzten Augenbrauen wirkte.

»*C'est ça*!«

»Und das hier sind Trick, der blonde junge Mann, und Track, der Dunkelhaarige, die beiden Techniker im Spusi-Team.« Die jungen Männer, die sich, von der Haarfarbe abgesehen, erstaunlich ähnelten, blickten flüchtig von ihren Laptops auf und konzentrierten sich sofort wieder auf die Fotos auf den Bildschirmen, die sie mit großer Schnelligkeit anklickten, beschrifteten und speicherten.

»Und wo ist Tick?«, fragte Harriet.

Ron und Vincent wechselten einen Blick.

»Der ... ist versetzt worden.«

»So kann man es natürlich auch bezeichnen«, brummte Trick. »Warum erzählst du ihr nicht, Ron, dass er für dich seinen Kopf hingehalten hat und jetzt Akten im Kellerarchiv abstauben darf.«

»Lass die alten Geschichten«, warnte Ron. »Ich hätte sonst auch noch ein paar Dinge in petto.«

»So genau will ich das gar nicht wissen«, stoppte Harriet den Schlagabtausch. »In einer Stunde muss ich bei meinen Studenten in der Vorlesung sein. Daher nochmal: Was soll ich hier?«

»Wir tun jetzt mal so, als wären wir in einer Ausstellung. Damit Sie sich geistig zuhause fühlen.«

Ron nahm ihren Ellenbogen und umrundete mit ihr langsam die Sessel, das Sofa, die Staffeleien, die Regale mit Pinseln und Farben und das Bett. Kurz kam die Erinnerung an die Gewitternacht zurück. Dort auf dem Sofa hatte sie mit Pit gesessen und Calvados getrunken. Kurz darauf war er tot gewesen, sein Körper und seine Seele verschwunden. Nur nicht zurückblicken. Es galt, sich auf die Gegenwart zu konzentrieren. Das Einzige, was sie noch für Pit tun konnte, war, seinen Mörder zu finden. Sie sah sich um und scannte den Raum. Er sah anders aus als in jener Nacht. Die Möbel waren verrückt worden und standen an anderen Stellen im Atelier.

»Was sehen Sie? Nachdem Sie im Verhör die Fotos angeschaut haben, sagten Sie, dass alles hier wie eine Museums- oder Theaterinszenierung auf Sie gewirkt hätte.«

»Ja«, antwortete sie, »und ich erinnere mich genau, dass Sie mich deshalb getadelt und auf meine einseitige Sicht der Dinge hingewiesen haben.«

»Das war voreilig. Was haben Sie mit *Inszenierung* gemeint?«

Harriet stoppte und freute sich über ihren kleinen Sieg. Schon zum zweiten Mal innerhalb von Minuten arbeitete sich trotz des bedrückenden Ortes ein Lächeln über ihr Gesicht, das nicht auf halbem Weg erstarb.

»Wenn Sie mich so nett bitten ... – natürlich.«

Sie räusperte sich und konzentrierte sich so gut wie möglich auf die Nacht, in der Pit ermordet worden war. »Das Bett stand definitiv woanders und muss an seinen jetzigen Standort gerückt worden sein.«

Sie kaute an ihrer Unterlippe und betrachtete nachdenklich das Bett mit den blutigen Flecken. »Irgendetwas irritiert mich! Ich bin erst bei der

Betrachtung des Fotos vom Tatort darauf gekommen, dass die Gegenstände so inszeniert worden sein können, weil sie eine Aussage treffen sollen, die über ihr bloßes Vorhandensein hinausgeht.«

»Auf Deutsch heißt das?«, fragte Ron ungeduldig.

Harriet hob die Hand: »Immer mit der Ruhe! Sie waren es, der mich gebeten hat, herzukommen. Deshalb gelten jetzt meine Regeln. Und Regel Nummer 1 lautet: Zuhören, wenn ich rede.« Vincent feixte, Trick und Track hatten von ihren Fotos abgelassen und lauschten Harriets Ausführungen. »Bilder in unseren Köpfen entstehen, weil wir ausgestellte Gegenstände – zum Beispiel im Museum – zueinander in Beziehung setzen. Je nachdem, was wir wissen und/oder, was uns über Texte vermittelt wird, entstehen individuelle gedankliche Inhalte, die sich wahrscheinlich bei jedem Menschen voneinander unterscheiden. Aus diesem Grund ist das Museumserlebnis von Frau Müller vermutlich auch ein anderes als das von Frau Meier. Und ich halte das hier konstruierte Gefüge für eine Inszenierung mit einer Aussage.«

»Ja, aber mit welcher Aussage?«

»Sie sind der Polizist, Herr Kommissar. Finden Sie es heraus. Ich kann Ihnen nur diesen Anhaltspunkt liefern. Und wenn ich Sie sanft daran erinnern darf, war ich vor einigen Tagen noch eine dringend Tatverdächtige für Sie.«

Ron stellte sich neben Harriet und nahm ihren Blickwinkel ein.

»Der Kopf lag auf dem Bett, ebenso der Torso. Hier ist eines der Tatortbilder.« Er zückte sein Handy. »Bitte schauen Sie sich das Bild nochmal genau an.«

»Ron, *non*«, japste Vincent. »Warum zeigst du ihr das Foto? Tatortfotos fallen unter Dienstgeheimnisse.«

»Dann schauen Sie mal in die Online-Ausgabe der *Brandenburger Post*, da ist Ihr Dienstgeheimnis schon kurz nach dem Mord veröffentlicht worden«, spottete Harriet. »Abgesehen davon, Herr Kommissar Weiss hat mich schon während einer Befragung äußerst einfühlsam mit den Bildern konfrontiert.« Sie wandte den Kopf und zwang sich, das Foto anzuschauen, das den abgeschlagenen Kopf und den Torso Pit Wallstedts in seinem Atelier zeigte. Es war schaurig, aber hatte nichts mit dem Pit zu tun, dessen Lippen ihr Gesicht gestreift und der die Linien ihrer Hand nachgezogen hatte. Dieser Pit war längst fort.

»Hmmh, es ist vielleicht etwas weit hergeholt, aber mich erinnert das Ganze an eine biblische Szene. Der Tote«, es fiel ihr leichter, seinen Namen nicht zu nennen, »war inszeniert wie Holofernes.«

»Wer?«, fragte einer der Techniker.

»Diese ungebildeten Menschen kennen die Geschichte von *Judith und Holofernes* sicher nicht, Madame. Erzählen Sie sie.«

Harriet ließ sich nicht lange bitten. »Ganz kurz gesagt: Die schöne Witwe Judith geht in das Heerlager von Holofernes, dem assyrischen General, und enthauptet ihn mit seinem eigenen Schwert. So rettet sie das Volk Israel.«

»Mord aus Rache und gleichzeitig aus Notwehr«, murmelte Ron, während er aus dem Fenster auf die Havel starrte, die sich wie ein Band zwischen der Schiffbauergasse und dem Park Babelsberg entlangschlängelte.

»Könnte man sagen. Manche Ausgaben der Bibel sparen diese Geschichte aus – vielleicht, weil Judith nicht nur Opfer, sondern auch Täterin ist. Das passt eben nicht zur Vorstellung der Frau als ausschließlich friedvollem Wesen. Über die Jahrhunderte fühlten sich allerdings Künstler überall in der Welt von diesem Sujet inspiriert und so entstanden eine Reihe von Kunstwerken, die sich mit *Judith und Holofernes* auseinandersetzen. Und wenn Sie mich fragen – und das tun Sie ja«, wandte sie sich an Ron Weiss, »dann würde ich sagen, dass wir es hier mit einer makabren Inszenierung von *Judith und Holofernes* zu tun haben. Also, von Holofernes natürlich, Judith ist ja nicht dabei.«

Harriet sah sich um. Da war noch etwas.

»Haben Sie eine Leiter?«

»Eine Leiter, nein, wieso?«

»Dann muss es eben anders gehen.« Harriet schob einen Stuhl ans Fenster, stieg hinauf und zog an einem der schweren Vorhänge. Wie von Geisterhand löste sich der bordeauxrote Stoff und fiel hinab auf das Parkett.

»Das ist es!«

Die Männer starrten sie verständnislos an. Harriet raffte den Baumwollstoff zusammen und drapierte ihn über den Bettpfosten. Sie schlang die Enden des Vorhanges ineinander, trat einen Schritt zurück und betrachtete das Ergebnis ihrer Bemühungen.

»Madame, ist Ihnen nicht gut? Sie sind so blass mit einem Mal.«

»Den Vorhang da müssen Sie analysieren lassen. Ich bin sicher, dass er hier drapiert und dann wieder aufgehängt wurde. Ich muss sofort los. Meine Vorlesung beginnt in zehn Minuten.«

Harriet hatte eiskalte Hände trotz der Temperatur von mindestens 30 Grad im Atelier.

Sie ließ die Männer stehen und hastete hinaus. Vincent schaute ihr nach.

»Quelle femme! Tja Ron, in der hast du deine Meisterin gefunden! Und die lässt sich auch nicht von dir einwickeln, wie alle anderen Frauen.«

Ron verfolgte aus dem Fenster, wie Harriet in ihrem geblümten Sommerkleid über den Hof rannte und dann – so schnell es der alte Mercedes zuließ – vom Hof brauste.

»Abwarten, Vinnie«, erwiderte er. »Nimm mal den Vorhang mit und lass' ihn auf Spuren checken, die mit dem Mord zu tun haben könnten. Mal sehen, was Madame la Professeure wirklich draufhat.«

•

Das war es. Mit Adrenalin gesättigtes Blut, das Körper und Geist unter Strom setzte, pulsierte durch ihre Adern. Ihr Herz galoppierte in einem schnellen Rhythmus und ihre Hände waren Eisblöcke. Sie verließ die Schiffbauergasse, kurvte um den nächsten Häuserblock und fuhr auf einen Grünstreifen am Havelufer. Endlich konnte sie ihren Gefühlen Raum geben. Nach Luft ringend sprang sie aus dem Auto und lief zum Fluss hinunter. *Caravaggio. Judith enthauptet Holofernes.* Der abgeschlagene Kopf, die makabre Inszenierung des Torsos vor dem Vorhang mit dem opulenten Faltenwurf. Der in einem Winkel von 45 Grad aufgestellte rechte Arm des Holofernes, der linke Arm, der unter den Oberkörper geschoben war, und schließlich der Kopf mit dem aufgerissenen Mund, den entblößten Zähnen und den vor Schmerz und Angst aufgerissenen Augen. Seit sie das erste Mal ein Foto des ermordeten Pit gesehen hatte, hatte ihr Unterbewusstsein versucht, den Schock zu besiegen und eine Verknüpfung zu dem Gemälde herzustellen. Während Harriet, die Hände in die Seiten gestützt, über den schmalen Grasstreifen am Fluss stapfte und versuchte, so ruhig und tief wie möglich durchzuatmen, setzten sich einzelne Mosaiksteine in ihrem Kopf zusammen. Der Mörder wollte offensichtlich Zeichen setzen und eine Botschaft senden – aber an wen? Und was hatte Pits Tod mit dem Malergenie Caravaggio und seinem Werk *Judith und Holofernes* zu tun? Harriet hatte das Bild viele Male als Druck gesehen. Und sogar als Original, auch wenn das schon viele Jahre her war und sie sich nicht mehr jeder Einzelheit entsinnen konnte. Sie erinnerte sich, wie sie als Studentin auf einer Rom-Exkursion staunend vor dem Werk Caravaggios im Palazzo Barberini an der *Via delle Quattro Fontane* gestanden hatte: Der angewiderte Blick Judiths, wie sie auf den von ihr enthaupteten Feldherrn Holofernes schaute, der ihr nicht hatte widerstehen können. Die zerfurchte Dienerin im Hintergrund, wie eine Karikatur, mit ihrer Verschrobenheit die Schönheit Judiths betonend. Die scharfen Hell-Dunkel-Kontraste, die so typisch für das Werk Caravaggios waren.

Sie atmete tief ein, wieder aus und zählte in Gedanken bis zehn und von zehn wieder runter bis null. Ihr Puls beruhigte sich und schaltete von einem panischen Galopp in eine ruhigere Gangart. Harriet legte den Kopf in den Nacken und schaute in den blauen Himmel, der mit kleinen Hitzewölkchen gepunktet war, wie die Leinwand eines impressionistischen Gemäldes. Je älter sie wurde, desto beruhigender wirkte die Natur auf sie. Jäh riss sie sich selbst aus den Betrachtungen. Die Vorlesung! Sie hatte sie vollkommen vergessen. Ein schneller Blick auf die Armbanduhr: Noch zwanzig Minuten bis zum Beginn ihrer Lehrveranstaltung. Für den Moment würde sie Caravaggio aus ihren Gedanken verbannen müssen. Sie rannte zurück zum Auto, raste in hoher Geschwindigkeit die Chaussee entlang, bis sie bei den langgestreckten Seminargebäuden am Neuen Palais hielt. Sie erreichte den Hörsaal völlig außer Atem, aber fast pünktlich. Der Raum, in dem sie ihre Vorlesungen hielt, war nicht sonderlich groß, eher wie ein Klassenraum, in den nicht mehr als 50 Studenten passten. Meistens war ihre Veranstaltung auch nicht allzu gut besucht, weil sie am undankbaren Freitagnachmittag-Termin stattfand, den ihre Kollegen freudig an sie abgetreten hatten. An jenem Tag aber war der Saal übervoll, und die Studenten saßen nicht nur auf Stühlen, sondern sie besetzten auch die Fensterbänke und die vorsintflutlichen Heizkörper, deren weißer Lack abblätterte und den Blick auf rostige Stellen freigab. Einige hatten sich sogar auf dem Fußboden vor dem Pult niedergelassen, ihre Taschen oder Jacken, sofern sie bei der Hitze welche dabeihatten, als Sitzkissen nutzend. In einer der hinteren Reihen entdeckte Harriet ihren Kollegen Krollmann und einen seiner Assistenten. Es lag eine gespannte und konzentrierte Stimmung in der Luft und, von dem Getuschel einiger Seniorstudentinnen vor Harriets Pult abgesehen, herrschte eine ungewohnte Stille. Den meisten der Anwesenden war sicher nicht entgangen, dass Harriet unter Mordverdacht verhaftet und erst nach einem Verhör wieder freigelassen worden war. Wahrscheinlich kannten sie die Berichte über sie und ihr Vorleben, die sie entweder von ihren Kommilitonen gehört oder irgendwo gelesen hatten. Der neue Skandal um den Tod Pit Wallstedts, der noch dazu an der Uni gelehrt hatte, und die damit verbundene Berichterstattung hatte wohl einige dazu bewogen, zu ihrer Vorlesung zu kommen. Auch die, die eigentlich bei anderen Dozenten eingeschrieben waren, wollten auf diese Art zu etwas Aufregung vor dem Beginn der Semesterferien kommen. Und sicherlich waren Krollmann und sein Adlatus nicht erschienen, weil sie von Harriets Wissen in Sachen Kulturgeschichte profitieren wollten.

Man wartete schon gespannt darauf, dass sie zusammenbrechen würde.

Aber darauf würden sie lange warten können. Harriet, durchgeschwitzt am Rednerpult, fand das Szenario lästig, aber nicht bedrohlich. Das war neu. Ein halbes Jahr zuvor hätte sie dieselbe Situation nicht bewältigen können, hätte sich auf dem Absatz umgedreht und den Saal mit Tränen in den Augen verlassen. Vorbei. Jetzt stand ihr eine Prüfung bevor, in der sie beweisen konnte, dass sie ein Spiel verloren hatte, aber längst keine Verliererin war. Es lohnte nicht, sich um die Meinung der Missgünstigen wie Krollmann zu scheren – das war die Lektion. Stellte man die Situation auf den Kopf, dann wäre die hohe Anzahl der Zuhörer doch eigentlich sehr erfreulich. Locker, viel lockerer als sonst startete sie mit ihren Ausführungen. Nach einigen Minuten spürte sie, dass sie die volle Aufmerksamkeit des Hörsaales hatte. Waren die letzten Vorträge stockend und etwas unbeholfen gewesen, fühlte sie sich mehr und mehr in ihrem Element, selbst die deutsche Sprache holperte nur noch an einigen Stellen. Nachdem sie ungefähr eine Stunde lang die Unterschiede zwischen Strukturgeschichte und biografischer Geschichtsschreibung erläutert hatte, legte sie eine kurze Pause ein und gab Gelegenheit für Fragen. Nach den üblichen Verständnisfragen, die routinemäßig von immer denselben Personen gestellt wurden, meldete sich eine Studentin. Es war Emilia, Roberts studentische Hilfskraft, die Harriet zuletzt bei der Feier im Garten der Villa Augusta gesehen hatte. Wegen der Hitze hatten sich ihre Wangen und ihre Nase rot verfärbt und bildeten einen farblichen Kontrast zu ihren weißblonden Haaren.

Harriet nickte ihr aufmunternd zu und erwartete insgeheim einen Kommentar zu Geschichtszahlen oder einen Vergleich zum Schulunterricht in der schwäbischen Kleinstadt, aus der sie kam. Dies war Emilias bevorzugtes Sujet. Oftmals fingen ihre ausführlichen Hinweise, die zu Koreferaten werden konnten, mit der Einleitung »Also bei uns in Freiberg, da …« an und führten dann auf umständlichen Wegen zu einer entlegenen These.

Diesmal aber war es anders.

»Entschuldigen Sie die Frage. Aber wie fühlt es sich eigentlich an, unter Mordverdacht zu stehen und verhaftet zu werden?« Sie kicherte verlegen. »Ich bin einfach neugierig und jeder hier denkt doch gerade daran, oder?«

Harriet war auf die Direktheit der Frage nicht gefasst. Das Blut schoss ihr ins Gesicht. Emilias Frage war wie ein Zeichen, auf das viele der Anwesenden gewartet hatten. Von den ungefähr 100 Zuhörern im Saal zückten einige ihre Handys und begannen, Harriet zu fotografieren oder zu filmen. Die anderen saßen still da und verfolgten gespannt das Geschehen. Krollmann hatte sich genüsslich nach hinten gelehnt und ließ sie nicht aus den Augen. Harriet spürte, dass ihre Zunge wie ein trockener Klumpen am Gaumen klebte. Sie schluckte ein paarmal und sagte dann mit klarer und bestimmter Stimme:

»Ich danke Ihnen, Emilia, dass Sie diese Frage gestellt haben. Das gibt mir die Möglichkeit, einige Dinge zu erklären, die ich schon eine Weile mit mir herumtrage. Und obwohl es mir nicht leichtfällt, Ihnen zu antworten, will ich es versuchen.«

Harriet suchte nach den richtigen Worten, solchen, die ihren Zuhörern ihre Situation erklären würden. Aber keine Formulierung schien angemessen. Also tat sie etwas Ungewohntes – sie verließ sich auf ihr Gefühl.

»Vor einigen Monaten hätte ich mich am liebsten umgebracht. Die meisten von ihnen kennen ja meine Geschichte, und falls nicht, hier ist sie: Ich habe meine Forschungsprofessur in Cambridge verloren – eine Position, für die ich viele Jahre gekämpft hatte und die ich für die Krönung meines akademischen Lebens, wenn nicht meiner Existenz überhaupt hielt. Ich hätte einen Arm oder ein Bein dafür gegeben, dort bleiben zu dürfen, in meinem Paradies in England. Es gab eine öffentliche Kampagne gegen mich, obwohl *ich* Opfer eines Stalkers geworden war. Am Boden zerstört – ist kein Ausdruck für das, was ich fühlte. Ich verfiel in Depressionen, nachdem ich aus dem Untersuchungsgefängnis in England entlassen worden war, und bin nur mit der Hilfe wirklich guter Ärzte wieder auf die Beine gekommen. Man sollte niemals zögern, nach Hilfe zu suchen, wenn Dinge nicht allein zu bewältigen sind.« Die Worte strömten aus ihr heraus, ohne dass sie über sie nachdenken musste. Es passierte von allein, so, als würde Harriet einen Text auf einer Bühne deklamieren, den sie schon lange in- und auswendig kannte.

»Die Universität Potsdam hat mir die Chance gegeben, neu anzufangen. Ich habe in den letzten Monaten alles getan, mich dieser Chance würdig zu erweisen. Das fiel mir manchmal schwer, weil ich noch immer meinen Traum von Cambridge träumte, den ich nicht loslassen konnte. Als ich unter Mordverdacht geriet, einige unschöne Stunden im Untersuchungsgefängnis zubringen musste, geschah etwas Seltsames. Erst wollte ich fliehen – flüchten – wohin auch immer. Aber dann merkte ich, dass meine Arbeit hier an der Universität mit Ihnen mir sehr viel bedeutet. So viel, dass ich sie nicht mehr verlieren möchte und sie mir auch nicht wegnehmen lasse.« Sie legte eine Pause ein und fasste Krollmann in den Blick. Er schaute zu Boden. Harriet triumphierte für einen Moment. Der *Flow* war wieder da. Sie war wieder da.

»Und als ich aus dem Polizeigewahrsam freikam, war ich froh, meine Seminare und Vorlesungen vorbereiten zu dürfen«, fuhr sie mit ihrer Rede fort. »Mir Gedanken zu machen, was ich gern an Sie, meine Studentinnen und Studenten, vermitteln möchte. Wenn Sie mich also fragen, wie es sich anfühlt, unter Mordverdacht zu stehen und Erfahrungen mit der hiesigen Justiz zu machen, muss ich wahrheitsgemäß antworten: Erst war es schrecklich, aber ohne dieses Erlebnis hätte ich länger gebraucht, um schätzen zu können, was ich hier an der Universität gefunden habe. Ein kleines Stück einer neuen Heimat. Sie alle haben Ihren Anteil daran. Und deshalb möchte ich mich bei Ihnen bedanken.«

Nach wie vor perlten die Worte von allein aus ihr heraus, und sie selbst war erstaunt, sich so reden zu hören. Ihre Zuhörer regten sich nicht, nachdem sie zu sprechen aufgehört hatte. Plötzlich eine Bewegung: Krollmann sprang auf und kämpfte sich durch die Reihen. Sein Assistent blieb sitzen und schaute ihm hinterher. Als die Tür hinter Krollmann zuklappte, startete ein zarter Applaus, der wie eine Welle durch den Saal schwappte und immer weiter anschwoll. Die Studenten klopften mit den Knöcheln auf die Tische oder klatschten. Harriet wand sich überrascht und ein wenig verschämt am Pult hin und her.

»Okay, danke! Das war jetzt keine Showeinlage von mir, aber ich freue mich trotzdem über Ihren Applaus. Zurück zur Arbeit: Wir sehen uns nächste Woche zu unserer vorletzten Veranstaltung in diesem Semester. Da geht es dann um das Thema, wie Alltagsgegenstände – Töpfe, Zigarettenschachteln oder Sonntagskleider – als Quellen der Geschichtsschreibung genutzt werden können. Und bitte notieren Sie sich, dass wir in zwei Wochen eine Exkursion zur Museumsinsel machen werden, mit Führung vor Ort. Als Abschluss. Wer möchte, kann sich danach mit einem Bier oder einem Glas Wein an die Spree setzen und mit mir zusammen das Semester ausklingen lassen.«

Die meisten standen auf und packten ihre Sachen zusammen. Viele lachten und unterhielten sich. Harriet hatte vergessen, wie sehr sie diese Geräuschkulisse mochte. Auch sie begann, ihre Unterlagen in die unförmige Ledertasche zu packen, die auf dem Fußboden neben dem Pult stand. Sie war erschöpft, aber auf eine seltsame Art glücklich und so leicht wie lange nicht mehr. Dieses zurückgekehrte Gefühl würde sie zuhause mit einer Flasche Rotwein am See feiern und dabei über das Caravaggio-Rätsel nachdenken. In ihrer Bibliothek in Linnerow standen einige Bücher, die sie dafür gut gebrauchen könnte, vielleicht würde sie sich sogar ins Internet trauen. Ron Weiss würde ihr die Fotos vom Tatort zusenden müssen, damit sie die Inszenierung im Atelier mit dem Werk Caravaggios vergleichen könnte. Es war makaber, aber das Feuer ihres wissenschaftlichen Forscherdrangs, das nach dem Verlust ihrer Professur in Cambridge vollkommen erloschen war, entzündete sich gerade neu an dem gewaltvollen Tod Pit Wallstedts. Sie würde den Mörder finden, denn sie war Pit etwas schuldig. So kurz sie sich gekannt hatten, so deutlich hatte er ihr gemacht, dass sie sich bei einem Mann wieder wohlfühlen könnte – irgendwann. Harriet schulterte die schwere Tasche und wollte gerade zur Tür des Vorlesungssaales, als ihr einer der Studenten in den Weg trat.

»Olli, was ist los?« Harriet war ein wenig erschrocken, weil ihr der junge Mann in der kurzen Lederjacke so abrupt den Weg abgeschnitten hatte.

»Entschuldigen Sie, Frau Lievens. Ich wollte wirklich nicht … Ich, ähm, ich wollte mich nur für Ihre Rede von vorhin bedanken. Ich glaube, dass ich an dieser Uni noch nie so viele ehrliche Worte gehört habe. Und dann wollte ich Sie daran erinnern, dass wir uns heute Abend in der Galerie von Sophia von Lietzenburg sehen werden. Bei der Vernissage. Sie kommen doch, oder?«

Er stotterte. Durch seine 1970er-Jahre-Frisur – vorne kurz, hinten lang –, den dünnen Schnurrbart und die schlaksige Figur in den weit ausgestellten Jeans wirkte er einerseits wie aus der Zeit gefallen und andererseits *hip*. Mit seinem Streetstyle wäre er gut in einem Fashionblog aufgehoben. Die meisten Studenten lebten in Berlin, pendelten wegen der Lehrveranstaltungen nach Potsdam und brachten Großstadtflair in die verzopfte Stadt.

Harriet schlug mit der flachen Hand vor ihre Stirn: »Das habe ich vollkommen vergessen!«

»Aber Sie müssen unbedingt kommen! Die Fotos von Sören Sassoon, vor allem die aus der Hausbesetzerszene, sind noch nie in der aktuellen Zusammenstellung gezeigt worden. Und einige andere Leute aus unserem Seminar, zum Beispiel Emilia, werden auch da sein und freuen sich darauf, Sie heute Abend zu sehen.« Er legte den Kopf schief.

»Vielleicht wissen Sie es nicht, aber für uns sind Sie spätestens seit heute ein Vorbild.«

Ihr Herz machte vor Freude einen Sprung.

»Natürlich komme ich zur Vernissage!«

»Versprochen? Um 19 Uhr geht es los.« Er lächelte sie an, und die Enden des dünnen Schnurrbartes bogen sich nach oben.

»Versprochen!«, lächelte Harriet zurück. Sie würde ihre Studenten nicht enttäuschen, auch ihretwegen hatte sie neuen Lebensmut gefasst. Der Rotwein an ihrem See hinter dem Haus konnte warten. Ein Blick auf die Uhr sagte ihr, dass sie bis zur Vernissage noch gut zwei Stunden hatte. Zu wenig Zeit, nachhause zu rasen, zu duschen und dann wieder in die Stadt zu fahren. Und es musste unbedingt eine andere Garderobe her. Das geblümte Baumwollkleid, das jetzt unter den Achseln deutliche Schweißflecke hatte, und die flachen Sandalen mit den durchgetretenen Sohlen waren nicht gerade der letzte Schrei. An jenem Abend wollte sie alle – und sich selbst – überraschen. Also entschied sie sich für ein Alternativprogramm: einen Besuch in einer der schicken Boutiquen im Holländischen Viertel und dann einen Abstecher an den Heiligen See, der als Badewanne würde dienen müssen. Mit der Tasche über der Schulter trat sie hinaus in den brütend heißen Spätnachmittag.

•

Das Holländische Viertel war wie immer voller Touristen, die zwischen den Ziegelhäusern mit den geschwungenen Giebeln flanierten oder vor den

Cafés saßen und Cappuccino, Berliner Weiße oder Aperol Spritz tranken. Harriet konnte sich erinnern, dass in einem der herausgeputzten Traufenhäuser, die mit grün-weiß gestrichenen Fensterläden versehen waren, ein Outlet mit Kleidern war, die ihr gefallen könnten. Und tatsächlich fand sie in einer der mit runden Steinen gepflasterten Seitenstraßen die gesuchte Boutique, vor der sie eine Weile stehenblieb und die Auslagen betrachtete. Wann hatte sie zuletzt ein Kleid oder eine Hose für sich selbst gekauft? Ihr Interesse an der eigenen Person war in den vergangenen zwei Jahren nicht groß genug gewesen, um in Kleider zu investieren. Der einzige Kauf von Bekleidung, an den sie sich erinnerte, war der von Gartenhandschuhen, die sie für das Unkrautjäten auf ihrem Grundstück erworben hatte. Und die hatte sie so gut wie nie benutzt, weil sie sich nicht hatte aufraffen können, es ernsthaft mit dem Unkraut aufzunehmen. Harriet betrat den Verkaufsraum und entdeckte ein Kleid aus metallisch schimmerndem Stoff, das ihr auf Anhieb zusagte.

»Todschick, wa?« Eine ältere Frau mit Dauerwelle kam auf sie zu, »dit Kleid war auffe Fäschen-Week. Könnense nüscht falsch machen mit. Und kaschiert jut ihr zadeppertet Jesicht. Kiekt keener mehr hin.«

Das Kleid saß wie für sie gemacht. Es betonte ihre schlanke Figur, ohne dass sie dürr wirkte. Haut zeigte es an den richtigen Stellen und verdeckte dennoch die Narben an der Schulter. Nach zehn Minuten verließ Harriet die Boutique mit einer großen Tüte, in der sich nicht nur das Kleid, sondern auch ein paar silberne Highheels und große Creolen befanden. Nach einem doppelten Espresso in einem der Straßencafés verstaute sie ihre Einkäufe im Auto und fuhr die kurze Strecke zum Heiligen See. Erst zögerte sie, sprang dann nackt hinein, ohne dass jemand daran Anstoß nahm. Am Ufer lagen viele, die weder Badeanzug noch Badehose trugen. Harriet schwamm bis zur Mitte des Sees, legte sich auf den Rücken und ließ sich mit geschlossenen Augen auf den Wellen treiben. Wenn sie schwamm, spannte die Haut an der vernarbten Schulter, aber so, dass es erträglich war. Das Wasser war angenehm kühl und umspülte samtig ihren Körper. Zurück am Ufer, zwischen quietschenden Kindern und genervten Eltern, trocknete sie sich mit ihrem geblümten Baumwollkleid ab und schlüpfte in ihr neues Kleid und die hohen Schuhe. Während sie etwas ungelenk den Reißverschluss im Rücken hochzog und die Grasballen von dem metallenen Stoff zupfte, schaute sie auf das Wasser und erblickte: Adelheid Rumpers.

Neben ihr, die Haare unter einem kompliziert verknoteten Turban verborgen, schwamm eine weitere Bekannte: Maria. Es sah nicht nach einer Schwimmrunde von zwei Freundinnen aus. Maria klatschte während des Schwimmens ein paarmal auf das Wasser und schrie, sofern Harriet das auf die Entfernung richtig erkennen konnte. Ihre Brille lag im Auto. Verstehen konnte sie nichts, dafür waren die Beiden zu weit weg und die Familien am Ufer zu laut. Adelheid Rumpers machte ein paar kräftige Schwimmzüge auf das Ufer zu. Das war für Harriet das Zeichen, schnell aufzubrechen. Auch wenn sie sich allmählich ihr Leben zurückeroberte, *dieser* Frau war sie noch längst nicht gewachsen.

Der Autospiegel zeigte, dass die Sonne einen leichten Teint auf ihre Wangen gezaubert hatte. Aber ihr rechtes Auge schillerte noch immer in Blautönen, und der Kratzer im Gesicht war auch noch nicht verheilt. Nur nichts daraus machen. Sie musste lachen, weil sie an die robuste Äußerung der Verkäuferin denken musste. Nach dem Bad fühlte sie sich erfrischt und in ihrem neuen Kleid gut gerüstet für die Vernissage und die Begegnung mit den Lietzenburgs. Vielleicht würde sie endlich erfahren, was Robert wirklich von ihr wollte.

Als sie den Alten Markt erreichte, war es ungefähr halb acht. Schon von weitem sah sie den Andrang vor dem Eckgebäude, in dem die SvL-Galerie untergebracht war. Eine Gruppe junger Leute mit Cocktailgläsern stand diskutierend vor dem Schaufenster, in dem großformatige Fotos ausgestellt wurden. Ihr Student Olli war einer von ihnen. Er drehte den Kopf zu ihr, als sie sich der Galerie näherte, und winkte ihr zu. Sie winkte zurück, schob sich dann in die übervolle Galerie und reckte den Hals. Sofort erspähte sie Ruben, den glatzköpfigen Schauspieler, den sie von der Lietzenburgschen Gartenparty kannte, im intensiven Gespräch mit Hendrik, dem besten Freund von Robert – dessen Frau Maria fehlte natürlich, die zog sicherlich noch ihre Runden im Heiligen See. Das Gleiche galt glücklicherweise für Adelheid Rumpers, die bestimmt am späteren Abend noch in der Galerie auftauchen würde. Sie hatte nicht über den Zwischenfall mit den Ohrfeigen berichtet, was Robert sicherlich einiges an Überredungskraft gekostet hatte. Oder er hatte ihr ganz einfach einen besseren Deal angeboten? Die Zusammensetzung der Gäste war wie bei der missglückten Feier in der Villa Augusta: Promis, schöne oder skurrile Menschen aus der Kunstszene, Reiche, Politiker, gemischt mit ein paar »normalen« Kunstinteressierten.

Ein Erfolgsrezept, das bei Sophias Veranstaltungen eigentlich immer aufging – mit Ausnahme des Desasters zwei Wochen zuvor.

»So sieht man sich wieder.«

Plötzlich stand ein kompakter Mann vor ihr, den sie nach kurzem Überlegen als Karl Rosinsky erkannte.

»Herr Rosinsky! Sie lassen wohl auch kein gesellschaftliches Highlight aus, oder?« Sie drückte ihm die Hand, und er freute sich darüber, dass sie ihn wiedererkannte. Ein Moment der Verlegenheit wegen ihrer Schroffheit bei ihrer letzten Begegnung verflog sofort angesichts der bodenständigen Ausstrahlung des Mannes. Rosinsky hatte sich, im Gegensatz zu allen anderen, für die Vernissage überhaupt nicht herausgeputzt. Er trug eine schlechtsitzende Jeans mit Hochwasser zu einem karierten Hemd und hatte sich ein ausgeblichenes Baumwolltuch um den Hals geschlungen. Es sah aus, als habe er sich für einen Spaziergang im Park angezogen. Wohltuend normal.

»Es ist ja einiges passiert, seitdem wir uns das letzte Mal gesehen haben. Ein schrecklicher Mord und Sie, meine Liebe, unter Mordverdacht. Wie furchtbar. Ich habe natürlich keine Minute geglaubt, dass Sie etwas mit dem Mord an dem armen Wallstedt zu tun haben könnten. Eine schreckliche Geschichte.« Er legte sein Gesicht in kummervolle Falten. »Aber die Kunst, nicht wahr, die befreit uns von unseren alltäglichen Sorgen«, fuhr er fort, »und gibt uns ein Stück Freiheit.« Bei jedem anderen hätte sich dieser Satz pathetisch angehört, aber zu Karl Rosinsky passte er.

»Sind das nicht unglaublich gute Fotos? Und ich freue mich sehr, dass unser Sören endlich den Erfolg hat, der ihm zusteht. Er ist für den *Krüger-Art-Award* nominiert worden! «

Harriet betrachtete, so gut es über die vielen Köpfe hinweg ging, die großformatigen Fotos, die junge Obdachlose und Hausbesetzer zeigten. Es waren beeindruckende Porträts, die, gerade weil sie die scheinbaren Makel der Gesichter – Nasen mit Höckern, Pickel, aufgeplatzte Lippen – nicht verdeckten, so stark wirkten. Und sie standen in krassem Gegensatz zu den hochgetunten Gesichtern der Societyladies, deren Künstlichkeit sich offenbarte, je näher Harriet an sie herantrat. Sophia stand mit einigen von ihnen vor dem Bild einer Gruppe von Obdachlosen auf dem Alexanderplatz. Sie schien den Bildaufbau zu erklären, weil sie mit dem Finger unsichtbare Linien am Rande des Fotos zog. Der Fotokünstler stand etwas unbeholfen daneben und versuchte ein paarmal, etwas zu sagen. Mitten im Gespräch hob Sophia die Augen und schaute zu Harriet hinüber. Harriet fing ihren Blick auf und nickte ihr zu. Aber Sophia reagierte nicht, sondern starrte sie weiter an.

»Guten Abend, Harriet.« Eine knetende Hand lag plötzlich auf Harriets Schulter, eine andere an ihrer Taille, und der unverwechselbare Duft von *Penhaligon's Blenheim* stieg ihr in die Nase. Sophias Blick hatte gar nicht ihr gegolten, sondern Robert, der sich hinter Harriet aufgebaut hatte. Instinktiv wich Harriet einige Schritte zurück. Die unmittelbare körperliche Nähe Roberts war ihr unbehaglich. Wenigstens schien er sich gewaschen und umgezogen zu haben – außerdem machte er einen fast nüchternen Eindruck. Sie schaute in sein glatt rasiertes Gesicht, das dem ihren noch immer viel zu nah war und wollte ihn der Höflichkeit halber freundlich begrüßen. Doch er fiel ihr ins Wort: »Eine ganz schöne Frechheit von dir, mich einfach so in deinem Büro sitzen zu lassen.«

Seine Stimme war leise, ließ aber keinen Zweifel an der aufgestauten Wut, die in ihr lag.

»Was sollte ich denn machen? Die Polizei hat angerufen und mich ins Atelier bestellt«, sagte Harriet verdutzt.

»Oh, ja! Die Polizei ruft an und du springst, Harriet Lievens? Das ist neu! Weißt du, nachdem ich heute etwas zu Atem gekommen war, habe ich nachgedacht. Dieser Weiss, dieser Hauptkommissar, hatte plötzlich Kenntnisse über den Kunstmarkt, die nur ein Experte haben kann. Du, zum Beispiel, liebe Harriet. Oder wie soll er sonst auf die Frage gekommen sein, ob Pit nicht vor allem durch meine Unterstützung so plötzlich reüssieren konnte, obwohl er angeblich ein eher mittelmäßiger Künstler war?«

»Und – ist es nicht so?« Harriet war eine Spur schuldbewusst, andererseits spürte sie, dass sie mit ihrer Vermutung über den schnellen Aufstieg Pits am internationalen Kunsthimmel durchaus richtig gelegen hatte.

Robert starrte sie feindselig an: »Wenn schon. Du vergisst, dass ich dir einen Job besorgt und mich um dich gekümmert habe, als keiner etwas von dir wissen wollte. Aus lauter Dankbarkeit hast du mich bei der Polizei angeschwärzt!«

»Ich bin dir ehrlich dankbar, Robert, du hast mir wahrscheinlich das Leben gerettet. Das habe ich dir schon oft gesagt. Aber trotzdem war da etwas merkwürdig an deinem Verhältnis zu Pit Wallstedt. Ich habe seine

Bilder gesehen – er war gut, aber kein Genie. Warum hast du ihn dazu aufgebaut? Außerdem war er unruhig und wollte zur Polizei gehen und sich selbst anzeigen. Und«, sie machte eine Pause und schleuderte ihm, einem Impuls folgend, ins Gesicht: »Mein Eindruck ist, dass du etwas damit zu tun hast. Und dass Caravaggio eine Rolle spielt. Genauer: Sein Werk Judith und Holofernes.«

Für einen Augenblick sah sie Panik in seinen Augen aufblitzen. Aber er hatte sich im Handumdrehen wieder im Griff.

»Belästige, wen du willst, mit deinen Lügenmärchen, Harriet. Aber halt' einfach der Polizei gegenüber die Klappe. Pit ist tot, und dein illoyales Agieren macht ihn nicht mehr lebendig. Und schon gar nicht dein Dilettantismus. Seit wann hast du Ahnung von Malerei?«

Die Situation wurde zunehmend unangenehmer. Obwohl sie in einer Ecke der Galerie standen und mit unterdrückten Stimmen redeten, warfen einige der Anwesenden ihnen bereits neugierige Blicke zu.

»Du vergreifst dich im Ton, Robert. Ich schiebe das jetzt darauf, dass es dir wegen Pit schlecht geht und du nicht ganz Herr deiner Sinne bist. Am besten, du wendest dich jetzt anderen zu – man wird schon auf uns aufmerksam. Außerdem«, diese Spitze konnte sie sich nicht verkneifen, »habt ihr euch doch schon euer Gartenfest verdorben, diese Vernissage soll nicht auch im Desaster enden, oder?«

Anstatt zu deeskalieren hatte Harriet mit ihrer Bemerkung Öl ins Feuer gegossen.

»Und das sagt eine, die ihre Uni in einen Skandal gestürzt hat, weil sie ihre Libido nicht im Griff hatte!« Seine Stimme wurde lauter: »Du bist die letzte Person, von der ich mich beurteilen lasse, Harriet Lievens.«

Robert schnappte sich ein volles Sektglas von einem der Tabletts, das eine Serviererin gerade an ihm vorbeitrug, und stürzte es in einem Zug hinunter.

»Robert!« Karl Rosinsky war auf sie zugetreten. Seine Stimme klang entrüstet. »Was soll das? Hör' auf zu trinken.«

»Ich habe längst noch nicht genug!«, antwortete Robert, griff vom Tablett der erschrockenen Serviererin ein zweites Glas und trank auch dieses in einem Zug aus. »Ich mache, was ich will. Den ganzen Zirkus hier, inklusive Prosecco und Häppchen, finanziere schließlich nur ich. Ihr glaubt doch nicht, dass Madame auch nur einen Cent mit dieser Klitsche, die sie Galerie nennt, verdient. Und jetzt soll auch noch eine Dependance auf Rügen entstehen! Tja, und da liegt auch das Problem. Ich brauche etwas, liebe Harriet, was du im Überfluss hast: Geld!«

»Abgesehen davon, dass es jetzt gerade der schlechteste Moment ist, mich anzupumpen: Ich verleihe kein Geld, Robert. Grundsätzlich nicht. Ich weiß seit meiner Schulzeit, dass das nur schiefgehen kann.«

Robert schnappte nach Luft.

»Grundsätzlich nicht!«, äffte er Harriet nach. »Ausgenutzt hast du mich! Warum habe ich dir nur geholfen?«

Obwohl Karl Rosinsky verzweifelt versuchte, Robert durch Zupfen an dessen Jackenärmel zur Räson zu bringen, wurde er immer lauter, sodass seine Stimme die Gespräche der anderen Gäste übertönte. Die Ersten bauten sich schon um sie herum auf und tuschelten mit aufgeregten Stimmen. Ein Skandal kam der Kunstszene der Stadt gerade recht – so kurz nach den Ohrfeigen im Garten der Villa Augusta, über die noch immer geredet wurde, war Roberts Verhalten ein willkommener Anschlusstreffer. Es versprach ein anregender Sommer zu werden. Plötzlich stand Sophia zwischen Harriet und Robert. Sie hatte Hendrik im Schlepptau, der versuchte, die Umstehenden zu beruhigen. Sophia flüsterte ihrem Mann etwas ins Ohr, woraufhin dieser zusammenzuckte und wie ein geprügelter Hund aus der Galerie stürmte. Ein Blick in Sophias vor Wut blasses Gesicht sagte Harriet, dass sie, wie eine Woche zuvor bei ihrem Gartenfest, kurz davorstand, die Nerven zu verlieren. Aber sie fing sich, klatschte ein paarmal in die Hände und begann mit ihrer Laudatio:

»Liebe Freunde, verehrte Gäste! Ich bitte Sie um Verständnis für das Verhalten meines Mannes. Wie Sie vielleicht wissen, ist einer unserer besten Freunde unter schrecklichen Bedingungen ums Leben gekommen.«

An dieser Stelle gelang Sophia das Kunststück, eine Träne zu produzieren, die langsam über ihre Wange lief. »Jeder versucht auf seine Art, mit dem Ereignis fertig zu werden. Dem einen gelingt das gut, dem anderen eher weniger. Robert und ich standen Pit Wallstedt, der aus vielerlei Gründen ein Ausnahmekünstler war, sehr nahe. Auch viele von Ihnen kannten ihn. *Wen die Götter lieben …* – Ich bitte Sie heute, hier und jetzt, um eine Schweigeminute in memoriam unseres Freundes.«

Augenblicklich erstarb das Gespräch, auch die hämischen Bemerkungen über Robert, die hinter vorgehaltener Hand geflüstert wurden. Eine

Minute verging, dann eine zweite Minute, und noch immer stand Sophia mit auf den Boden gesenkten Blick im Zentrum ihrer Galerie und scheinbar in sich gekehrt da. Erst als die ersten Gäste unruhig wurden, ergriff sie erneut das Wort:

»Danke! Ich danke Ihnen allen! Es wird in Kürze eine Ausstellung mit Pits Werken hier in meiner Galerie geben. Das ist das Letzte, das ich für unseren Freund tun kann. Nun bitte ich Sie, auch wenn es schwerfällt, sich wieder auf die aktuelle Ausstellung zu konzentrieren, die nicht umsonst den Titel *Bedrängnis* trägt. Ihr Sujet sind die Gestrandeten dieser Gesellschaft, die hier mit dem Blick des Respekts betrachtet und in relevante Kontexte gebracht werden.«

Sophia hatte eine Rede vorbereitet, die einige Minuten dauerte und sich vor allem auf den Umgang des Künstlers mit Menschen in prekären Verhältnissen konzentrierte. Wie immer sprach sie gewandt – so als hätte es die Vorkommnisse der letzten Wochen nicht gegeben –, und das Publikum spendete ihr nach Beendigung ihrer Ausführungen einen langen und warmen Applaus. Harriet fiel es schwer zuzuhören. Roberts Verhalten verstörte, aber sie wusste jetzt, dass sie mit ihrer Caravaggio-Hypothese richtig lag. Immerhin. Sie nippte an einem Sekt, befand aber, dass er fad schmeckte. Sie ließ das volle Glas auf einem Stehtisch zurück und ging vor die Tür, um zu rauchen. Am liebsten hätte sie das in Gesellschaft von Karl Rosinsky getan und dabei seinem steten Redefluss gelauscht. Der alte Kauz gefiel ihr. Er war so *echt* im Vergleich zu den vielen artifiziellen Menschen in der SvL-Galerie. Leider war er nirgendwo zu sehen. Vielleicht war er Robert hinterhergeeilt, um ihn zur Vernunft zu bringen. Sie kannte ihn nicht gut, aber er schien genau die Kategorie Mensch, die so etwas tat. Vor der Galerie standen nach wie vor viele, vor allem junge Vernissage-Gäste, um den warmen Sommerabend zu genießen. Harriet fischte eine Zigarette aus ihrer Tasche und steckte sie zwischen ihre Lippen. Schon der würzige Geruch des Tabaks spendete ihr Trost.

»Ich gebe Ihnen Feuer. Moment.« Olli stand plötzlich neben ihr und zog ein Feuerzeug aus der Hosentasche. »Wir beide sind oldfashioned. Außer uns raucht ja keiner.«

Harriet musste trotz der Anspannung lachen.

»Ich bin old und Sie sind fashioned. Das trifft es wohl eher. Wo ist denn eigentlich Emilia?«

»Oh, Sie ist gerade Herrn Professor von Lietzenburg hinterhergelaufen. Er schien aufgeregt zu sein, und sie wollte irgendetwas mit ihm klären. Emilia verehrt den Professor geradezu. Frau Dr. Lievens, ich bewundere *Sie*! Als akademische Lehrerin und als Mensch. Ich weiß, dass sich das schrecklich kitschig anhört, aber als Sie heute Ihre Rede gehalten haben, habe ich erstmals gespürt, was Integrität bedeutet.«

»Hey, nicht übertreiben!«, rief Harriet, die schon wieder in eine Welle von Verlegenheit tauchte. »Es macht mir einfach Spaß, meine Wissenschaft zu lehren, und ich freue mich über meine wissbegierigen Studenten. Das ist alles. Da fällt mir ein«, unterbrach sie sich selbst, »wo ist denn eigentlich Ihre Hausarbeit zum Vergleich der unterschiedlichen historischen Schulen, Olli? Wollten Sie die nicht schon in der letzten Woche einreichen, um die Bestätigung zu bekommen, die Sie für Ihr Stipendium brauchen?«

»Ich habe Ihnen meine Arbeit schon vor einigen Tagen per E-Mail geschickt.«

»Oh, wirklich? An meine Uni-Adresse?«

Er nickte.

»Ich habe in der letzten Zeit nicht regelmäßig meine Mails gecheckt«, sagte sie schuldbewusst. »Vielleicht ist mir die E-Mail entgangen oder im Spam gelandet. Am besten, ich schaue sofort nach.«

»Das müssen Sie nicht jetzt machen! Sie müssen doch auch einmal Freizeit haben. Soll ich Ihnen noch einen Sekt holen?«

»Nein, nein!« Harriet nahm ihr Handy aus der Tasche. Jetzt könnte sie versuchen, ihre Mails über das Smartphone abzurufen. Olli war einer ihrer besten Studenten, und sie wusste, dass er keine wohlhabenden Eltern hatte. Das Stipendium war wichtig. Außerdem war sie froh über die Ablenkung.

»Ich habe ja theoretisch überall Zugriff auf meine E-Mails. Jetzt könnte ich mir selbst beweisen, dass ich technisch nicht vollkommen in der Steinzeit lebe und es einfach ausprobieren. Sie brauchen Ihre Bescheinigung sicher schnell.«

Während er protestierte, gelangte Harriet nach zwei Fehlversuchen in ihren Mailaccount. Sie starrte auf den Screen, drehte sich wortlos um, ließ Olli stehen und steuerte die Bar an, die auf der gegenüberliegenden Seite des Alten Marktes lag.

»Ein Whisky, schnell, doppelt, ohne Eis!«

Der Barkeeper warf ihr einen erstaunten Blick zu, stellte mit geübtem Griff ein Whiskyglas auf den Tresen und schenkte ein.

•

Samat schlug die Persenning zur Seite und sog die Luft ein, die nach Fisch und Maschinenöl roch. Es war noch früh am Morgen. Die Sonne legte ihre ersten Strahlen wie Finger auf die Havel, und die Vögel zwitscherten verhalten. Er war müde. Die Schiffsplanken waren zu hart, um gut darauf schlafen zu können. Als er sich den Schlaf aus den Augen wischte, erblickte er neben sich ein Wesen, das nur aus Fell zu bestehen schien.

»Wer bist du denn?«, murmelte er.

Auf den Planken der luxuriösen Yacht lag ein Hund und schnarchte. Samat kickte ihn vorsichtig mit der Fußspitze an, was nur zur Folge hatte, dass der Hund knurrte, den Kopf zur Seite drehte und weiterdöste. Die tiefen Atemzüge wurden von einem sonoren Brummen begleitet, das aus seiner Brust aufstieg.

»Oy, oy, oy, hast du eine Bronchitis?«

Der Hund rührte sich nicht. Er musste sich in der Nacht an Bord geschlichen haben und neben Samat eingeschlafen sein. Er betrachtete das Tier und fand, dass es beinahe aussah wie ein Wolf. Aber gab es Wölfe in der Gegend? In den bergigen Regionen seiner Heimat lebten Wölfe und Samat hatte auch schon häufiger welche gesehen. Aber Deutschland war bestimmt kein Land, in dem Wölfe durch die Städte liefen. Wahrscheinlich handelte es sich einfach nur um einen Hund. Samat riss sich vom Anblick des Tieres los. Er musste sich jetzt auf seine Mission konzentrieren. Viel Zeit hatte er nicht mehr, und den vergangenen Tag hatte er völlig verplempert. Nach seiner Ankunft in Potsdam, das er auch bei seinem nunmehr zweiten Besuch innerhalb kurzer Zeit nicht wiedererkannt hatte, konnte er seinen Plan noch nicht umsetzen. Er war wie gelähmt im Kopf gewesen, als er durch die schön restaurierten Straßen der Innenstadt gegangen war, die kaum mehr an die verfallende Stadt der 1980er- und 1990er-Jahre erinnerte. Es waren viele Touristen unterwegs gewesen, sodass er trotz seines Aussehens und seines Kalpaks nicht aufgefallen sein dürfte. Er hatte Japaner gesehen, die als Comicfiguren verkleidet gewesen waren, Italienerinnen in Designerroben und außer Rand und Band geratene Frauen, die wohl aus dem dörflichen Umland stammten. Sie waren mit einem Bollerwagen durch die Einkaufspassage gezogen und hatten große Buttons mit der Aufschrift *Team Braut* an ihren Ausschnitt geheftet. Eine von ihnen wollte ihm aus ihrem Bauchladen eine rote Clownsnase verkaufen. Erst hatte er ablehnen wollen, aber der bittende Blick des betrunkenen Mädchens hatte ihn gerührt. Er hatte nicht widerstehen können, ihr zwei Euro gegeben und hatte unter dem Gejohle der übrigen Frauen, die alle Rosa trugen, die Clownsnase aufgesetzt. »Passt«, hatte er gedacht. Er war ein dummer alter Clown, der zugelassen hatte, dass man ihn in die Pfanne haute. In der Innenstadt wurde es am Nachmittag zusehends heiß, deshalb hatte er sich ans Ufer der Havel gesetzt, in die Nähe eines ehemaligen Kraftwerks, das nun zu einem Wohnhaus umgebaut worden war, und hatte aufs Wasser geschaut, auf die vielen Kormorane und auf die Segelboote, die friedlich im Fluss dümpelten. Alles war so schön. Warum war er nicht früher zurückgekommen, ohne Todesangst und ohne Kerer im Nacken? Jetzt war die Schönheit vergiftet und fütterte seine Trauer, und er fürchtete sich davor, den Ort, den er am meisten vermisst hatte, zu besuchen. Seinen Park Sanssouci. Schließlich war es Abend geworden. Er hatte sich nach Einbruch der Dunkelheit in einem Laden, vor dem Jugendliche standen und rauchten, mit Lebensmitteln eingedeckt und dann ein karges Abendbrot aus Brötchen und Ziegenkäse auf einer Bank eingenommen. Als er satt war, hatte er sich endlich zum Hauptbahnhof getraut und den dort während seines ersten Aufenthaltes in der Stadt deponierten Rucksack aus einem der Schließfächer geholt. Samat hatte in der Bahnhofshalle bis kurz nach Mitternacht gewartet und war dann, der Uferlinie folgend, wieder zur Schiffbauergasse gelaufen, wo zu seiner Einsatz-Zeit das Logistikbataillon des KGB und der Fuhrpark seiner Armee untergebracht war. Auf dem Gelände war auch das Atelier von Pit Wallstedt. Samat verdrängte den Gedanken an die weit aufgerissenen Augen des Sterbenden und den bewegungslosen Torso auf dem Bett, den er keine drei Wochen zuvor dort zurückgelassen hatte. Er durfte nicht daran denken. Seine Mission würde er nur erfüllen können, wenn er die Gedanken auf die Zukunft richtete. In der Schiffbauergasse kannte er sich noch immer aus, auch wenn dort statt der Armee der Sowjetunion, die es längst nicht mehr gab, seit vielen Jahren Theaterleute und Tänzer lebten und arbeiteten. Er erinnerte sich außerdem an die Marina, die in der Nähe der Humboldtbrücke lag und nur von einem Holzzaun und einer Hecke umgrenzt wurde. Der kleine Hafen war sein Ziel gewesen. Er war dort eingebrochen und hatte sich auf einem der Schiffe versteckt, die im Hafen vor Anker lagen. Auf der *Elsa* hatte er sich eine Art Koje eingerichtet und war, erschöpft von der Reise, ziemlich schnell eingeschlafen.

Samat hatte schon wieder Hunger. Hastig stopfte er einen Müsliriegel in den Mund, der noch von dem Flug Bischkek–Istanbul stammte und vermisste dabei schmerzlich heißen Chai. In der Marina rührte sich nichts. Die Übernachtungsgäste, die in ihren Kojen an Bord der anderen Boote lagen oder das Gästehaus auf dem Gelände nutzten, schliefen noch. Leise schulterte Samat seinen Rucksack und verließ das Gelände der Marina. Der Hund blieb liegen und schnarchte weiter. Im Traum zuckten seine Beine so stark, als wolle er einem Kaninchen nachsetzen. Trotz seiner Trauer und der Schwere seiner Gedanken hätte Samat beinahe darüber gelacht, so lustig sah es aus. Er lief den neu gebauten Uferweg an der Havel entlang, stoppte nur an einer Stelle, um sich im Fluss das Gesicht und die Hände zu waschen. Dann setzte er seinen Weg fort, bis er nach einer scharfen Kurve sein erstes Ziel des Tages erreichte: die Glienicker Brücke mit ihrer geschwungenen Stahlkonstruktion. Ein paar Wochen zuvor hatte er einen amerikanischen Film gesehen, in dem es um die Glienicker Brücke gegangen war, aber er hatte seinen Fernseher nach ein paar Minuten abgeschaltet. Es wurde alles ganz anders erzählt, als es in Wirklichkeit gewesen war. Warum hätte er sich einen Film anschauen sollen, der offensichtlich von unwissenden Dummköpfen stammte? Er passierte die steinernen Kentauren, die den Aufgang zur Brücke markierten, und lief auf dem asphaltierten Fahrtweg bis zur Mitte. Weit und breit war kein Auto zu hören oder zu sehen, weil es für den Touristenstrom von Berlin nach Potsdam noch zu früh war. Er blieb auf der Fahrbahn stehen, direkt auf dem weißen Strich, der die einstige Grenze zwischen Ost und West markierte, breitete die Arme aus und schloss die Augen. Er konnte sich noch sehr gut an die Absperrungen und die Panzerfahrzeuge erinnern, die die Brücke von der DDR-Seite bewacht hatten. Es hatte sich wahrscheinlich um eine der bestbewachten Brücken der Welt gehandelt, die umso mehr im Fokus stand, weil sie als Ort des Agentenaustauschs ausgewählt worden war – und weil viele Verzweifelte versucht hatten, über sie hinweg in die Freiheit zu fliehen. Während seiner Zeit in Potsdam hatte er erlebt, wie drei Männern mit einem 10 Tonnen-Laster die Flucht über die Glienicker Brücke in den Westen gelungen war. Der als Gefahrgutlaster getarnte Wagen, der mit 92 leeren Gasflaschen beladen gewesen war, hatte in voller Fahrt das Eingangstor zur Brücke, den Schwenkbaum, einen Schlagbaum und ein Stahltor durchbrochen und war schleudernd und mit quietschenden Reifen erst weit jenseits des Territoriums der DDR zum Stehen gekommen. Das war kurz vor der Wende gewesen, als überall Menschen auf den Straßen mit dem Schlachtruf »Wir sind das Volk!« demonstriert hatten. Er hatte das mit Freude, insgeheim aber auch mit wachsender Furcht gesehen, weil er geahnt hatte, dass die alte Ordnung ins Wanken geriet und die neue Ordnung seinen Abzug aus Deutschland vorsehen könnte. Dann hatte es zwar noch fast fünf Jahre gedauert, bis er seine Sachen hatte packen und Deutschland verlassen müssen, aber seine Ahnung sollte sich bestätigen: Der Abschied war unvermeidlich gewesen, und er hatte ausreisen müssen, weg von Potsdam, weg von den Schlössern, den Gärten und den Parks, die er so sehr bewundert hatte. Damals konnte er noch nicht wissen, dass die Jahre nach dem Mauerfall seine Schicksalsjahre werden sollten. Seit dem Vorfall mit Sergej hatte man ihn in der Kaserne respektvoll gemieden und ihn seiner Wege gehen lassen, ohne ihn zu fragen, wohin er wolle. Dabei war es ihm nicht darum gegangen, in Westberlin seinen Sold mit vollen Händen für Bier, Schnaps oder Frauen auszugeben. Er war lieber in Potsdam geblieben und so oft es ging, mit einem klapprigen Fahrrad, das sein Gewicht kaum hatte tragen können, in den Park Sanssouci gefahren. Er hatte sich nicht sattsehen können an den von den Gartenkünstlern der Vergangenheit geschaffenen Landschaften und den Marmorskulpturen, die die Wege säumten und unvermittelt in den meisterhaft angelegten Sichtachsen auftauchten. Im Park hatte er erstmals den Professor erblickt, nicht weit entfernt vom Schloss Sanssouci, im grünen Atrium der Friedenskirche, wo er einer Gruppe Studenten den Aufbau einer Christusstatue erläuterte, die dort mit segnender Geste und überlebensgroß im Hof stand. Er war in der Nähe geblieben, verborgen hinter einer Mauer, und hatte dem Vortrag des Professors gelauscht, der ihn in die Welt der Kunst katapultiert und von den schlechten Nachrichten in der Heimat abgelenkt hatte: *Glasnost* hatte die Sowjetunion in ein heilloses Chaos gestürzt, es gab in seinem Tal kaum zu essen, und Plünderungen waren an der Tagesordnung gewesen.

Abrupt wurde Samat, der noch immer mit ausgebreiteten Armen in der Mitte der Brücke auf dem Symbol des Grenzstreifens stand, aus seinen Gedankengängen gerissen. Ein Schmerz zuckte durch seine Wade. Geduckt stand hinter ihm der zottige Hund und fletschte die Zähne.

»Ay, was soll das?«

Er trat nach dem Tier, das ihm geschickt auswich, um dann im Kreis um ihn herum zu springen.

»Lass' mich ein wenig in Erinnerungen schwelgen. Warum bist du mir gefolgt?«

Der Hund legte den Kopf schief, hob geschwind ein Bein und pinkelte auf Samats Schuhe. Die gelbe Flüssigkeit spritzte und bildete ein Rinnsal auf dem Asphalt. Samat fluchte und versuchte, den Hund zu greifen. Dieser lief jedoch in hoher Geschwindigkeit jaulend um ihn herum und vollführte wilde Bocksprünge. Plötzlich schien er genug zu haben und verschwand in den Büschen. Samat seufzte erleichtert. Dieser Hund machte ihm Angst. Ein Schamane, den er ab und an in den Bergen besucht hatte, hatte ihm erzählt, dass Dämonen häufig in Hundegestalt zu den Menschen kämen und das Unglück mitbrächten. Er nahm seinen Rucksack, ging zur Brüstung der Stahlkonstruktion, die die Brücke hielt, und setzte sich auf das Geländer. In der Ferne sah er das Ufer von Sacrow mit der Heilandskirche, die früher auf dem Grenzstreifen gestanden hatte, davor den Jungfernsee, und er tauchte unwillkürlich wieder in die Vergangenheit ab. Der Abschied von Potsdam damals hatte ihm wehgetan, und er hatte gespürt, dass er nicht zurück ins Talas-Tal gehen konnte, zu seiner Familie. Nachdem sein Regiment als eines der letzten abgezogen worden war, hatte er sich in der Stadt Osh im Fergana-Tal angesiedelt, wo ein Cousin von ihm wohnte, der ihn in der ersten Zeit nach seiner Rückkehr beherbergt hatte. Das Glück hatte es zunächst gut mit ihm gemeint, und er hatte eine Stelle als Dozent für deutsche Sprache an der dortigen Universität bekommen. Seine Aufgabe war es gewesen, Deutschlehrer für die Schulen im Fergana-Tal auszubilden. Die Arbeit hatte ihm Spaß gemacht, sie war nur sehr schlecht bezahlt gewesen. Aber er hatte ja noch das Geld gehabt, das er in Potsdam verdient hatte. Die Geschäfte waren gut gelaufen und er hatte sich mithilfe des Professors zu einer echten Autorität entwickelt. Seit Ende der 1990er-Jahre war die Demokratie in Kirgisien und in anderen ehemaligen sowjetischen Satellitenstaaten ins Wanken geraten. Und wieder hatte es Gewinner und Verlierer gegeben. Die neureichen Oligarchen hatten unter anderem ihren Wohlstand gezeigt, indem sie sich Kunst angeschafft oder für ihre blutjungen Freundinnen Galerien eingerichtet hatten, in denen sie dann in ihren Designerkleidern herumstanden. Den höchsten Stellenwert hatten die Alten Meister gehabt, das war ihm zugutegekommen. Selbst wenn die Kunstwerke ihrer dubiosen Herkunft wegen keinem großen Publikum gezeigt und nur unzugänglich in einem Safe oder klimatisierten Lagerhallen aufbewahrt werden konnten. Samat war der Mann der Stunde gewesen. Er hatte die Kunstwerke besorgt, und der Professor hatte für die Echtheit gebürgt. Es war viel einfacher gewesen, als er sich gedacht hatte. Zunächst.

Samat schaute von der Brüstung hinunter auf die Wellen, die die Pfeiler der Brücke umspülten. Von seinem Reichtum war nicht einmal ein Cent übrig. Ein Vermögen hatte er erworben und ein Anwesen mit einem Garten am Rande von Osh, ganz in der Nähe der wirklich Reichen, gebaut. Während Samat auf das Wasser blickte, dachte er an sein Haus mit dem stillen Innenhof, in dem er Pflanzkübel mit Palmen aufgestellt hatte und einen großen Tisch, an dem mindestens zehn Gäste Platz finden konnten. Zwar war kaum jemals Besuch bei ihm gewesen, außer seinem Cousin und dessen Familie, aber es war schön, sich vorzustellen, Gäste zu empfangen und reichlich in seinem Garten zu bewirten. An warmen Abenden hatte er im Garten gesessen und Gedichte gelesen. Nicht nur die Lieder und Hymnen von Novalis, sondern auch Schillers *Taucher* oder Heinrich Heines *Buch der Lieder*. Bis Kerer ihn aus seinem eigenen Haus hatte werfen lassen, in den Matsch der Straße, mitten in eine große Pfütze, die nach den starken Regenfällen des Frühlings vor dem Einfahrtstor entstanden war. In seinem Haus wohnte nun der Besitzer von zwei im Zentrum der Stadt gelegenen, großen Supermärkten, für die überall mit Plakaten in grellen Farben geworben wurde. Die Nachbarn hatten die Gardinen vor die Fenster gezogen und keinen Finger gerührt, als es ihm an den Kragen gegangen war – aber hätte er sich anders verhalten?

Samat löste sich von dem Anblick des friedlich plätschernden Flusses, ließ sich vorsichtig von der Brüstung hinunter auf die Brücke und marschierte los, vorbei an den Villen, die die Straße säumten. Aus den Augenwinkeln sah er, dass der Hund ihm mit großem Abstand folgte. Er benahm sich wie die Straßenhunde in den kirgisischen Dörfern, die einzeln scheu, aber in Rudeln furchteinflößend waren. Samat durchschritt die gepflegte Parklandschaft mit dem Schloss Cecilienhof, in dessen Innenhof noch immer ein roter Stern aus Geranien gepflanzt war, er lief vorbei am Pfingstberg, wo sich früher Datschen und Schrebergärten befunden hatten und jetzt die Parkanlagen in ihrer ursprünglichen barocken Gestalt wiedererstanden waren. Samat lief und lief. Unregelmäßig klopfte sein Herz gegen seinen robusten Brustkasten, als er den Teil der Stadt durchquerte, der bei den Deutschen die »verbotene Stadt« geheißen hatte. Hier, in diesen Straßenzügen, hatten russische Armeeangehörige teils mit ihren Familien gelebt, während die Deutschen das russische Militärstädtchen nicht hatten betreten dürfen.

Er hatte nicht zurückgewollt, damals, Anfang der 1990er-Jahre.

In den ersten Jahren in Osh hatte er noch versucht, die Korruption, die sehr schnell in die Politik Einzug gehalten hatte, zu ignorieren und seine Existenz an der Universität auf Gewissenhaftigkeit und Ehrlichkeit aufzubauen. Es war einfach gewesen, denn er hatte ja viel Geld als Absicherung gehabt. Nachdem das Vermögen aufgebraucht war, hatte er gespürt, wie er Zug um Zug in den Sumpf gezogen wurde, den er eigentlich hatte umgehen wollen. Begonnen hatte es damit, dass er die Kosten für die Renovierung des Daches an seinem Haus nicht hatte aufbringen können und die Lebenshaltungskosten so hochgeschnellt waren, dass er jedes Geldstück zweimal hatte umdrehen müssen, während seine Kollegen in gut gepflegten Häusern gelebt und einen, wenn auch bescheidenen Wohlstand nach außen gekehrt hatten. Sie hatten ihre Nebeneinkünfte. Schließlich hatte er sich dazu hinreißen lassen, dem Sohn eines regionalen Oligarchen ein Examen mit Bestnote auszustellen, obwohl dieser keinen einzigen deutschen Satz hatte sagen können. Dafür war er so fürstlich entlohnt worden, dass er ein halbes Jahr vollkommen sorglos hatte leben können. Irgendwann war auch dieses Geld aufgebraucht, und wie durch eine Fügung des Schicksals war der Professor genau zu diesem Zeitpunkt ein weiteres Mal in sein Leben getreten. Er war plötzlich in der Universität erschienen, in Samats Wahrnehmung noch immer umgeben von dem Strahlen, das er selbst so lange mit der deutschen Kultur in Verbindung gebracht hatte, und hatte ihm ein Geschäft vorgeschlagen. Davor hatte er ihn über viele Jahre nicht gesehen, nichts von ihm gehört. Beinahe schon hatte er ihn vergessen. Als der Professor wiederaufgetaucht war und ihm angeboten hatte, mit ihm zusammenzuarbeiten, war ihm unwohl gewesen. Aber die Verlockung war so groß gewesen, dass er an eine Ablehnung nicht einmal hatte denken wollen. Es war dann alles dem Anschein nach gut gegangen, über Jahre hinweg. Samat hatte sich selbst überlistet, indem er sich eingeredet hatte, dass ein so nobler Mensch wie der Professor niemals etwas täte, das gegen moralische Gesetze verstößt. »Ich habe immer gedacht, dass ich auf der richtigen Seite stehe und dass ich mit der Kunst auch Schönheit für die Menschen in die Welt bringe«, murmelte Samat auf Deutsch vor sich hin.

Der Hund, der sich an ihn herangepirscht hatte und an seiner Seite lief, spitzte die Ohren und schaute an ihm hoch. Das Tier wurde Samat immer unheimlicher. Es war, als würde es seine Worte verstehen. Das Villenviertel lag nun hinter ihm und er durchschritt einen gesichtslosen Vorort. Es dauerte nicht lange und sie erreichten die *Brücke des Friedens*, die Samat sehr gut kannte. Wie oft hatte er während seiner Dienstzeit als Soldat in Potsdam diese Brücke überquert! Nun wusste er, dass es nicht mehr weit war. Er hatte lange darüber gegrübelt, welchen Rückzugsort er für den bevorstehenden Kampf wählen sollte, da er sich in der Stadt, die ihm einmal zur zweiten Heimat geworden war, nicht mehr auskannte. Fast alles hatte sich dort verändert. Also hatte er entschieden, an den Flecken zurückzukehren, der ihm – abgesehen vom Talas-Tal – vertrauter war als jeder andere auf der Welt. Einige Minuten, nachdem er die Brücke hinter sich gelassen hatte, sah er schon das verfallene Areal, das durch Mauern und Baustellengitter gesichert war. Es war nicht schwer, einen Durchschlupf zu finden und auf das Kasernengelände zu gelangen. Die Häuser waren in einem erbärmlichen Zustand, aber sie standen alle noch. Das klobige Offizierskasino, das den Mittelpunkt des Geländes bildete, sah verfallen aus und war mit Graffiti besprüht. Auf dem großen Platz vor dem Kasino standen Bagger und Lastwagen. Samat wusste, dass die alte Kaserne in ein Wohngebiet umgewandelt würde, das 10.000 Menschen eine Bleibe bieten sollte. Er hoffte, dass er seine Mission noch in Ruhe würde durchführen können und sich nicht vor den Bauarbeitern und den Besucher-Führungen durch Krampnitz, von denen er im Internet gelesen hatte, würde verstecken müssen. Zielstrebig ging er über das Gelände, das von Unkraut überwuchert war, und erreichte den Ort, der ihm Schutz geben würde.

»Hier ist es«, raunte er dem Hund zu, der in großen Kreisen über die Brachflächen lief und die Baufahrzeuge prüfend betrachtete. Warum sprach er mit dem Tier, obwohl er eigentlich keine Hunde mochte? Samat wusste es nicht. Einerseits fürchtete er sich, andererseits beruhigte der Hund ihn und befreite ihn von dem Gefühl, allein auf der Welt zu sein. Er drückte die Tür des Kasernenblocks auf und trat in den Flur. Die Natur hatte sich hier schon seit vielen Jahren ihren Weg gebahnt und ihren Besitz geltend gemacht. Pflanzen wuchsen durch den Fußboden, durch die undichte Decke hatte es hereingeregnet, sodass Lachen von Regenwasser entstanden waren. Aber die Treppe machte den Eindruck, als sei sie noch immer haltbar. Langsam und behutsam bewegte er sich auf den glitschigen Stufen nach oben und verharrte dann am oberen Absatz.

Samat öffnete vorsichtig die Tür, die schief in den Angeln hing, und betrat den großen Raum, der mehr als zwanzig Soldaten beherbergt hatte. Tatsächlich standen dort kreuz und quer noch immer einige Betten, und ein verrosteter Stuhl lag umgekippt auf dem Boden. Er ließ sich keuchend auf einem der Betten im ehemaligen Schlafsaal nieder. Über zehn Jahre hatte er dort jede Nacht geschlafen. Der Hund war Samat schwanzwedelnd gefolgt und schnüffelte an einer zerfetzten Matratze, aus der Sprungfedern ragten. Dann legte er sich mit einem Seufzer auf den feuchten Boden, schloss die Augen und schlief augenblicklich ein. Ein leises Schnarchen drang zwischen seinen hochgezogenen Lefzen hervor. Samat schnallte seinen Rucksack ab, stellte ihn auf den mit Splittern aus Fensterglas übersäten Boden und begann, den Inhalt auszupacken. Es klirrte leise. Der Knauf seines großen Schwertes war gegen die metallene Trinkflasche gestoßen. Vorsichtshalber hatte er Wodka aus der Heimat eingepackt, weil der Alkohol ihm gut über die schmerzenden Rippen hinweghalf und über die dunklen Gedanken, die ihn in der Nacht oftmals nicht schlafen ließen.

»Nastrovje!« Samat prostete sich selbst in dem zerborstenen Spiegel zu, der in einem rostigen Rahmen über dem grün überwucherten Waschbecken hing. War es ein Rasierspiegel gewesen? Hatte dort früher überhaupt ein Spiegel gehangen? Er wusste es nicht mehr. Der Wodka brannte angenehm in seiner Kehle und machte ihn augenblicklich ruhiger. Der Hund war aufgewacht. Er gab ein Knurren von sich.

»Was willst du, Hund?«, fragte Samat und schwenkte seine Flasche, »etwa ein Schlückchen vom edlen Wodochka?« Ein kurzes heiseres Bellen. Samat kippte die Flasche und träufelte dem Tier einige Tropfen in das geöffnete Maul. Er knurrte nochmals, drehte sich auf den Rücken und verharrte in seiner Yogahaltung.

»Ah, du bist ein Genießer, aber allzu viel bekommst du nicht von dem Wässerchen. Wir brauchen es später noch dringender. Außerdem müssen wir uns hier einrichten und allmählich mit der Arbeit beginnen. Es ist schon höchste Zeit.«

Samat drehte den Verschluss der Metallflasche zu und stellte sie neben sich auf den zerkratzten und verdreckten Linoleumfußboden. Er packte einen wattierten Schlafsack aus und deponierte ihn auf dem Bett, nachdem er die von Regenwasser durchgeweichte Matratze aus dem Fenster geworfen hatte. Dann förderte er vorsichtig sein in ein Handtuch gehülltes Dao zutage. Die Klinge glänzte. Er hatte sie, nachdem er den Künstler hatte töten müssen, sorgfältig geputzt, geschärft und poliert. Am Schaft befanden sich einige Kratzer, die bei dem Kampf entstanden waren. Der Künstler war ein starker Mann gewesen, der sich gegen den Tod gestemmt hatte. Samat schüttelte den Kopf. Er bedauerte, dass er ihn hatte töten müssen. Aber es hatte keinen anderen Weg gegeben. Liebevoll strich Samat über die Gravur auf der Klinge, die er selbst hatte einarbeiten lassen. Sie zeigte die Silhouette einer Jurte, die auf einem Hügel stand. Samat hatte sie im Gedenken an seinen Großvater, den Nomaden, dessen Vieh dem Gestaltungswillen Stalins zum Opfer gefallen war, eingravieren lassen. Die Teilung des Landes und die willkürliche Ziehung von Grenzen vor fast hundert Jahren, hatten dazu geführt, dass Samats Großvater seine Sommerweiden verloren hatte. Sein Vieh war elendig zugrunde gegangen oder konnte gerade noch vorher geschlachtet werden. Zum Schluss war er ein armer Mann gewesen. Aber wenigstens hatte er seine Jurte nicht aufgegeben und bis zum Schluss auf einer Anhöhe gelebt, von der man ins Talas-Tal hinunterblicken konnte. Nachdem er beerdigt und sein Hausstand aufgelöst worden war, hatte Samat das Dao in der Jurte gefunden und behalten. Vorsichtig legte er die Waffe zur Seite und fuhr fort, den Rucksack auszupacken. Sorgsam förderte er einen schützenden Anorak zutage, ein zweites Paar Hosen und einen Stapel Unterwäsche. Er hasste es, ungewaschen und in dreckigen Unterhosen umherzulaufen, egal, wie barbarisch die Mission war, die ihm bevorstand. Die Kleidung verstaute er unter dem Bett, wo es zwar faulig roch, aber immerhin trocken war. Dann nahm er ein zerlesenes, zerfleddertes Buch mit dem Titel »Königliche Gärten« aus dem Rucksack, legte es auf seinen Schlafsack und trank noch einen Schluck Wodka. »Gehen wir es an«, flüsterte er und zog den Hund an seinem buschigen Schwanz. Der Wodka machte ihn albern. Das Tier fletschte die Zähne, richtete sich auf und beobachtete Samat bei allem, was nun folgte. Samat nahm zunächst eine Kette mit einem Amulett aus seiner Anzugtasche und hängte sie sich um den Hals. Das Amulett trug die gleiche Gravur wie das Dao. Schließlich zog er aus dem Rucksack ein getrocknetes Kraut hervor, das er anzündete und so lange schwelen ließ, bis er sich beinahe die Hand verbrannte. Dann ließ er die Asche auf den Boden fallen, hob sie auf und rieb sie mit beiden Händen in sein Gesicht. Ein betäubender Geruch verbreitete sich in dem Raum, der den Gestank von Fäulnis, Verfall und Nässe überdeckte. Samat nahm das Amulett und legte es auf seine Stirn. Ein Feuer, das wärmer war, als es der Wodka je hätte entfachen können, stieg in ihm hoch. Vor sich sah Samat die grüne Ebene des Talas-Tales, das von schneebedeckten Bergen eingeschlossen war. Er sah die schroffen Felsen, die aus dem Grün herausragten. Aus ihnen lösten sich Gestalten, die menschliche Körper hatten, aber Tierköpfe auf ihren Schultern trugen. Die Gestalten liefen, krochen oder wankten auf ihn zu, stürmten auf ihn ein, aber sie konnten ihn nicht berühren. Er saß geschützt auf einem haushohen steinernen Thron am Fuße des Berges *Ala-Too* und beobachtete, wie die Gestalten auf ihn zukamen und dann in Rauch aufgingen. Der Hund hatte angefangen, mit gen Himmel gereckter Schnauze aus Leibeskräften zu jaulen. Samats schwerer Körper bäumte sich auf und fiel dann in sich zusammen. Stille kehrte ein. Der Hund stieß ein niesendes Geräusch aus und sprang aus dem Zimmer, die Treppe hinunter. Draußen war es noch immer hell. Er rannte in schnellem Galopp über das Gelände und setzte mühelos über den hohen Bauzaun. Auf der Schnellstraße blieb er kurz stehen, wandte sich um und lief in die Richtung, in der die Stadt lag.

•

Harriet öffnete die verklebten Augen einen Spaltbreit und versuchte, die klumpige Zunge in ihrem Mund zu bewegen. Vergeblich. Sie lag in einem Raum, den sie nicht kannte, in einem Bett, das sie nicht kannte, und hatte einen kräftigen Kater. Durch die Lamellen der halbgeöffneten Jalousien vor den Fenstern fielen einzelne Sonnenstrahlen auf die Bettdecke und den Dielenboden und zeichneten geometrische Muster: Sterne, Dreiecke und Quadrate mit hell gezackten Rändern, die flüchtig auftauchten und wieder verschwanden. Sie waren verschwommen, aber das konnte auch daran liegen, dass Harriet ihre Augen nicht scharf stellen konnte. Pelzige Staubflocken tanzten auf dem abgeschabten Parkett, und die Luft war zum Schneiden. Straßenlärm – Autos, Stimmen von Kindern und deren Müttern, das Klingeln eines Handys – drang an ihr Ohr. Sie schrak hoch.

»Wo bin ich, verdammt?«, krächzte sie. Keine Antwort. Von wem auch. Sie war allein in dem Zimmer, das säuerlich nach Erbrochenem roch. Ihr Blick fiel auf einen Webteppich mit stilisierten Lamas vor dem Bett, auf dem drei leere Rotweinflaschen lagen, eine davon zerbrochen. Die Splitter waren über das Parkett verteilt. Dann sah sie einen Eimer aus Plastik vor ihrem Bett stehen, in den jemand sich übergeben hatte – sehr wahrscheinlich sie selbst.

»Ohh«, sie ließ sich auf das Kissen zurücksinken. In ihrer Kehle stieg schon wieder Magensäure auf, und sie erinnerte sich mit Grauen an die große Menge Alkohol, die sie ein paar Stunden zuvor getrunken hatte. Aber selbst Wein, flankiert von ein paar Gläsern Cognac und – wenn sie sich richtig erinnerte – abgerundet von zwei doppelten Whiskys hatten den Schrecken nicht mildern können, den eine einzige E-Mail ausgelöst hatte. Sie stand auf und wackelte fluchend durch das Zimmer. Einen ihrer Füße konnte sie nur mit den Zehen aufsetzen, weil sie sich einen Splitter in die Ferse getreten hatte. Es brannte und stach, aber sie war nicht fähig, den Splitter zu entfernen. Jedes Mal, wenn sie den Kopf nach unten beugte, um die Wunde zu begutachten, wurde ihr übel. Noch immer trug sie das silberne Kleid, das sie am Vortag im Holländischen Viertel gekauft hatte und das vollkommen zerknittert und voller Rotweinflecken war. Vorsichtig öffnete sie die Tür und humpelte durch den langgestreckten Flur, der mit Filmplakaten aus den 1940er- und 1950er-Jahren tapeziert war, in die Küche. Humphrey Bogart, Lauren Bacall und Martha Vickers schauten auf sie herab, während sie auf dem abgestoßenen Parkett entlangschlurfte. Ron Weiss saß mit nassen, nach Shampoo duftenden Haaren am Küchentisch und trank Kaffee aus einem großen Becher, dem der Henkel fehlte und auf dessen Vorderseite ein Bild des Berliner Bären prangte. Er wirkte gnadenlos frisch.

»Wo ist das Bad?«, quetschte Harriet zwischen den Zähnen hervor.

»Oh, Sie erinnern sich nicht? Hätte ich mir denken können. Zurück in den Flur und dann zweite Tür links.«

Harriet nickte und schleppte sich ins Badezimmer. Den Blick in den Spiegel vermied sie. Das ganze Unglück des Tages konnte sie sich nur in kleinen Dosen zumuten. So schnell es ihr Zustand erlaubte, wusch sie sich notdürftig und putzte sich die Zähne mit der einzigen Zahnbürste, die auf der Ablage stand. Sie füllte den Zahnputzbecher mit warmem Wasser und stürzte den nach Pfefferminz schmeckenden Inhalt hinunter. Die Flüssigkeit tat gut. Langsam hinkte sie zurück in die Küche und ließ sich auf einen der Stühle fallen, die aussahen, als stammten sie vom Sperrmüll: bunt lackiert, mit Abziehbildchen von Fußballstars beklebt und mit unterschiedlich langen Beinen, sodass sie kippelten. Ron Weiss schien dem Mobiliar in seiner Wohnung keine besondere Aufmerksamkeit zu schenken. Da gab es eine Gemeinsamkeit zwischen ihnen.

»Zeigen Sie mal Ihren Fuß.«

Harriet gehorchte. Fachmännisch betrachtete er die Wunde und drückte vorsichtig an einigen Stellen gegen die Fußsohle.

»Au!«

»Da sind noch Splitter drin. Die ziehe ich raus. Moment.« Harriet war so übel, dass sie nicht zu protestieren vermochte. Er verließ die Küche und kam mit einer Pinzette und einem Erste-Hilfe-Koffer zurück.

»Gestern Abend haben Sie darauf bestanden, die Splitter selbst zu entfernen. Das konnte ja nicht funktionieren. So, jetzt die Zähne zusammenbeißen.«

Harriet unterdrückte einen Schmerzenslaut und japste, als er sich an der Wunde zu schaffen machte.

»Nicht so wehleidig, bitte, Sie sind doch kein Mann! Ich bin gleich fertig. Wenn Sie gestern nicht so bockig gewesen wären, dann hätten wir das hier schon hinter uns.«

»Was ist denn eigentlich passiert?«

Er ließ ihren Fuß los und hob die Hände.

»Sie können sich wirklich an gar nichts erinnern, oder?«

Harriet schüttelte den Kopf, bis erneut eine Welle von Übelkeit die Bewegung stoppte. »Nein. Nur vage daran, dass Sie mich aus der Bar geholt und in Ihr Auto gepackt haben. – Nicht doch! Das tut weh!« Sie biss die Zähne zusammen, während er konzentriert kleine Splitter aus der Wunde fischte.

»Das ist aber sehr milde ausgedrückt. Ich musste Sie aus der Bar rausschleifen, weil Sie nicht mitkommen wollten. Herr Rosinsky, der Sie offensichtlich ins Herz geschlossen hat, warum auch immer, hat mich angerufen, damit Sie keine Dummheiten machen.«

»Karl Rosinsky, der Journalist?«, fragte Harriet ungläubig.

»So, das dürfte der letzte Splitter sein. Ja. Er hat Sie gesucht, nachdem Sie Hals über Kopf die Vernissage verlassen hatten – in Panik, wie einer Ihrer Studenten sagte – und Sie schließlich in einer der Bars am Alten Markt gefunden. Da meine Visitenkarte Ihnen aus der Handtasche fiel, betrunken wie Sie waren, hat er sich an mich gewandt. Seien Sie froh und glücklich, dass er mich und nicht diese Adelheid Rumpers angerufen hat. Die war nämlich vor Ort auf der Suche nach Ihnen. Für die wäre Ihr Anblick – volltrunken am Tresen, den Barkeeper belästigend – die Story des Jahres geworden.«

»Oh, nein.« Allmählich hob sich der Schleier, der über dem vergangenen Abend lag: Die Vernissage in der SvL-Galerie, Roberts Verhalten und dann – die verhängnisvolle E-Mail von Jonathan Barnwell.

»Barnwell hat mir eine Nachricht geschickt. Jetzt erinnere ich mich, über meinen E-Mail-Account an der Universität, den ich wegen einer Seminararbeit gecheckt hatte. Von Olli, einem meiner Studenten.«

Sie stockte und stützte ihren schmerzenden Kopf in die Hände.

»Aber ich kann mich kaum an Sie und schon gar nicht an Karl Rosinsky erinnern.«

»Bei Ihrem Alkoholkonsum am gestrigen Abend wundert mich das überhaupt nicht. Wenn ich nicht wüsste, dass Sie viel vertragen, dann hätte ich Sie wegen Verdacht auf Alkoholvergiftung in ein Krankenhaus gefahren, statt Sie zu mir zu bringen.«

Er packte eine Tinktur und Verbandszeug aus.

»Danke.«

»Bedanken Sie sich bei Herrn Rosinsky.«

Mit geübtem Griff versorgte er die Wunde mit Jod und legte einen Verband an, der sich an Harriets Knöchel schmiegte. Ganz sicher hatte er so etwas nicht zum ersten Mal gemacht.

»Haben Sie eine Ausbildung als Sanitäter?«

»Mein Vater war Arzt, da lernt man so einiges nebenbei.«

»Oh, sind Sie etwa ein privilegiertes Arztsöhnchen?«

»Leider nicht. Mein Vater war Arzt in einem Kibbutz, in der Nähe von Haifa, wo ich auch aufgewachsen bin. Privilegien waren da eher rar.«

»Sie stammen aus Israel? Warum leben Sie denn hier?«

Er warf ihr einen langen Blick zu, in dem wenig Freundlichkeit lag.

»Gerade von Ihnen hätte ich diese Frage eigentlich nicht erwartet. Aber okay, Sie sollen eine Antwort bekommen: Berlin war die Geburtsstadt meiner Großeltern, die den Holocaust knapp überlebt hatten. Sie haben deutsch mit mir gesprochen und mir viele Berliner Geschichten erzählt, von ihrer Kindheit in den Höfen und auf den Straßen Charlottenburgs. Irgendwann habe ich die Stadt besucht und bin geblieben. Und nun wieder zu Ihnen. Nachdem ich Sie verarztet habe, will ich jetzt endlich die Nachricht sehen, die dieser Barnwell Ihnen geschickt hat.«

Ron Weiss entpuppte sich gerade als jemand völlig anderes, als sie erwartet hatte. War das gut oder schlecht?

»Offenbar habe ich Ihnen die Nachricht nicht gezeigt?!«

»Nein. Sie waren stur wie ein Maulesel und haben behauptet, Ihre Probleme allein lösen zu können und mich nicht zu brauchen. Dann haben Sie mir wieder vorgeworfen, dass ich unrechtmäßig Informationen, die ich von Ihnen hatte, weitergegeben und Ihren Freund Robert von Lietzenburg brüskiert hätte.«

»Das immerhin stimmt! Wenn ich gewusst hätte, dass Sie ihm brühwarm meine Meinung über seine Rolle bei Pits Aufstieg erzählen, wäre ich Ihnen gegenüber wohl zurückhaltender gewesen!« Harriets Replik fiel durch die Kopfschmerzen etwas gedämpfter aus, als das unter anderen Umständen der Fall gewesen wäre.

»Es geht aber hier um Mord, Frau Dr. Lievens, nicht um einen Fahrraddiebstahl! Jedes mögliche Motiv muss geprüft werden. Da kann ich auf Feinheiten keine Rücksicht nehmen. Im Übrigen ist Ihr Freund aus dem Focus: Seine Frau hat Stein und Bein geschworen, dass er die Nacht bei ihr verbracht habe.«

»Was war denn gestern Abend sonst noch?«

Er stützte sein Kinn in die Hände.

»Natürlich haben Sie viel über Barnwell gesprochen. Mein Eindruck: Ihre Therapie war zwecklos. Sie sind noch immer besessen von dem Mann.«

»Nein, das ist unmöglich!« Harriet begann zu schwitzen, schenkte sich Sprudel ein und trank das Glas in einem Zug leer. Dann zog sie, wie um sich selbst zu beweisen, dass sie es konnte, ihr Handy aus der Tasche und las vor:

Liebe Harriet, ich habe von dem Vorfall in Potsdam gelesen und es tut mir sehr leid, dass du – sicherlich zu Unrecht – von der Polizei verhaftet worden bist. Bist du mir noch immer böse? Ich weiß, dass ich mein Verhalten nie

wieder gut machen kann und erwarte daher keine Antwort von dir. Aber irgendwann wirst du wieder positiv von mir denken, dessen bin ich mir gewiss.
Dein Jonathan

Eine kleine Stille entstand.

»Interpretieren Sie nicht zu viel in diese Nachricht hinein.« Er schloss die Flasche mit dem Jod energisch und packte das Verbandszeug wieder in den Koffer.

»Schön wäre es, wenn Sie damit Recht hätten. Aber ich fürchte, dass das Ganze von vorn losgehen könnte.«

»Das kann ich mir eigentlich nicht vorstellen. Stalker können zwar sehr hartnäckig sein, aber vor allem dann, wenn sie das Objekt ihrer Begierde in ihrer unmittelbaren Nähe haben und ansonsten wenigen Verpflichtungen nachkommen müssen. Jonathan Barnwell ist fest in sein Umfeld eingebunden und bringt sich gerade als Zugpferd für seine Partei in Stellung. Er steht unter ständiger sozialer Kontrolle und hat wenig Möglichkeiten, unbemerkt an Sie heranzukommen.« Er strich sich die losen Strähnen seines Haares hinter die Ohren. »Nachdem Sie endlich eingeschlafen waren, habe ich ein wenig Internetrecherche über ihn betrieben. Unwahrscheinlich, dass er nach Deutschland kommt, um Ihnen aufzulauern. Aber Sie dürfen ihm auf gar keinen Fall antworten. Das ist mein professioneller Rat. Und schon gar nicht, falls er Sie wegen des Videos anrufen oder anschreiben sollte, das gerade im Netz kursiert.«

Harriet erschrak zu Tode. »Was? Bin ich etwa gefilmt worden, als ich in der Bar war?«

Er grinste und ließ dabei den Schmuckstein in seinem Eckzahn blitzen. »Sie meinen, als Sie besinnungslos vom Barhocker gekippt sind und ich Sie endlich mitnehmen konnte?«

Harriet wurde heiß und kalt. Das wäre endgültig das Ende ihrer Universitätslaufbahn.

»Hey, beruhigen Sie sich! Ich meine Ihre kleine Ansprache vor den Studenten. Haben Sie echt gut gemacht. Ist zigfach im Netz geteilt worden. Ich würde Sie jetzt zur Hochschullehrerin des Jahres wählen, aber leider bin ich kein ...«

»Mann!«, fauchte Harriet und drückte ihre Hand gegen ihr Herz, das heftig schlug. »Sie treiben mich in den Infarkt. Und wieso verfolgen Sie mich eigentlich im Netz?«

»…Student«, beendete er seinen Satz. »Es schien mir besser, Sie noch etwas unter Beobachtung zu haben, und Sie werden zugeben, dass ich damit richtig lag. Aber«, sein Ton wurde ernster, »ich würde mir an Ihrer Stelle eher Gedanken darüber machen, warum ausgerechnet jetzt eine Mail von diesem Barnwell kommt.«

Harriet dachte nach. »Das ist wirklich merkwürdig. Falls er – wie Sie! – im Internet meinen Werdegang recherchiert, hätte er schon lange vorher Anlass gehabt, mir zu schreiben. Schließlich ist auf den Hochschulplattformen über meinen Wechsel nach Potsdam berichtet worden. Meine E-Mail-Adresse an der Uni ist öffentlich zugänglich. Er hätte jederzeit Zugriff darauf gehabt.«

»Genau das meine ich«, antwortete er. »Ich könnte mir vorstellen, dass die Quelle dieser angeblichen Mail gar nicht Barnwell ist, sondern jemand anders. Vielleicht eine Person, die Interesse daran hat, Sie zu verstören, damit Sie dumme Dinge tun.«

Harriet schlug erschrocken ihre Hand vor den Mund.

»In diese Richtung habe ich bisher nicht gedacht. Kann man irgendwie rausfinden, ob die Adresse gefälscht ist?«

»Offiziell ist das schwierig. Aber ich weiß, dass einer unserer Techniker, Trick, ein gutes Händchen bei einer solchen Recherche hat. Schicken Sie mir mal die E-Mail, dann kann ich sie an ihn weiterreichen. Er wird sie sicherlich überprüfen, denn Sie haben die drei Herren von der Spusi mächtig beeindruckt. Aber das Wichtigste ist, dass Sie sich nicht in den Wahnsinn treiben lassen. Von wem auch immer.«

Ein Moment des Schweigens trat ein.

»Entschuldigen Sie bitte meinen Totalausfall gestern Abend. Das ist mir wirklich peinlich. Vor allem, dass ich auf Ihren Teppich gekotzt habe.«

»Es ist nicht schlimm. Außerdem konnte ich den Teppich sowieso noch nie leiden. War ein Fehlkauf. Eigentlich mag ich keine Lamas. Abgesehen davon, Sie haben mir wieder Ihre Geschichte von *Judith und Holofernes* und Caravaggio erzählt. War allerdings etwas konfus, Ihre Erzählung – na ja, nach *der* Quantität an Wein und diversen Gläsern Whisky nicht anders zu erwarten.« Er schaute auf seine Armbanduhr. »Ich muss bald los zum Dienst. Wenn Sie wollen, nehme ich Sie bis nach Potsdam mit. Aber Ihr Auto müssen Sie stehenlassen und irgendwie anders nach Linnerow kommen. Ihr Restalkohol reicht garantiert bis morgen früh.«

»Caravaggio ist der Schlüssel. Davon bin ich fest überzeugt. Ich meine, der Schlüssel zu dem Mord an Pit Wallstedt. Die Inszenierung in dem Atelier, der aufgebahrte Torso, vor allem die Verbindung mit dem Vorhang hat mich auf die Spur gebracht. Haben Sie den Stoff schon untersuchen lassen? Ich wette, dass er abgenommen worden war, um ihn hinter der Leiche zu drapieren. So etwas muss man doch beweisen können, oder? Ich bin mir sicher: Wenn man die Details betrachtet, dann kommt man an Caravaggio nicht vorbei.« Sie verschwieg wohlweislich die unangenehme Unterhaltung, die sie mit Robert in der SvL-Galerie geführt hatte. Es hatte keinen Sinn, Ron Weiss zu erzählen, wie massiv Robert auf ihren Versuchsballon reagiert hatte, bevor sie nicht mehr wissen würde. Dafür brauchte sie noch ein wenig Zeit – und Unterstützung. Ron stellte eine zweite Tasse auf den Tisch und goss Kaffee aus einer Kanne hinein, auf der rosafarbene Blüten prangten. Er schüttelte den Kopf.

»Kommt mir nicht schlüssig vor. Außerdem muss ich los. Sie haben Zeit für eine Tasse Kaffee, zwei Aspirin und eine kurze Dusche. In zehn Minuten fahren wir.«

Harriet ahnte, dass er ihr seinerseits etwas verschwieg. Seine Reaktion auf die Caravaggio-Hypothese war zu oberflächlich, um glaubhaft zu sein. Schließlich hatte er sie in Pits Atelier beordert und ihr sehr aufmerksam zugehört. Sie beschloss, in aller Ruhe weiter zu recherchieren. Aber es gab noch eine andere Sache, die sie brennend interessierte.

»Ähhh, eine Frage noch: Haben wir beide, also haben wir …? Sie wissen schon, was ich meine …«

»Ich wusste gar nicht, dass Sie so verklemmt sind, Frau Dr. Lievens. Bei Ihrer Vorgeschichte habe ich Sie eher für einen lockeren Vogel gehalten.«

Harriet stieß ein Geräusch aus, das irgendwo zwischen Knurren und unterdrücktem Fluchen lag.

»Wenn ich mich so an gestern erinnere, dann hatte ich alle Hände voll zu tun, Ihre Avancen abzuwehren. Sie haben mich förmlich angefleht, mit Ihnen ins Bett zu gehen.«

Harriet erstarrte vor Entsetzen.

»War ein Witz!«, fügte er rasch hinzu, als er sah, dass Harriet seine Bemerkung ernst nahm.

»Sie haben wie ein Wasserfall über Caravaggio geredet und schließlich gekotzt. Das war alles. Und jetzt machen Sie mal schnell, bitte!«

Eine Viertelstunde später verließen Harriet und Ron die Wohnung und machten sich auf den Weg nach Potsdam. Harriet hatte ihr schmutziges und zerfleddertes Kleid gegen eine Jeans von Ron getauscht, deren lange Hosenbeine sie hochgekrempelt hatte, und gegen ein erheblich zu großes weißes T-Shirt, das ihr beinahe bis an die Knie reichte. Ihr kurzes Haar war verstrubbelt und stand nach den Seiten ab, weil sie vergessen hatte, sich zu kämmen. Ron Weiss schwieg, und Harriet war während der Fahrt auch nicht zum Plaudern zumute. Sie konzentrierte sich darauf, sich nicht übergeben zu müssen, und das war auch die einzige Aufgabe, die sie einigermaßen bewältigen konnte. Als sie endlich die Lange Brücke in Potsdam erreicht hatten, war sie heilfroh, die Fahrt ohne erneutes Malheur überstanden zu haben.

•

Eine Menschenschlange, die über die gesamte Ausdehnung des Platzes reichte, stand vor dem Museum Barberini, das gerade seine Türen für die Besucher der Picasso-Ausstellung öffnete. Sonst war die Fläche fast leergefegt. Es war früher Vormittag, aber die Luft war so aufgeheizt, als hätte die Sonne schon einige Stunden auf das Pflaster des Alten Markts gebrannt, wo Ron Weiss Harriet abgesetzt hatte. Sie beherzigte den Rat des Kommissars und fuhr mit dem Bus weiter – allerdings keineswegs nach Linnerow, sondern in Richtung Universität. Am Himmel war kein Wölkchen zu sehen, als sie gegen die schwere Tür des Kunstwissenschaftlichen Instituts drückte, welche sich mit einem leisen Klicken öffnete. Sofort umfing sie die Kühle der gefliesten Eingangshalle und diffuses Licht, das durch die schweren Vorhänge vor den französischen Fenstern gedämpft wurde. Eine Wohltat für die Kopfschmerzen, die hinter ihren Schläfen pochten. Auf dem Boden lag ein dicker Teppich, der dafür sorgte, dass ihre Schritte lautlos wurden. Die verschlungenen Stuck-Ornamente aus Blütengirlanden an der Decke waren detailverliebt herausgearbeitet und elfenbeinfarben gestrichen. So hoben sie sich dezent gegen die gekalkten Wände ab, die mindestens vier Meter hoch waren. Das Institut war durchdrungen von einer Atmosphäre der Exklusivität, wie Harriet sie sonst nur in privaten Hochschulen in England oder Frankreich kennengelernt hatte, und sie war vollkommen untypisch für die staatlichen Einrichtungen in Deutschland. Auch die Tatsache, dass das Institut am Samstag zugänglich war, war angesichts der knappen Personalressourcen der Universität sehr ungewöhnlich. Der Standard des Potsdamer Instituts für Kunstgeschichte war vermutlich Roberts unermüdlicher Arbeit an dessen Aufbau und Pflege zu verdanken. Nachdem er schon Anfang der 1990er-Jahre als junger Wissenschaftler von einer Assistentenstelle in Bonn auf den Lehrstuhl für Kunstgeschichte nach Potsdam berufen worden war, hatte er hartnäckig für das Institut gearbeitet und dafür gesorgt, dass es nicht nur einen makellosen Ruf erworben hatte, sondern auch über eine entsprechende Ausstattung verfügte. Wie er es geschafft hatte, über das karge Budget der Universität eine so hochwertige technische und architektonische Einrichtung zu ermöglichen, blieb sein Geheimnis. Möglicherweise war es dabei nicht immer mit rechten Dingen zugegangen, und er hatte seine Beziehungen in die Politik kräftig strapaziert, mutmaßte Harriet, als sie das Vorzimmer durchschritt und in die Bibliothek trat, in der sich – vielleicht weil Samstag war – nur eine Handvoll Studentinnen aufhielt, die konzentriert arbeiteten. Eines der Mädchen, das höchstens zwanzig Jahre alt sein konnte und noch die Pausbacken eines Kindes besaß, ließ ihren kritischen Blick an Harriet auf- und abwandern. Ihre Garderobe, noch immer bestehend aus Rons weißem Shirt und den gekrempelten Jeans, entsprachen nicht dem Dresscode, der in Roberts Institut gepflegt wurde.

Die Bibliothek, ein gewohntes Terrain, gab Harriet trotzdem Sicherheit, und sie fühlte sich augenblicklich wohl, trotz des Katers, der sie hartnäckig begleitete. Sie schritt die altmodisch anmutenden Regalreihen ab, die nach dem Alphabet geordnet waren, bis sie beim Buchstaben C angelangt war. Mit einigen großformatigen Bänden ließ sie sich an einem der Leseplätze nieder und begann mit der Arbeit. Neben sich deponierte sie eine große Flasche mit Apfelschorle – ein erstklassiges Mittel gegen die Folgen des Alkohols. Während sie die Werke studierte, dann und wann zum Kopierer ging, schluckweise ihren Flüssigkeitshaushalt aufbesserte und sich mit einem Bleistift Notizen machte, versank die Zeit in einem schwarzen Loch. Die Sonne stieg – von Harriet unbemerkt – am Himmel auf und wieder hinunter, die Studentin mit dem pausbäckigen Gesicht und dem kritischen Blick verließ die Bibliothek zum Mittagessen, kam zurück, und die Aufsicht am Eingang wechselte sich mit der Kollegin der Nachmittagsschicht ab. Schließlich schaute diese Harriet streng an und deutete auf die Uhr an ihrem Handgelenk. Es war bereits nach 19 Uhr, und sie wollte endlich

Feierabend machen. Harriet hatte ohnehin alles gefunden, wonach sie gesucht hatte. Es würde nur noch eine Weile dauern, die vagabundierenden Gedanken zusammenzutragen, und vor allem fehlte noch ein Besuch im Epizentrum des Geschehens.

Als die Tür des Kunstwissenschaftlichen Seminars hinter Harriet zufiel, klingelte ihr Handy. Eine unbekannte Nummer.

»Hier ist Maria.«

»Hallo!«, antwortete Harriet erstaunt. Sie konnte sich nicht entsinnen, jemals ein Gespräch mit Maria geführt zu haben, das über Begrüßungsfloskeln hinausgegangen wäre.

Maria kam direkt zum Punkt: »Wir haben uns lange nicht gesehen, ich möchte dich gern treffen. Und ich muss dich dringend etwas fragen.«

»Du, ich, ähm ...«, suchte Harriet nach Worten, um Maria abzuwimmeln. Sie kannte Maria so gut wie nicht, und wann immer sie aufgetaucht war, hatte sie unangenehme oder schlechte Stimmung verbreitet. Außerdem schien sie eine Bekannte von Adelheid Rumpers zu sein. Aber ihr noch immer vom Kater geplagter Kopf war zu langsam, um eine Ausrede zu finden.

»Am besten wäre gleich.«

Überrumpelt willigte Harriet ein, Maria in einem Restaurant im Holländischen Viertel zu treffen. Der Vorteil war, dass sie sich damit geografisch schon auf dem halben Weg zu dem Ziel befand, das sie für den Abend ins Auge gefasst hatte.

Im Garten des *Maison Juliette*, eingeklemmt zwischen Teilnehmern einer Konferenz und niederländischen, in Orange gekleideten Touristen, wartete sie eine halbe Stunde später auf Maria und trank zur Milderung ihrer Beschwerden einen Roséwein mit Minze. Reine Medizin.

»Stellen Sie sich vor! Heute hat Königin Beatrix die Stadt besucht!«, erklärte ihr die Kellnerin ungefragt, während sie das Getränk servierte. »Und sie hat einen ganzen Fanclub mitgebracht«, raunte sie ihr aufgeregt zu und deutete mit dem Kinn zu der Gruppe Niederländer hinüber. Verschwörerisch fuhr sie fort: »Und stellen Sie sich vor, die Königin hat in dem Einrichtungsgeschäft hier um die Ecke eine Lampe gekauft und sich das Geld dafür von ihrem Chauffeur geliehen. Unglaublich, oder?«

Die Frau in der verstaubt wirkenden Kellnerinnen-Uniform – weiße Bluse, schwarzer Rock, Rüschenschürze – hielt sich die Hand vor den Mund

und gluckste. »Man stelle sich das vor, vom Chauffeur!« Sie konnte sich nur schwer beruhigen, obwohl Harriet wahrscheinlich nicht die erste war, der die Frau die Geschichte von Königin Beatrix und ihrer Lampe erzählt hatte. Harriet hatte schon den zweiten Rosé-Minze bestellt, als Maria in den Garten des *Maison Juliette* trat. Einen Moment lang verstummten die Gespräche, weil Maria die volle Aufmerksamkeit aller Anwesenden auf sich zog. Angetan mit einem Glitzerkleid, das einer Hollywood-Diva zur Ehre gereicht hätte, und hochtoupierten Haaren wirkte sie, als wolle sie in der nächsten Minute auf eine Bühne steigen und einen Song von Barbara Streisand singen, anstatt Fischsuppe oder Flammkuchen zu bestellen. Sie winkte Harriet affektiert zu, näherte sich dann mit Hüftschwung auf ihren Plateauschuhen und platzierte links und rechts ein Küsschen auf Harriets Wangen. Der Stoff ihres Kleides raschelte, als sie sich auf dem Gartenstuhl niederließ.

»Was trinkst du da? Rosé? Für mich auch einen, bitte!«

Maria setzte ihre Sonnenbrille ab.

»Ich hoffe, dass ich dir nicht zu nahetrete: Du siehst fertig aus, Schatzi!«

»Danke!«, erwiderte Harriet lakonisch und verkniff sich, Maria, deren Gesicht unter der dicken Make-up-Schicht eingefallen und gefurcht wirkte, eine Retourkutsche zu geben. Zwei Frauen, die schon einmal bessere Zeiten gesehen hatten, sollten sich nicht gegenseitig herabsetzen. Das übernahm im Allgemeinen die Umgebung für sie. Aber eine kleine Spitze musste sein: »Du wolltest mich doch heute sicherlich nicht treffen, um mir das zu sagen, oder?«

»Natürlich nicht. Ich wollte mir dir über Pit sprechen.«

Die Kellnerin stellte die beiden Gläser mit Rosé auf den Tisch und warf einen neugierigen Blick auf Maria, die eine Zigarette in einer Spitze aus Holz entzündete, inhalierte und den Rauch dramatisch durch die Nase ausstieß. Sie war fast so interessant wie Königin Beatrix.

»Ich habe gespürt, dass er gehen würde. Es gibt Menschen, zu denen hat man eine kosmische Beziehung. Pit und ich – uns verband etwas ganz Besonderes. Ich war sein Yin, er war mein Yang. Er war ein Teil von mir.«

Maria warf ihre Locken über die Schulter und schaute Harriet herausfordernd an.

»Pit war ein sensibler Mensch, er schwebte in Sphären, die normalen Menschen in ihrem ganzen Leben niemals zuteilwerden. Er war jemand, der für die Kunst lebte, genau wie ich. Ja, genau wie ich.« Sie spürte ihren Worten hinterher. »Ich habe für ihn ein Horoskop erstellt. Er war Waage, mit Aszendent Zwilling, und bei mir ist es genau andersherum. Es war kein Zufall, dass wir uns begegnet sind, aber nichts im Leben ist Zufall, oder? Alles ist vorherbestimmt.«

Maria fuhr fort, über Vorsehung und Zeichen des Universums zu sprechen. Harriet fühlte sich unbehaglich. Was wollte sie von ihr?

»Also, Harriet«, beendete Maria ihren Redeschwall, »muss er über mich gesprochen haben, denn ich war sein Seelenmensch. Du warst der letzte Mensch, der ihn noch lebend gesehen hat. Welche Botschaft lässt er mir über dich senden? Niemals wäre er von uns gegangen, ohne mich ein letztes Mal grüßen zu lassen.«

Tränen rollten plötzlich über Marias Gesicht, ohne dass sie es verzog. Sie kullerten aus ihren Augen und verursachten Rinnen in dem großzügig aufgetragenen Rouge auf ihren Jochbeinen. Der Kummer wirkte echt, gerade wegen der Künstlichkeit der geschminkten Maske.

»Ich habe ihn nur ein einziges Mal gesehen, kurz vor seinem Tod, und wir haben uns nicht lange unterhalten. Es gibt keine Botschaft!«, stieß Harriet hervor. Das Gespräch drehte sich vom Lächerlichen ins Unheimliche.

»Du hast nichts verstanden, Harriet!«, erwiderte Maria ungeduldig und wischte eine Träne aus dem Augenwinkel. »Ich hatte ihn an jenem Tag gewarnt, weil der Saturn in Opposition zu seiner Geburtssonne stand – das konnte nur Furchtbares bedeuten.«

»Pit war in Frankreich. Hast du mit ihm telefoniert, oder auf welchem Wege hast du ihn gewarnt?«

»Pah, so banale Dinge wie Telefone brauchten wir nicht zur Verständigung. Wir standen in permanentem Kontakt – er und ich. Wir waren über unsere Gedanken verbunden. Er wusste immer, was ich denke.«

»Tut mir leid, Maria, aber ich muss passen. Horoskope, das Universum, Gedankenlesen – das kommt mir alles etwas absurd vor.« Harriet winkte der Kellnerin. »Es ist besser, wenn ich jetzt gehe.«

»Warum sagst du mir nicht einfach, was seine Botschaft war? Hat sie dir verboten, mit mir zu sprechen?«

»Wen meinst du?«

»Du weißt, von wem ich spreche. Sie zieht die Fäden und versucht, uns alle zu beherrschen. Und auf mich war sie schon immer eifersüchtig. Vom ersten Moment an wollte sie alles haben, was mir gehört. Selbst Adelheid Rumpers gehorcht ihren Befehlen und schreibt nur, was sie lesen möchte. Aber ich werde mich wehren. Auch ich bin stark.«

Maria hatte die Stimme angehoben, sodass die anderen Gäste im Garten und auch im angrenzenden Flügel des Restaurants ihre Unterhaltung mithören konnten. Außerdem krallte sie sich in Harriets Unterarm und schüttelte ihn. Harriet versuchte schwitzend, möglichst ohne weiteres Aufsehen zu erregen, sich aus Marias Klammergriff zu lösen. Das war ein schwieriges Manöver, denn Maria hatte als ehemalige Ballerina viel Kraft in ihren sehnigen Armen. Einige Augenblicke rangen sie schweigend und verbissen miteinander. Plötzlich stand eine Gestalt neben ihrem Tisch und packte Marias Hand.

»Entschuldige Harriet. Sie braucht ihre Tabletten.« Hendrik, rotgesichtig und kurzatmig, zog eine Schachtel Paroxetin aus der Tasche. Dieses Medikament kannte Harriet aus eigener Anschauung.

»So, Maria, nimm die! Gleich wird es besser.« Maria war von einem Moment zum anderen in sich zusammengesunken und schluckte die Tablette ohne Anzeichen von Gegenwehr.

»Was hat sie dir erzählt, Harriet?« Er tat so, als sei seine Frau gar nicht da.

Harriet gefiel Hendriks Verhalten nicht.

»Nichts. Sie wollte einen Wein mit mir trinken. Außerdem kannst du sie doch selbst fragen.«

Maria hockte auf der Kante des Stuhls und senkte den Kopf. Sie murmelte mit geschlossenen Lippen unverständliche Worte vor sich hin.

»Das werde ich tun. Danke für den Hinweis, Harriet. Los jetzt!« Er zog seine Frau hoch, knallte gleichzeitig einen 20-Euro-Schein auf den Tisch und verließ mit der taumelnden Maria das Restaurant.

»Wat ne Diva!«, bemerkte die Kellnerin. »Ich will Ihnen ja nicht zu nahetreten, aber Ihre Freundin macht einen etwas ausgeflippten Eindruck. Bei dem Mann würde ich allerdings auch durchdrehen.«

Statt einer Erwiderung gab Harriet großzügig Trinkgeld und verschwand eilig aus dem *Maison Juliette*, verfolgt von den Blicken der niederländischen Touristen.

Das Viertel war noch immer voller Menschen, die an den Tischen auf den schmalen Gehwegen saßen und die tropische Nacht genossen. Sie ging die gepflasterten Straßen entlang, bis die roten Ziegelsteinhäuser gründerzeitlichen Prachtbauten wichen, die Innenhöfe mit rechtwinkligen Rabatten umschlossen. Marias Verhalten war seltsam und beunruhigend. Und was war mit Hendrik? Er war Harriet herzlich unsympathisch, schon vor dem Vorfall im Restaurant und jetzt umso mehr. Die Beziehung zwischen den beiden war verkorkst, aber Harriet war die letzte Person auf der Welt, die sich darüber ein Urteil erlauben sollte. Sie überquerte die Kreuzung, die die Innenstadt von der Schiffbauergasse trennte. Tat sie wirklich das Richtige? Immerhin stand sie kurz vor dem Begehen einer echten Straftat. Als sie an einer der alten Reithallen, die ursprünglich vom preußischen Militär genutzt worden und jetzt eine Spielstätte des städtischen Theaters war, vorbeiging, wehten Sprachfetzen zu ihr hinüber. Auf einem weiträumigen Platz mit einer überdimensionierten Bühne saßen junge Männer auf Holzkisten, rauchten und tranken Mate oder Wostok-Limo aus der Flasche. Einer von ihnen erzählte umständlich eine Helden-Geschichte, in der er ohne Fahrkarte, aber dafür mit einem halben Kilo Gras, von Berlin bis Paris und zurück gefahren war. Er vollführte ausladende Bewegungen mit den Armen und Händen, während er sich an die anderen wandte und minutiös erklärte, wie er sich auf der Zugtoilette oder in der Kofferablage während der Fahrt verschanzt hatte – immer verfolgt von wechselnden Schaffnern, die nichts lieber taten, als Schwarzfahrer aufzuspüren. Der harzige Geruch von Marihuana lag in der Luft, und Schwaden von Cannabisnebel waberten über den Platz. Niemand achtete auf Harriet, die sich vorsichtig im Schatten der Häuserwand an den Eingang des Gebäudes heranpirschte, in dem Pits Atelier gewesen war. Schließlich hatte sie die gläserne Eingangstür erreicht, griff nach dem Knauf und versuchte, sie zu öffnen. Vergeblich. Die Tür war verschlossen. Sie zögerte, löste dann einen Stein aus dem Pflaster und schlug die Glasscheibe ein. Das Klirren der zerberstenden Scheibe erweckte die Aufmerksamkeit der Männer auf dem Hof.

»Ey, was war das denn?«

Einer von ihnen stand auf, blickte sich um und ging einige Schritte auf Harriet zu, die sich in den Schatten der Häuserwand drückte.

»Chill ma, Digger! Da is ne Flasche zu Bruch gegangen. Komm schon. Lass noch einen buffen. Ich muss zu Ende erzählen. Also, als wir fast in Paris waren, kam der Zoll mit drei Drogenhunden in den Zug, die …«

Die endlose Geschichte ging weiter, und Harriet griff vorsichtig durch das Loch in der Glastür, umfasste den Knauf, der sich drehen ließ, und drückte gegen die Vorderseite der Tür. Mit einem Klicken öffnete sie sich, und Harriet betrat das Treppenhaus, das zu Pits Atelier führte. Der Roséwein hatte ihre Beine leicht gemacht, und sie huschte in den Fahrstuhl. Der Eingang zum Atelier war, wie sie es nicht anders erwartet hatte, mit einem polizeilichen Siegel versehen. Harriet nahm ihre Scheckkarte aus dem Portemonnaie, durchtrennte das Siegel, und die Tür sprang augenblicklich auf. Weitere Sicherungen oder gar eine Alarmanlage waren nicht aktiv. Offensichtlich ging die Polizei davon aus, dass ein hoheitliches Siegel ausreichte, um Eindringlinge abzuhalten. So fühlte es sich also an, Hausfriedensbruch zu begehen. Die Tür knarrte leise in den Angeln, sonst war alles still. Einige der großformatigen Arbeiten – auch der »Schmerzensmann«, der Pit so wichtig gewesen war – hingen nicht mehr an den Wänden, sondern befanden sich in Plastik verpackt auf dem Fußboden, so, als sollten sie bald abgeholt werden. Zum Abtransport in Sophias Galerie? Im Moment stand Pit Wallstedt, auch dank seines gewaltvollen Ablebens, hoch im Kurs. Seine Arbeiten würden sich gut verkaufen lassen, und selbst wenn es Erben gab, würden sich diese wahrscheinlich über die Verkaufssumme freuen, die nach dem Abzug von Sophias Provision übrigblieb. Ein wenig würde sie die strapazierte Haushaltskasse damit aufbessern können. Harriet ließ ihren Blick durch den Raum wandern: die Küchenzeile, an der Pit in jener Nacht hantiert hatte, der kleine Beistelltisch, auf dem die Cognacgläser und die Nüsse gestanden hatten, die Boxen, aus denen die rauen und doch so poetischen Songs von Tom Waits erklungen waren, das Bett ... Der Vorhang, den Harriet zur Vervollständigung ihres Bildes abgenommen und versuchsweise hinter dem Bett drapiert hatte, war nicht mehr da. Offenbar wurde ihr Hinweis doch ernst genommen. Systematisch leuchtete sie das Atelier aus und studierte vor allem die Utensilien, die Pit zum Malen benutzt hatte. Ihre Vermutung würde sie vor allem anhand seines Handwerkszeuges und durch seine Art zu malen belegen können. Seine Hauptwerke hatte er in Acryl geschaffen und für die Struktur Sand beigemischt. Auf diese Art waren die dreidimensional wirkenden Bilder entstanden, die typisch für ihn gewesen waren. Das Atelier war penibel aufgeräumt. Die Tuben waren den Farben nach, die Pinsel der Größe nach sortiert. Die Türen der Küchenschränke in der Nische standen weit offen und als sie hineinleuchtete, stellte Harriet fest, dass das Geschirr sortiert an seinem Platz stand. Auch das Badezimmer, in dem sie selbst ein paar Tage zuvor geduscht hatte, bis der Spiegel beschlagen war, nahm sie sich vor. Aber außer ein paar Kondomen, die sie im Schrank über dem Waschbecken fand, machte sie eine Entdeckung, die nicht überraschend kam: Die rechte Seite des Badezimmerschrankes war den Mitteln weiblicher Schönheitspflege gewidmet: Creme, Öl, Lippenstift. Vorsichtig nahm sie den Lippenstift in die Hand und drehte ihn auf: *Chanel Flash*. Es gab in ihrer Umgebung eine Frau, deren Lippen stets diesen Farbton trugen: Sophia von Lietzenburg. Hatten Pit und Sophia ein Verhältnis gehabt? Die klassischen Vorstellungen von Moral hatten für Pit kaum gegolten, jedenfalls nicht in Hinblick auf Frauen. Sie erinnerte sich, dass der Duft der Kleider, die Pit ihr nach dem Gartenfest gegeben hatte, um ihr regennasses Kleid zu ersetzen, ihr bekannt vorgekommen war. Emporio – Sophias Parfum. Harriet drehte den Lippenstift wieder zu und verließ das Bad. Eine Beziehung zwischen den beiden war mehr als nur denkmöglich – aber das spielte keine Rolle, denn Beweise für eine Affäre hatte sie nicht gesucht. Sie war auf etwas vollkommen anderes aus. Mittlerweile stand der Mond am Himmel, schien durch das Oberlicht hinein und erhellte den Innenraum. Harriet durchkämmte jetzt schon seit einer Stunde das Atelier, aber sie hatte keine Beweise für ihre Vermutung gefunden. Hatte sie ein polizeiliches Siegel zerstört, war in die Räumlichkeiten eines Mordopfers eingestiegen und musste ihr Unternehmen nun erfolglos abbrechen? Das durfte einfach nicht sein. Vielleicht musste sie doch noch einmal die makabre Inszenierung durchgehen, die der Mörder im Atelier geschaffen hatte. Den Gedankengang konnte sie nicht zu Ende führen, weil laute Stimmen und Schritte im Treppenhaus erklangen. Mindestens zwei Personen waren auf dem Weg nach oben. Von Panik ergriffen lief Harriet in den hinteren Teil des Raumes und presste sich an die Mauer hinter einen Wandteppich, der eine Nische verdeckte. In diesem Loft gab es kaum andere Möglichkeiten, sich zu verbergen. Oder gar zu fliehen. Mit einem Knall flog die Tür auf und das Licht ging an.

»Nicht nur die Eingangstür ist kaputt, auch das Siegel ist zerstört. Vielleicht ist der Einbrecher noch drin. Sei vorsichtig.«

Diese Stimme kannte Harriet mittlerweile gut. Sie gehörte Ron Weiss.

»Wie schön, dass du dir auch mal Gedanken über mich machst. War ich schon gar nicht mehr gewohnt.«

Sie hörte Ron seufzen. »Olga, halt das Beziehungs-Bla-Bla aus dem Job raus, okay? So war unsere Vereinbarung.«

Olga zischte eine Erwiderung, die Harriet nicht verstehen konnte. Sie nahm nur wahr, dass die beiden sich ihrem Versteck näherten. Und zwar Schritt für Schritt.

»Ich weiß wirklich nicht, Ron, was wir hier mitten in der Nacht suchen, nur weil du plötzlich eine Art Eingebung wegen eines Vorhanges hattest. Die Kollegen von der Spurensicherung haben alles dreimal auf den Kopf gestellt und nichts Auffälliges gefunden, abgesehen von der Tatsache, dass der Vorhang vorm Fenster irgendwann einmal auf dem Bett gelegen haben muss. Aber warum ist das wichtig? Und hey – warum ist der Tatort noch nicht geräumt? Ich hatte Vincent doch angewiesen, alles mitzunehmen, vor allem diese blutdurchtränkte Decke, und ins Präsidium zu bringen. Der kann was erleben!«

»*Ich* habe ihn gebeten, den Tatort so zu lassen, wie er ist, Olga. Irgendetwas an dem Mord hat mit einem Kunstwerk zu tun.«

»Das hört sich ganz nach deiner Frau Professor an«, erwiderte Olga spitz. Instinktiv drückte Harriet sich stärker in die Nische hinter ihr. »Du solltest die Finger von ihr lassen, Ron Weiss! Die Frau ist gefährlich. *Einen* Lover hat sie schon beinahe umgebracht – willst du etwa der nächste sein?«

»Nicht übertreiben, Olga. Eifersucht macht hässlich.«

»Wer sagt denn, dass ich eifersüchtig bin, hä? *Du* hast *mich* angebaggert, als wir auf der Fortbildung in Hamburg waren, schon vergessen? Ich will dich nur darauf aufmerksam machen, dass sich bei Harriet Lievens dein Verstand aus- und etwas anderes einschaltet, du Held! Anders ist es ja wohl auch nicht zu erklären, dass sie – als Tatverdächtige ...«

»Als ehemalige Tatverdächtige ... «

»... die Nacht bei dir verbracht hat. Das hat schon andere ihren Job gekostet. Und du musst wirklich aufpassen. Hast du schon vergessen, dass du zu uns strafversetzt worden bist? Du hast dafür gesorgt, dass Drogen aus der Asservatenkammer verschwunden sind – aus ›privaten‹ Gründen –, und du hast den armen Jungen von der Spusi mitreingezogen. Sei froh und glücklich, dass du nicht rausgeflogen bist und jetzt Schichten beim Objektschutz schieben musst.«

»Lass mal gut sein, Olga.«

»Außerdem weiß ich nicht, was du an der Frau findest«, redete sie sich weiter in Rage, »die ist doch hässlich mit diesen Stoppelhaaren und dem klapperdürren Gestell!«

»Ich finde, dass wir genug über Harriet Lievens und über mich gesprochen haben. Wir sollten mal wieder zur Arbeit übergehen und uns um die naheliegende Frage kümmern, was wir im Atelier übersehen haben könnten. Und sei froh, dass ich nicht nachhake, wo diese Klatschreporterin die Fotos vom Tatort herhatte und die Info, dass wir auf dem Weg zu Harriet Lievens nach Linnerow sind. Dann würde es nämlich dir an den Kragen gehen.«

Die Schritte stoppten.

»Was willst du damit sagen?«

»Das ist es nicht wert, Olga. Dein Gehalt musst du anders aufbessern. Versau' dir deine Karriere nicht.«

Eine ganze Weile war es still. Dann hörte Harriet, wie Möbel gerückt wurden. »Wonach suchen wir hier eigentlich?«

»Genau weiß ich das auch nicht. Es hat mit einem berühmten Künstler zu tun – Caravaggio. Alles, was hier irgendwie zu ihm oder seiner Arbeit in Beziehung stehen könnte, müssen wir unter die Lupe nehmen. Mit den Gemälden dort fangen wir an. Dreh' sie um, um zu sehen, ob irgendetwas auf ihrer Rückseite steht.«

Innerlich triumphierte Harriet, aber das machte die Situation nicht besser. Die Schritte von Ron und Olga kamen näher. Harriet umschlang ihre Knie fest mit ihren Armen und biss sich auf die Lippen. Plötzlich hörte sie zu ihrem Entsetzen ein lautes Knarren, und die Wand hinter ihr gab mit einem Ächzen nach. Harriet kippte nach hinten. Im Affekt griff sie nach etwas, woran sie sich festhalten konnte, und erwischte den Wandteppich, den sie mit Schwung aus seiner Verankerung an der Decke riss. Sie fiel ungebremst nach hinten und polterte der Länge nach auf den Boden. Eine Luke. Sie war durch eine Luke in der Wand gefallen. Harriet hörte nur noch ihren eigenen Atem und zwang sich, flach Luft zu holen, obwohl ihr Herz beinahe ihren Brustkorb sprengte. Nur Bruchteile von Sekunden später ragten zwei SIG Sauer in ihr Gesicht. Dann hörte sie Rons verärgerte Stimme:

»Frau Dr. Lievens! Was machen Sie hier? Ich hoffe nur, dass das Siegel schon jemand vor Ihnen beschädigt hat.«

»Ich hab's dir doch gesagt«, trumpfte Olga auf. »Die Professorin macht nur Ärger.«

»Könnten Sie vielleicht die Waffen aus meinem Gesichtsfeld nehmen?«, quetschte Harriet hervor. »Dann redet es sich besser.«

Ron murmelte einen Fluch und schob seine Waffe zurück ins Halfter. Harriet streckte Ron einen Arm entgegen, ließ sich hochziehen und richtete sich schwerfällig auf. Olga schüttelte ihre rote Mähne und fixierte sie, bevor sie sich entschloss, ihre Waffe ebenfalls sinken zu lassen.

»Umdrehen!«

»Wie bitte, Frau Kommissarin? Wollen Sie mich jetzt standrechtlich erschießen?«

»Unsinn. Bitte drehen Sie sich um, Frau Lievens. Da ist etwas, das ich mir genauer ansehen möchte.«

Widerstrebend drehte Harriet sich um ihre eigene Achse.

»Sie sind bunt«, stellte Olga sachlich fest.

Harriet schaute verwundert an sich hinunter. Die Polizistin hatte Recht. Das weiße T-Shirt, das Ron ihr geliehen hatte und die hochgekrempelten Jeans waren mit goldenen, blauen und roten Farbflecken übersät. Verblüfft rieb sie mit der Handfläche auf den Flecken herum. »Das sind Farbpigmente!«, rief sie aufgeregt. »Ich habe mich vor Ihnen erschreckt, bin nach hinten durch diese Luke gestürzt und dann in Farbpigmenten gelandet. Hier, hinter der Wand!«

Harriet wandte sich um und leuchtete mit ihrer Handylampe die Stelle aus, an der sie durch die Luke gefallen war.

»Was ist das?«

Olga drängte sich an Harriet vorbei und betrat den Verschlag hinter der Wand, der durch Harriets Sturz sichtbar geworden war.

»Nur Gerümpel.«

»Da irren Sie sich«, erwiderte Harriet, »ich sehe hier Dinge, die Wallstedt vor den Blicken neugieriger Besucher verbergen wollte.« Harriet trat tiefer in den Verschlag hinein und leuchtete den Raum mit den abgeschrägten Wänden aus: Ein Holztisch mit Gläsern, angeschlagenen Tongefäßen, Plastikbehältern, Beuteln und Pinseln in unterschiedlichen Stärken und Längen stand in der Mitte des Raumes, zwei Staffeleien mit leeren Leinwänden; auf dem Fußboden befanden sich vergoldete Rahmen, deren Holz teils zersplittert, teils abgebrochen war. Harriet trat an den Tisch heran, nahm ein Fläschchen mit einer trüben Flüssigkeit in die Hand, entkorkte es und schnupperte daran. Dann hielt sie es Olga, die sie skeptisch betrachtete, vor die Nase.

»Wissen Sie, was das ist?«

Die Polizistin schüttelte den Kopf.

»Das ist Knochenleim. Der wird zur Versiegelung von Leinwänden oder als Bindemittel für Pigmente benutzt.«

»Was ist daran denn so ungewöhnlich? Der Ermordete war Künstler und wir sind hier im Atelier ... Hallo?«

Harriet ging auf Olga Schweders spöttischen Ton nicht ein. Sie hatte ihn nicht einmal wahrgenommen. »Pit Wallstedt hat mit Acryl gemalt – ausschließlich, soweit bekannt. Aber hier sehen Sie eine Werkstatt, in der Farben auf traditionelle Art gemischt und angefertigt wurden. Und auf diese Art hat er zumindest offiziell niemals gearbeitet.«

»Das ist schon merkwürdig. Was könnte es wohl für einen Grund geben, dass er diese Malutensilien nicht offen in seinem Atelier stehen hatte?«, erkundigte sich Ron.

»Schwer zu sagen«, antwortete Harriet, die ihre Brille aus der Tasche gefischt hatte und die Farben, Pinsel und Tinkturen durch die dicken Gläser untersuchte. »In dieser Werkstatt ist in der Manier Alter Meister gemalt worden. Und dafür ist Pit Wallstedt nun wirklich nicht bekannt gewesen. Es gibt mehrere Möglichkeiten: Vielleicht hat er experimentiert und wollte nicht, dass jeder seiner Besucher gleich davon erfährt. Oder es war ihm peinlich, offen an altmeisterliche Traditionen anzuknüpfen, weil er für hippe, abstrakte Malerei stand. Oder ... er wollte es einfach nur vor den Blicken anderer verbergen.«

Ron schlug ein Leintuch beiseite, mit dem ein hohes Möbelstück verhüllt war. Zum Vorschein kam ein Regal, das mit großformatigen Büchern gefüllt war.

»Rücken Sie mal bitte.« Harriet ging die Buchrücken durch und strich mit einem Finger über die verstaubten Bände: *Die Malerei des Barock*, *Malerei bei Tizian, Rubens und Tintoretto*. *Schicksal und Ambiguität bei Michelangelo de Merisi, genannt Caravaggio*. Die gleichen Bücher, die sie ein paar Stunden zuvor in der Bibliothek des Kunstwissenschaftlichen Instituts gewälzt hatte. Sie lag richtig mit ihrer Ahnung.

»Das ist ein Indiz, dass es wirklich um *Judith und Holofernes* von Caravaggio geht. Ich bin ganz sicher, dass Pit wegen des Bildes ermordet wurde – aber ich weiß noch nicht, wie die Dinge zusammenhängen. Geben Sie mir Ihr Handy, bei meinem ist der Akku fast leer«, wandte sie sich an Ron, »dann zeige ich Ihnen das Bild, das ich meine.« Sie war im *Flow* und hatte keine Zeit zu verlieren. Bevor er reagieren konnte, zog Harriet Rons Handy aus dessen Brusttasche.

»Halt!«

Es war zu spät. Er war kein Fan davon, Nachrichten zu löschen. »Vermisse dich, Kuss von Olga«, ploppte als WhatsApp-Nachricht auf, verziert mit drei roten Herzchen. Ein kurzer Moment der Irritation trat ein, in dem Harriet von einem zum anderen blickte. Niemand sagte etwas. Harriet entschied sich für Ignorieren, wischte die Nachricht beiseite und ging ins Internet. Schnell hatte sie eine Webseite mit den bekanntesten Werken Caravaggios aufgerufen.

»Hier. Judith und Holofernes. Eines der berühmtesten Bilder der Weltgeschichte.« Alle drei betrachteten nun konzentriert den kleinen Bildschirm.

»Das Bild erinnert wirklich an die Art, wie der Mord verübt wurde.« Olga Schweder runzelte die Stirn.

»Ja«, erwiderte Harriet, erstaunt über Olgas plötzlichen Zuspruch. Sie pustete auf grünlich glänzende Partikel an einem der Bilderrahmen: »Und ich wette, dass dieser Staub hier durchsetzt mit Lapislazuli ist. Caravaggio nutzte Lapislazuli in Verbindung mit Knochenleim, weil er sich in einem bestimmten Mischungsverhältnis grün verfärbt. Ein Effekt, den er häufig eingesetzt hat, zum Beispiel bei seinen Madonnenbildnissen. Ich glaube«, räsonierte Harriet, »dass Pit Wallstedt hier eine Fälscherwerkstatt betrieben und die Werke großer Meister wie Caravaggio kopiert hat. Warum er das gemacht hat, obwohl er selbst ein erfolgreicher Künstler war, das müssen *Sie* klären. Sie sind schließlich die Polizei.«

Aber natürlich wollte sie selbst längst wissen, was genau passiert war. Harriet ging in die Mitte des Ateliers und ließ den Abend, an dem sie nach dem Gartenfest in Pits Atelier gelandet war, Revue passieren. In Gedanken durchlief sie jedes Detail, von ihrem unglücklichen Zusammenprall mit ihm über ihre Eindrücke von dem großzügigen Atelier, die Schlangen und Drachen auf seiner Haut, bis hin zu ihrem Abschied, von dem sie nicht geahnt hatte, dass er für immer wäre. Aber so sehr sie sich bemühte, es blieb ein Gefühl der Unklarheit – so als fehle ein wichtiger Aspekt in der Kette ihrer Erinnerung. Sie war so vertieft in ihre Reflexion, dass sie beinahe die beiden Polizisten vergessen hätte, die noch immer schweigend die mutmaßliche Fälscherwerkstatt betrachteten.

»Um herauszufinden, worin der Zusammenhang zwischen Caravaggios Bild und dem Mord an Pit Wallstedt liegen könnte, muss ich mehr über Caravaggio erfahren«, riss Ron Weiss sie aus ihren Gedanken, »Sie kennen sich doch in der Materie aus.«

Harriet lächelte den Kommissar an.

»Natürlich. Wie schön, dass Sie mir nun doch zuhören wollen.«

Er legte den Kopf zur Seite und wartete.

»Also gut«, begann Harriet, »Michelangelo de Merisi, auch genannt Caravaggio, wurde 1571 in Mailand geboren und wuchs in einem Dorf in der Nähe von Bergamo auf. Sein Leben lässt sich in ein paar dürren Worten gar nicht beschreiben: Er war ein Malergenie, vielleicht ein Mörder, auf jeden Fall war er jemand, der niemals das machte, was seine Zeitgenossen von ihm erwarteten.«

»Was heißt das?«, fragte Ron Weiss.

»Die Maler seiner Zeit hatten zum Beispiel ganz selten Modelle. Für die Madonnenbildnisse mussten oftmals die Ehefrauen herhalten. Caravaggio hatte seine eigene Art, mit dem Problem umzugehen. Er engagierte stadtbekannte Prostituierte und verlieh ihnen die Identität von Heiligen. Geben Sie mir nochmal Ihr Handy, bitte!« Ron zögerte.

»Kommen Sie schon! Ich schwöre Ihnen, dass ich nicht Ihre Nachrichten lesen werde«

Mit dem Pokerface, das sie nun schon kannte, reichte er ihr das Smartphone. Harriet rief das Bild auf und vergrößerte das Gesicht von Judith.

»Die Judith in dem Werk, von dem wir sprachen, war zum Beispiel die in Rom stadtbekannte Prostituierte Fillide Melandroni. Sie war aller Wahrscheinlichkeit nach die Geliebte von Caravaggio und stand ihm auch Modell, womit er zu seiner Zeit einen saftigen Skandal provozierte.«

»Er war also eine Art Enfant Terrible?«

»Ja, das kann man ohne weiteres so sagen.« Harriet begann, im Atelier umherzuwandern. »Aber der entscheidende Punkt, weshalb Caravaggio bis heute so berühmt ist, war seine einmalige Art zu malen, das *Chiaroscuro*. Oder banal ausgedrückt: die Hell-Dunkel-Malerei.«

Harriet ordnete ihre Gedanken. Wieder auf sicherem Terrain. Die schauerliche Umgebung, die Erinnerungen, der Tod, der im Atelier in der Luft lag, mit all seinen Ausdünstungen, schreckten sie nicht. Es galt, ein Rätsel logisch zu lösen. Und nur darauf kam es an.

»Typisch ist, wie Caravaggio die Imprimitur, eine Farbgrundierung, verwendete: Nach einer Grundierung aus Kreide trug er eine oder mehrere grobkörnige, dunkle Farbschichten auf die Leinwand auf, um darauf vom Dunklen ins Helle zu arbeiten. Solche Grundierungen waren in Norditalien durchaus verbreitet. Caravaggio perfektionierte das System, indem er davon einzelne Linien an den Farbkonturen stehen ließ, um Licht und Schattenzonen deutlich voneinander zu trennen.« Sie trat aus dem Verschlag hinaus und schaute nach oben – durch das Oberlicht leuchtete der Mond in das Atelier. Sie deutete auf den nächtlichen Himmel: »Und schauen Sie hier!«

»Was sollen wir denn hier sehen?«, fragte Olga Schweder ungeduldig. »Den Mond, oder was – glauben Sie, dass der sich noch als Mordzeuge melden wird?«

Harriet ignorierte die patzige Bemerkung der Kommissarin. »Wallstedt hat hier im Atelier mit einem riesigen verglasten Oberlicht gearbeitet – möglich, dass Caravaggio auch mit einem solchen Lichteinfall gemalt hat. Jedenfalls erklären einige Wissenschaftler so die Entstehung der Hell-Dunkel-Kontraste.«

Ron schwieg einige Sekunden. Dann sagte er:

»Wenn Caravaggio eine solche Ausnahmebegabung mit einer seltenen Technik gewesen ist, dann wird er nicht nur Freunde gehabt haben – um mal den Schwenk zum Thema zu finden.«

»Oh nein, ganz bestimmt nicht!«, antwortete Harriet mit Nachdruck. »Gerade weil er schon zu Lebzeiten äußerst erfolgreich war, hatte er Neider. Er wurde gerade einmal 38 Jahre alt und starb nach Schlägereien und Auseinandersetzungen in Porto Ercole. Todesursache unbekannt.«

»Ein Ansatzpunkt! Weshalb war er denn in diese Schlägereien geraten?« Der Kommissar zog sein Notizbuch und einen Stift aus seiner Jackentasche. »Außerdem sagten Sie doch vorhin, er habe sich mit stadtbekannten Prostituierten umgeben. Auch Pit Wallstedt war wohl kein Freund von Traurigkeit, was Frauen betrifft.«

Und er fügte eine Nuance zu flapsig hinzu: »Vielleicht haben Sie das ja auch bemerkt.«

»Was meinen Sie damit?«, fragte Harriet, seinen Ton aufgreifend. »Er war äußerst charmant, falls Sie darauf anspielen. Man könnte auch sagen: unwiderstehlich. Das gilt leider nicht für jeden.«

»Wir haben recherchiert, dass er mit halb Potsdam ein Verhältnis hatte«, unterbrach Olga Schweder den Schlagabtausch zwischen Harriet und Ron. »Vielleicht ist seine Enthauptung die Tat eines blindwütig eifersüchtigen Ehemannes oder Freundes. Die meisten Morde sind Beziehungstaten.«

»Dafür spräche, dass es keine Einbruchsspuren gab – außer den von Ihnen verursachten, Frau Lievens.«

»Er hat aber auch nie abgeschlossen«, gab Harriet zurück. »Für ihn war vieles, was passierte, eben Schicksal. Karma. Und gesetzt den Fall, ein rasender Mann – oder eine Frau? – hätten ihn umgebracht. Warum dieser deutliche Hinweis auf Caravaggio? Da hätte doch jemand eine Spur gelegt, die womöglich zu ihm oder ihr selbst führt. Ist das nicht abwegig?«

»Einige Täter tendieren dazu, sich selbst ein Bein zu stellen. Sie wollen erwischt und bestraft werden und auf diese Art eine Katharsis durchleben. Was ich im Moment noch nicht mit der Theorie des Mordes aus Eifersucht zusammenbekomme, ist die Werkstatt. Oder hat sie vielleicht gar nichts damit zu tun? Hat Pit Wallstedt vielleicht heimlich Bilder gefälscht und damit sein Einkommen aufgebessert? Nur warum? Soweit ich erkennen kann, war er doch mit seiner eigenen Kunstproduktion erfolgreich genug.«

Harriet dachte nach. Nach ihrem Dafürhalten musste Pit in Kunstfälschungen verwickelt sein. In der Vergangenheit war er noch nie mit altmeisterlichen Bildern an die Öffentlichkeit getreten. Zusätzlich kompliziert stellte sich die Lage wegen der Funktion Robert von Lietzenburgs dar. Es war nicht erklärlich, wieso Robert einen eher mittelmäßigen Künstler mit hymnischen Kritiken in den Olymp des Kunstmarktes hochgejubelt hatte. Als hätte der Kommissar ihre Gedanken gelesen, fragte er ins Blaue hinein:

»Glauben Sie, dass Robert von Lietzenburg etwas mit der Sache zu tun haben könnte? Und wie sind Sie darauf gekommen, dass der Vorhang nicht immer vor dem Fenster hing, sondern vor nicht allzu langer Zeit auf dem Bett gelegen hat? Das konnte die Spurensicherung anhand von Stoffpartikeln nachweisen.«

Harriet ignorierte seine letzte Frage geflissentlich, noch war sie nicht sicher genug.

»Woher soll ich wissen, was Robert antreibt? Tatsache ist, dass ich nicht ganz verstehe, warum Robert sich so euphorisch über Wallstedt geäußert hat. Das wissen Sie bereits. Ich sehe die Qualität in dessen Werk nicht.

Außer bei seiner allerletzten Arbeit, dem ›Schmerzensmann‹. Hier erkennt man, dass er Talent hatte. Ich weiß aber nicht, ob er altmeisterlich malen konnte. Ich bin keine Fachfrau für diese Techniken.« Wohlweislich fügte sie nicht hinzu, dass Pit Wallstedt als Schüler Arno Rinks mit der allergrößten Wahrscheinlichkeit altmeisterlich malen konnte. Diese Info hielt sie erstmal zurück.

Ron Weiss hatte die Arme vor der Brust verschränkt und schaute Harriet streng an:

»Wie leicht Sie zu durchschauen sind, Frau Professorin! Und wie wenig Sie sich selbst kennen! Mir ist schon klar, dass Sie Robert Lietzenburg schützen – einstweilen. Aber ...«

Er wurde durch das laute Klingeln von Olgas Handy unterbrochen. Sie meldete sich, nickte und sprach leise und gedämpft in das Gerät.

»Es gibt Neuigkeiten.«

Sie drehte sich zu Ron und raunte ihm etwas ins Ohr.

»Okay, Frau Dr. Lievens, ich höre gerade, dass es eine neue Spur gibt. Vielen Dank für Ihre Ausführungen zu Caravaggio, die sich nun doch als Fantasiegebilde erweisen, die mit unserem Fall nur am Rande zu tun haben. Wir haben ein Geständnis, das allerdings nicht zu Caravaggio führt. Ich muss Sie bitten, mit uns gemeinsam dieses Atelier, das ja Tatort eines Mordes ist, zu verlassen und nicht unbefugt wieder zu betreten. Sollten Sie es dennoch tun, droht Ihnen eine Anzeige.«

»Sagen Sie mal, hören Sie sich eigentlich selbst zu?«, schnappte Harriet. »Ich habe Ihnen gerade den Schlüssel zur Aufklärung Ihres Falles geliefert, und jetzt lassen Sie mich hier stehen wie ein unbedarftes Dummchen?! Das kann ja wohl nicht wahr sein!«

Er zog bedauernd die Schultern hoch:

»Sie sind Hochschullehrerin, Frau Dr. Lievens, keine Polizistin. Ich wäre, offen gestanden, nie auf die Sache mit Caravaggio gestoßen, und wie sich nun herausstellt, war das Ganze wohl auch hochgestochener Quatsch. Und das Geständnis, das die Kollegen gerade aufgenommen haben, bestätigt diese Annahme.«

Olga Schweder nahm Harriet am Ellenbogen und führte sie die steile Treppe hinunter, bis vor die Tür des Gebäudes. Als sei sie bereits Geschichte, sprangen die beiden in den Streifenwagen und fuhren davon. Harriet blieb allein auf dem zugigen Platz zurück. Selbst die jungen Männer und der Cannabisnebel waren verschwunden. Durch die Nacht tönte das langgezogene Jaulen eines Hundes und verhallte über dem Fluss.

•

Das Haus des Professors, mehr ein Anwesen als ein Wohnhaus mit seiner breiten Auffahrt und dem parkähnlichen Grundstück, das bis zum Heiligen See reichte, wirkte auf Samat auch bei seinem zweiten Besuch beeindruckend. Noch mehr, weil er jetzt, mitten in der Nacht, nicht abgelenkt war, wie zwei Wochen zuvor, als er sich vor den Gästen des Professors im Schilf verborgen hatte. Aber er hatte nicht genug aufgepasst und sich schlecht getarnt. Verwirrt von dem Gespräch mit dem Professor war er beinahe einer dünnen Frau in die Arme gerannt, die auf dem Weg zum See gewesen war. Sein Anblick hatte sie erschreckt, und unwillkürlich hatte er sich bei ihr entschuldigt. Wer sie wohl war? Sie hatte verloren gewirkt und einsam in der Nacht, so, als würde sie nicht zur Feiergesellschaft gehören. Es war eine unglückliche Begegnung gewesen, aber wahrscheinlich hatte die Frau nichts von dem Gespräch mitbekommen, das er mit dem Professor hatte führen müssen. Wie es aussah, ging also keine Gefahr von ihr aus.

Er kannte sich in diesem Viertel Potsdams gut aus, weil er oft genug während seiner Zeit als Soldat der Sowjetarmee Offiziere im Militärjeep durch den Stadtteil chauffiert hatte. Die gründerzeitlichen Villen des Viertels, die nun herausgeputzt wie Schmuckstücke die Straßen säumten, waren damals in einem erbärmlichen Zustand gewesen – die mit Stuck verzierten Fassaden grau, die Gärten verwildert. Das hatte auch für die Villa Augusta gegolten, in die sich nach Samats Erinnerung während des Sommers 1986 ungefähr ein Dutzend Offiziere für einige Wochen einquartiert hatten, weil ihre eigenen Häuser durch ranghöhere Gäste aus der Heimat genutzt worden waren. Die Villa war schon Jahre zuvor der ursprünglichen Besitzerin abgekauft worden, die dort eine Pension betrieben hatte. Einige Zeit war ein Militärsender dort untergebracht, dann war *Radio Wolga* zwei Straßen weitergezogen und die Villa Augusta sich selbst überlassen worden. Er erinnerte sich, dass er und einige andere Kameraden aus seinem Regiment eines Tages abkommandiert worden waren, die Überreste eines Gelages in der Villa Augusta zu beseitigen. Ungebetene Gäste hatten in die marmorne Empfangshalle gepinkelt, Wodkaflaschen zerschlagen und

Essensreste über den Fußboden verteilt. Es hatte bestialisch gestunken, und Samat hatte sich bei den Reinigungsarbeiten ein Tuch vor Mund und Nase gebunden, um sich nicht übergeben zu müssen. Die Villa Augusta war Samat damals marode erschienen, mit den faustgroßen Löchern in den Wänden, dem herausgerissenen Parkett und den klaffenden Rahmen, deren Türen fehlten. Dreißig Jahre später stand Samat auf einer gepflegten Rasenfläche inmitten von Rhododendren und Rosenbüschen und betrachtete die makellose Silhouette der Turmvilla vor dem nächtlichen Himmel. Viel Geld musste in die Renovierung des Hauses geflossen sein. Geld, das mit unrechten Mitteln erworben worden war, woran er – Samat – eine Mitschuld trug. Er war ein Instrument gewesen, ein Werkzeug, das diesen Reichtum ermöglicht hatte. Er hätte stärker sein müssen. Plötzlich knurrte neben ihm der Hund, der ihm schon wieder gefolgt sein musste.

»Ruhig«, flüsterte er dem Tier zu, »du wirst uns noch verraten.«

Der Hund zog die Lefzen hoch und schnappte nach dem Ichik, den Samat um die Schultern gelegt hatte. Unwirsch riss er den Zipfel seines Fellmantels aus dem Maul des Tieres und trat einen Schritt zurück. Der Hund machte einen großen Satz und legte sich mit nach vorn gerecktem Kopf in Lauerstellung auf den Boden. Samat wischte den Schweiß ab, den der heiße Sommerabend ihm auf die geschwärzte Stirn getrieben hatte. Die Asche der heiligen Pflanze haftete an seinem Gesicht, den Händen und auf seiner Brust, die er wegen der hohen Temperaturen entblößt hatte. Der Ichik war viel zu warm, aber wegen der Kraft, die er ausstrahlte, beließ er ihn auf seinem Körper. Er wusste, dass er alles Recht der Welt hatte, seinen Anteil zu fordern, dennoch zögerte er, das Haus zu betreten. Noch immer empfand Samat Ehrfurcht vor dem Professor, dessen ungebildeter Schüler er einst gewesen war. Plötzlich sprang der Hund hoch und zwackte Samat mit den Vorderzähnen in den Oberarm.

»Au!«, stöhnte er auf und versuchte vergeblich, das Tier zu greifen. Geschmeidig wich der Hund ihm aus und lief dann in anmutigem Trab über den Rasen, über die von Zitronen- und Orangenbäumchen eingefasste Terrasse und setzte sich unter eines der Fenster, dessen Flügel ein wenig offenstanden. Er hob die Nase und begann zu jaulen, erst leise und dann allmählich anschwellend. Plötzlich wurde das halb geöffnete Fenster noch ein Stück weiter aufgestoßen, und ein zerzauster zarter Kopf erschien in dem dunklen Spalt.

»Hallo, wer singt denn da? Hallo? Ich kann nicht schlafen, wenn ihr so laut singt. Außerdem ist es heiß!« Die Kleine gähnte. Das Jaulen ging in ein Winseln über, das so zart war, dass es sich wie das Zirpen einer Grille anhörte.

»Oh, ist da Flocke? Flocke, bist du das? Warum liegst du nicht in deinem Körbchen?«

Wahrscheinlich glaubte sie, es sei der graue Hund, der ihn verbellt hatte, als er beim Gartenfest im Schilf auf den Professor gewartet hatte.

»Warte! Ich komme raus zu dir und bring dich ins Haus zurück.«

Samat hielt den Atem an. Er stand bewegungslos auf dem gepflegten Rasen der Lietzenburgs und beobachtete, wie die Tochter von Robert und Sophia aus dem Fenster kletterte. Das war nicht sein Plan gewesen. Das Kind sollte in die Abrechnung mit dem Professor nicht hineingezogen werden.

»Du bist ja gar nicht Flocke!«, hörte er Elisabeth sagen. Sie hockte sich vor den Hund, nahm dessen Kopf in die Hände und betrachtete ihn. »Ihh, du stinkst ja, du musst mal unter die Dusche und deine Zähne putzen. Mundgeruch ist eklig.«

Samat sah, dass Elisabeth sich mit einer Hand demonstrativ die Nase zuhielt, aber den struppigen Hund mit der anderen Hand liebevoll klopfte und streichelte. Dieser genoss die Streicheleinheiten. Er legte sich auf den Rücken, die Vorderbeine angewinkelt, die Hinterbeine weit ausgestreckt und seufzte wohlig. Samat gab sich einen Ruck. »Hallo!«, sprach er sie an und ging ein paar Schritte auf sie zu. »Ich bin Samat. Und wie ist dein Name?«

»Ich darf nicht mit Fremden sprechen. Und schon gar nicht mitten in der Nacht!«, erwiderte Elisabeth und blickte Samat skeptisch, aber nicht erschrocken an. Er sah im Mondlicht, wie sie ihre kleine Nase kräuselte und die schmalen Brauen zusammenzog. Sie sah ihrer Mutter sehr ähnlich, mit ihrer hohen gewölbten Püppchen-Stirn. Nur von weitem hatte er dann und wann einen Blick auf Sophia werfen dürfen, wenn er sich mit dem Professor in Berlin getroffen hatte. Der Professor hatte sie dann immer gebeten, in einem Café am Hauptbahnhof auf ihn zu warten. Er hatte seine Ehefrau behandelt wie ein Schmuckstück, wie eine Brosche mit einem seltenen Edelstein oder wie ein kostbares Diadem.

»Du bist ein Fremder, und außerdem sprichst du komisch und benutzt falsche Worte. Warum trägst du ein Fell um die Schultern, obwohl es so warm ist, dass man jeden Tag baden gehen kann?«

Samat zwang sich zu einem Lächeln, damit die Kleine sich nicht fürchtete. »Ich komme aus einem Land, das weit entfernt ist. Mit einem Flugzeug bin ich hergeflogen.«

»Mit einem Flugzeug – pööòh, ich bin schon oft geflogen. Mit Mama und Papa in den Urlaub nach Korsika oder nach Amerika, als Papa zu einer Konferenz musste. Das war ein langer Flug, und ich durfte mir Essen und Getränke wünschen, so viel ich wollte. Außerdem gab es einen Bildschirm, auf dem man Filme gucken konnte. Aber die kannte ich schon fast alle. Kommst du aus Amerika?«

»Nein. Ich komme aus einem Land, das Kirgistan heißt.«

»Kiiiieeergistan? Nie gehört. Wo soll das denn sein?«, fragte Elisabeth, während sie den Hund, der sich im Gras behaglich hin und her wälzte, an der Kehle kraulte. »Wie ist dein Land denn so und hast du den Hund mitgebracht?«

Samat überlegte einen Moment. »Der Hund wohnt auf einem Boot, deshalb bin ich nicht sicher, woher er kommt. Kirgistan ist sehr weit weg von hier. In meinem Land gibt es viele hohe Berge, die eisbedeckt sind, auch im Sommer. Außerdem gibt es im Norden einen See, den Issykul, der riesig ist – elfmal so groß wie euer deutscher Bodensee und viele Tausendmal so groß wie der Heilige See hier.«

»Cool. Gibt es auch leckere Sachen zu essen bei euch?«, erkundigte sich Elisabeth neugierig.

»Ja, natürlich!«, antwortete Samat. Eine Pause trat ein, in der Elisabeth den Mann im Pelz mit dem seltsamen Hut auf dem Kopf fragend anschaute.

»Na, und was?«

»Zum Beispiel Mantys. Das sind kleine Teigtaschen, die mit Gemüse oder Fleisch gefüllt sind. Die mögen fast alle Kinder. Man kann sie zum Beispiel auf einem großen Markt kaufen, der Basar heißt. Da gehen manchmal die Kinder nach der Schule hin. Oder wenn sie eine Freistunde haben.«

»Ich muss nach der Schule immer sofort nachhause!«, sagte Elisabeth bedauernd. »Mama und Papa lassen mich niemals allein irgendwo hingehen. Immer passt jemand auf mich auf und sagt: Elisabeth, tu dies, tu das, Elisabeth, pass auf, dass du dich nicht dreckig machst. Vor allem Mama ist schlimm.« Sie drehte in den Fingern Strähnen ihres langen blonden Haares, das ihr verwuschelt auf die Schultern hing. Der Hund stupste sie mit seiner Schnauze, und sie fuhr fort, ihn zu streicheln.

»Hast du schon einmal eine Höhle gebaut?«, fragte Samat und setzte sich zu dem Mädchen auf den Rasen.

»Nein. Sowas darf ich nicht.« Sie zog eine Schnute und drehte weiter ihre Haare ineinander. »Dabei würde ich das so gern tun.«

Samat klopfte das Herz. »Dann zeige ich dir, wie das geht.«

Elisabeth klatschte in die Hände: »Oh fein! Darf der Hund auch mit? Wie ist denn eigentlich sein Name?«

»Klingsohr«, antwortete Samat nach kurzem Überlegen trocken, »er heißt Klingsohr. Komm!«

Samat ging mit Elisabeth über den Rasen in Richtung des Sees, der Hund trottete mit heraushängender Zunge hinter ihnen her. »Wohin gehen wir?«, fragte das Mädchen. Samat registrierte dankbar, dass sie nicht eine Spur von Angst hatte. Das war gut, denn das Mädchen wollte er nicht erschrecken – sie traf keine Schuld. »Wir kriechen dort unter einen Busch und bauen unsere Höhle«, antwortete Samat und deutete auf die dicht stehenden Rhododendron-Büsche. Er zog seinen Säbel aus der Trageschlaufe, die er an seinem Rucksack befestigt hatte, und hieb mit geschickten Bewegungen eine Schneise in die Büsche. »So«, sagte er, »das ist unser Eingang! Jetzt müssen wir Moos suchen, um es uns gemütlich zu machen.« Elisabeth nickte. Die nächsten Minuten verbrachten Samat und das Mädchen damit, Moos und Zweige zu sammeln, mit denen sie den Boden der inmitten der Rhododendren entstandenen Höhle auslegten und festklopften. Schließlich krochen sie unter das Blattwerk und streckten sich auf dem weichen, nach frischer Erde duftenden Boden aus. Der Hund hatte vor dem Eingang zur Höhle Position bezogen und blickte wachsam zur Villa hinüber. »Klingsohr«, rief das Mädchen, nachdem sie einige Augenblicke schweigend nebeneinander gelegen hatten, »komm zu uns!« Aber der Hund schaute sie nur an und schien in die Dunkelheit zu lauschen.

Die Kleine seufzte: »Mir ist langweilig. Was machen wir jetzt?«

»Du musst nun schlafen«, erwiderte Samat, der den Kopf auf seine im Nacken verschränkten Hände gebettet hatte. »Siehst du die Streifen am Himmel, die so rosa aussehen?« Er deutete durch die Blätter hindurch auf den Horizont über dem See. »Es ist schon fast Morgen, und du musst bald wieder aufstehen. Die Schule fängt um acht Uhr an.«

»Oooch«, erwiderte Elisabeth, »hier kann man doch nicht schlafen, auf diesem Boden. Das ist ja so unbequem. Mein Bett ist viel weicher.«

»In meiner Heimat leben Menschen in einer Art rundem Zelt, das Jurte heißt. Da schläft man auch auf dem Boden, und das ist so gemütlich und viel schöner als in einem Bett. Ich habe als Kind oft bei meinem Großvater in der Jurte geschlafen. Mach einfach die Augen zu und denk an was sehr Schönes. Dann schläfst du schon ein.«

»Okay«, seufzte Elisabeth, »dann denke ich daran, dass wir bald mit Klingsohr und Flocke Ball spielen werden. Gute Nacht!«

»Gute Nacht!«

Einige Augenblicke später wurde der Atem des Mädchens ruhig und regelmäßig. Samat überlegte einen Moment, dann löste er den Verschluss der Halskette, die er unter dem Ichik trug. Das Amulett klirrte leise gegen die Glieder der Kette. Er rieb es zwischen Daumen und Zeigefinger, um die Gravur, die Jurte, zu spüren – sein Schutzsymbol. Behutsam band er dem schlafenden Mädchen die Kette um den Hals und drapierte das Amulett auf ihrer Brust. Jetzt war sie sicher. Dann kroch er aus der Höhle und ging zielstrebig auf die Rückseite der Villa zu. Der Hund folgte ihm wie ein blasser Schatten. Schnaufend zog sich Samat am Brett des Kinderzimmerfensters empor und kletterte in das Haus. Der Hund sprang mit einem eleganten Satz durch das Fenster und landete auf dem rosa bezogenen Himmelbett, das Elisabeth gehörte. Dort blieb er liegen und knabberte an der Decke, die zerknüllt auf der Matratze lag. Die Decke war mit Motiven aus einem Disneyfilm bedruckt: Zwei Mädchen – eines schien aus Eis zu sein, das zweite trug Zöpfe – standen inmitten einer verschneiten Landschaft und umarmten einen Schneemann mit einer riesigen Möhre als Nase. *Frozen* stand quer über den Bildern. Elisabeths Zimmer war mindestens dreißig Quadratmeter groß und rosafarben tapeziert. Für ein Kinderzimmer war es sehr ordentlich. Nirgendwo lag Spielzeug herum. Puppen, Bücher, Stofftiere waren in teuer aussehenden Schränken und Regalen gestapelt. Ein weiß lackierter Schreibtisch stand in einer Ecke des Zimmers, auf dem ein Tablet, Hefte und Stifte lagen. Elisabeths Schultasche lag auf dem Parkettboden, der knarrte, als Samat über ihn hinwegschritt. Als er die Tür des Kinderzimmers öffnete und in den Flur horchte, hörte er erregte Stimmen. Sophia und Robert hatten sich für ihren nächtlichen Streit die aufwändig eingerichtete Küche ausgesucht. Samat war noch immer geschickt im Anschleichen und schaffte es, sich fast geräuschlos bis zum Eingang der Küche vorzuarbeiten, um vom dunklen Flur aus das Geschehen zu verfolgen. Aber er hätte unbesorgt sein können. Die beiden waren so sehr in ihren Disput vertieft, dass sie es nicht einmal bemerkt hätten, wenn er auf eines der knarrenden Bretter des Eichenparketts getreten wäre.

»Auch wenn du es nicht mehr hören willst: Du hast uns das alles eingebrockt!«, schrie Sophia ihren Mann an, der mit gesenktem Kopf an dem großen Esstisch saß, ein volles Glas Rotwein und die geöffnete Flasche vor sich. Daneben stand eine Flasche mit Cognac oder Whisky und eine weitere Flasche Wein, die leer war. »Wenn du nicht auf die Idee gekommen wärest, Pit mit dem Bild zu beauftragen, wäre es nie so weit gekommen! Wie konntest du nur so unvorsichtig sein?!« Sophias Gesicht war vor Wut verzerrt und das Püppchengesicht hinter einer Fratze des Zorns verschwunden.

»Ich konnte doch nicht wissen, dass das angebliche Original auftaucht. Nach dem Museumskatalog dürfte es gar nicht existieren. Vielleicht ist das französische Bild ja doch eine Fälschung.« Robert sah seine tobende Frau nicht an. Er hielt den Blick gesenkt, als studiere er das Muster der ineinander verschlungenen Ornamente, die auf den Küchenfliesen abgebildet waren. Handarbeit aus Marokko.

»Oh, deshalb haben die französischen Wissenschaftler wohl gerade festgestellt, dass es zweifelsfrei echt ist!«, höhnte sie. »Pit war dort, um sich das Werk selbst anzusehen. Er war sich sicher, dass es keine Fälschung sein kann. Der alte Leddin hat dich zum Narren gehalten. Du hast ihn unterschätzt. Der ist eine tickende Zeitbombe, um die du dich längst hättest kümmern müssen – und zwar nicht nur mit albernen Drohanrufen. Die Aufzeichnungen im Katalog sind definitiv falsch! Wer weiß, was da noch alles auf uns zukommt! Hier!«

Sie knallte einige Blätter auf den Tisch.

»Hier sind die Artikel, in denen du alles nachlesen kannst. Es ist zweifelsfrei ein Caravaggio, den sie auf diesem Dachboden gefunden haben. Kein Wunder, dass dieser Kerer außer sich ist. Du bringst uns alle in Lebensgefahr – der Mord an Pit war nur der Anfang!«

»Sophia, wenn Du nicht so verschwenderisch mit unserem Geld umgegangen wärest, dann hätte ich Pit niemals den Auftrag gegeben, das Gemälde anzufertigen. Es sollte das letzte Mal sein. Das weißt du. Deine Einkaufstrips nach New York, die Villa hier, jetzt auch noch das Landgut auf Rügen, vor allem die Galerie, dieses Fass ohne Boden: So viel Geld, wie du verbrauchst, kann ich gar nicht heranschaffen! Und um ehrlich zu sein: Jetzt schon gar nicht mehr. Wir sind pleite. Als nächstes kann ich nur noch die Villa verkaufen und das Gut auf Rügen geht auch weg. Falls sich überhaupt ein Käufer dafür finden sollte und wir nicht auf der Ruine sitzenbleiben.«

»Untersteh' dich!« Sophias Stimme überschlug sich. Sie knallte die flache Hand auf den Tisch. »Sieh zu, dass du alles wiedergutmachst, ansonsten reiche ich die Scheidung ein! Unser Deal war und ist: Du bietest mir Luxus und ich dir meine Jugend und mein Aussehen. Bislang waren wir beide damit zufrieden. Aber nun gilt das Ganze nicht mehr – und das liegt nicht an mir!«

Robert fiel keine adäquate Erwiderung ein. Seine Frau hatte recht: Ihr Deal ließ sich nicht länger durchhalten, aber nicht nur wegen *seiner* Unzulänglichkeiten. Ihm waren in letzter Zeit die Falten aufgefallen, die sich unter Sophias Augen breitgemacht hatten und an schlechten Tagen – wie an jenem ihres ehelichen Streites – deutlich erkennbar waren. Außerdem störte ihn die leise Andeutung hängender Brüste, die schleichend seit Sophias 30. Geburtstag eingesetzt hatte. Robert hatte sich in letzter Zeit häufiger dabei ertappt, dass er seinen jungen Studentinnen hinterher geschaut hatte und dass seine Gedanken dabei nicht jugendfrei gewesen waren. Schon gar nicht bei Emilia, die er so gern dabei beobachtete, wenn sie Bücher ins Regal sortierte. Aber das war jetzt eigentlich auch egal. Er nahm wieder einen großen Schluck Rotwein und stierte weiter schweigend auf die Küchenfliesen.

»Tu gefälligst irgendetwas, um die Situation in den Griff zu kriegen!« Sophia stürmte aus der Küche, wobei sie zu Samats Erleichterung die Schiebetür wählte, die direkt in das Vestibül führte und nicht die Tür, hinter der er lauerte. Kurz darauf waren Motorengeräusche zu hören. Sophia fuhr mit ihrem Sportwagen vom Hof und donnerte mit hoher Geschwindigkeit die stille Allee in Richtung Innenstadt hinunter. Samat löste sich vorsichtig aus seinem Versteck und schlich Schritt für Schritt den Flur entlang zur Küche. Robert hatte sein Gesicht in den Händen verborgen und wiegte seinen Oberkörper hin und her.

»Komm rein! Ich weiß, dass du da bist!«, stieß er zwischen seinen Fingern hervor. Samat spürte für eine Sekunde das alte Gefühl von Unterlegenheit zurückkehren, das er Robert gegenüber immer verspürt hatte. Aber es gab einen Unterschied zu früher: Diesmal ließ es sich so schnell verscheuchen wie eine Stubenfliege.

»Guten Abend, Herr Professor!«, sagte er und versuchte, seinen Akzent so weit wie möglich zu unterdrücken. Je angespannter er war, desto stärker rollte er das R.

»Wie lange hast du schon hinter der Tür gestanden? Wahrscheinlich lang genug, um zu wissen, wie es um meine Ehe steht, oder? Und ganz gewiss weißt du jetzt, dass kein Geld aus mir herauszupressen ist. Wie ich dir schon sagte, als du das letzte Mal hier aufgetaucht bist. Bei mir ist nichts zu holen.«

Samat zuckte mit den Schultern, setzte sich zu Robert, legte seine Hände auf den Tisch und musterte das Etikett der Weinflasche.

»Bei uns trinkt man nicht mehr, wissen Sie. Der Islam greift um sich. In jedem Dorf eine von der Türkei finanzierte Moschee. Da passt Alkohol nicht. Stattdessen wird jetzt gebetet. Ihr habt uns ja leider im Stich gelassen und jetzt zerren China, Russland und die Türkei an Kirgistan. Dabei wären wir gern ein Teil Europas. Ehrlich gesagt, wären wir sogar nichts lieber als genau das.«

»Kirgistan ist für Europa nicht interessant. Zu wenig Bodenschätze.«

Samat nickte.

»Das dachte ich mir. Unser kleines Land ist im Sale, so sagt man doch? Hier ist alles teuer. Ihr Wein zum Beispiel.« Er strich über das Etikett auf der Flasche. »Warum haben Sie mich betrogen? Schauen Sie mich an. Kerer hat es auf mich abgesehen. Meine Existenz ist zerstört, Ihretwegen. Meine Ehre liegt im Staub vor meinem Haus, in dem jetzt ein anderer wohnt.«

»Du wusstest von dem Risiko, Samat. Tu nicht so, als wärest du der arme Betrogene. Wo wärst du ohne mich? Ein kleiner Deutschlehrer in einem postsowjetischen Satellitenstaat. Du hättest dir gerade mal eine Wohnung in einem Plattenbau leisten können.«

Samat lachte bitter: »Das ist sicher die Wahrheit. Aber ich wusste nichts von den Fälschungen. Warum haben Sie mich nicht eingeweiht? Dann wäre ich vorsichtiger gewesen.«

»Genauso ist es, Samat!«, erwiderte Robert von Lietzenburg. »Du kannst dich nicht verstellen. Das ist ja auch der Grund, weshalb ich es dir nicht gesagt habe. Du hättest wahrscheinlich Angst bekommen, und das Geschäft wäre geplatzt, weil du es versaut hättest.«

Samat wurde allmählich wütend. Das war nicht gut. Wut würde ihm nicht weiterhelfen. »Ich brauche das Geld! Jetzt! Zahle ich nicht, wird Kerer mich in jedem Winkel der Welt finden. Vor ihm kann man sich nicht verstecken. Sobald ich die Summe habe, verschwinde ich aus Ihrem Leben, und Sie werden mich niemals wiedersehen.«

Robert fing an zu lachen. Erst leise und dann immer lauter. Schließlich schlug er sich vor Vergnügen auf die Schenkel. »Hast du uns nicht belauscht, Samat?«, fragte er, Lachtränen von den Wangen wischend. »Deinen Anteil von der Verkaufssumme gibt es nicht mehr. Ich bin bankrott. Ein armer alter Schlucker, nichts weiter. Ich kann dir nichts zahlen. Sophia hat den letzten Rest unseres Vermögens in ein altes Landgut investiert, das völlig marode ist.«

Samat ließ sich mit seiner Erwiderung Zeit. Er sah sich in der Küche um, musterte die Designermöbel und die handgearbeiteten Fliesen. Dann zog er seinen Säbel aus der Trageschlaufe auf seinem Rücken und legte ihn auf den Tisch. »Haben Sie meine Warnung nicht verstanden? Ich dachte, sie wäre deutlich genug gewesen.«

»Wie hätte ich sie missverstehen können? Du hast ja ganz schön dick aufgetragen: der abgeschlagene Kopf, der aufgebahrte Torso, der Vorhang im Hintergrund. Das Foto, das du mir geschickt hast, hat für sich gesprochen. Ich hätte ja nicht gedacht, dass du deine Drohung in die Tat umsetzen und wirklich einen Mord begehen würdest. Aber: Du hast Pit Wallstedt umsonst umgebracht. Ich habe kein Geld und ich werde auch keines mehr auftreiben können. Die Bilder sind längst verkauft. Die letzten waren schon Fälschungen, sonst hätte ich ja Pit nicht gebraucht.«

»Ich glaube Ihnen nicht, Herr Professor. Sie sind mächtig. Sie werden es schaffen, das Geld für mich zusammenzubringen, sodass ich mich freikaufen kann von diesem Alpdruck. Wenn ich mich hier umsehe, dann erkenne ich deutlich, dass Sie noch immer reich sind. Ich lasse das hier für Sie – als Gedächtnisstütze.« Er deutete auf das Schwert. »Kerer verlangt fünf Millionen Euro. Sie haben eine Woche Zeit, das Geld zu besorgen. Sollte es Ihnen nicht gelingen, werden auch Sie sterben.« Samat stand auf und zog den Ichik enger um den Körper. Der Schweiß rann in Strömen über seine Brust.

Robert kniff die Augen zusammen: »Du bist ein Nichts, Samat. Vergiss das nicht«, murmelte er.

»Auf bald!«

Draußen waren vereinzelte Vogelstimmen in der Stille des frühen Morgens zu hören. Er dachte an das Mädchen, das auf dem weichen Bett aus Moos und Zweigen in der Höhle schlief. Was für ein armes Kind, dessen Vater ein Betrüger war und dessen Mutter ihr Leben mit einem Geschäft verwechselte. Das Amulett, das er ihr um den Hals gebunden hatte, würde sie davor schützen, zwischen ihren Eltern zerrieben zu werden. So schnell er konnte, lief er die schmale Straße hinunter, immer im Schutz der Bäume, die die Straße säumten. Ein Jogger kam ihm entgegen, der ihn nicht bemerkte. Bevor die Sonne aufging, würde er wieder in der Kaserne sein.

Robert von Lietzenburg stand stocksteif vor Entsetzen im Zimmer seiner Tochter. Ihr Bett war leer. Ein klägliches Winseln kam unter dem Regal hervor, in dem Lissys Schulbücher standen. Flocke hatte sich dort verkrochen und drückte sich ängstlich gegen die Wand. Robert rannte trotz seines vom Rotwein vernebelten Gehirns mit großer Schnelligkeit durch das Haus und stürzte auf die Terrasse. »Elisabeth!«, brüllte er, »Elisabeth! Wo bist du?«

•

Harriet saß im Schatten einer Kastanie auf der Terrasse des *Schlangenhauses*, das auf einem Hügel im Park lag, nicht weit von ihrem Büro, und wartete auf Karl Rosinsky. Wie meistens war sie zu früh dran und konnte daher ihren Gedanken einigen Raum lassen. Die Tage, die hinter ihr lagen, waren schnell vergangen. Es war sehr ruhig gewesen, auch von der Polizei hatte sie nichts gehört. Sie hatte sich auf das Semesterende vorbereitet, das mit mündlichen Prüfungen und ihrem Besuch auf der Museumsinsel abschließen sollte, und sich der Vorbereitung ihrer ersten Summer-School an der Potsdamer Universität gewidmet, in der es um regionale Identität ging. Im Zentrum des Sommerkurses würde die Eliminierung von DDR-Architektur aus dem Stadtbild, wie sie über viele Jahre beinahe reflexhaft stattgefunden hatte, stehen und die – teilweise – »Rehabilitation« dieser Architektur, die derzeit die Wissenschaft und die Museen beschäftigte. Auch in Potsdam war dazu eine Diskussion entbrannt, die die Bevölkerung in mehrere Lager spaltete und auf Podien und in den Medien recht erbittert geführt wurde. Komplizierter Stoff, in den sie sich einarbeiten musste. Als Wessi geboren und in England erzogen, hatte sie wenig Zugang zur Thematik. Sie hatte den Kurs, der im August in Potsdam stattfinden sollte, von einem Kollegen übernommen, der plötzlich an einer Streptokokken-

Infektion erkrankt war und mit hohem Fieber direkt von der Vorlesung ins Krankenhaus gefahren werden musste. Harriet hatte sofort zugegriffen, als eine Vertretung für die Summer-School gesucht wurde. Sie war froh über die zusätzliche Arbeit in den Sommermonaten, in denen die Kollegen mit ihren Familien ans Meer oder in die Berge fuhren. Denn mit wem hätte sie verreisen sollen? Es gab niemanden, und da sie auch in Linnerow mit sich allein sein konnte, hatte sie sich für das Zuhause-Bleiben entschieden. Als kleines Add on hatte sie sich die Dankbarkeit einiger Kollegen gesichert. Die Gedanken an Jonathan hatte sie weitgehend mithilfe der Arbeit verdrängt. Die E-Mail, die den Rückfall ausgelöst hatte, schien das einzige Lebenszeichen zu sein, das Jonathan gesendet hatte. Vielleicht hatte Ron Weiss recht, und sie würde nie wieder von ihm hören. Und vielleicht war die E-Mail ja auch gar nicht von Jonathan gewesen. Aber von wem dann?

Mit jedem Tag, der verging, wuchs eine ambivalente Spannung, die – so musste Harriet einräumen – mit dem Kommissar zu tun hatte. Ein paarmal hatte sie sich dabei ertappt, ihr Telefon nach einer Nachricht von ihm zu checken. Zum Beispiel, was die Quelle der mysteriösen E-Mail betraf. Aber von ihm war kein Zeichen gekommen. Körperlich ging es ihr zunehmend besser. Sie konnte sogar einige Stunden zusammenhängend schlafen, ohne dass sie von Alpträumen geweckt wurde, die sie dazu zwangen, in den Wintergarten umzuziehen und dort auf den Sonnenaufgang zu warten. Außerdem hatte sie mit Gymnastik angefangen und sich auferlegt, jeden Tag mindestens eine Stunde spazieren zu gehen. Ihre Wangen hatten sich gerundet und die Haut auf Wangen und Stirn schien straffer und praller als noch einige Wochen zuvor. Es war wirklich so, als hätte der Tod Wallstedts, ihr den Weg zurück ins Leben gezeigt. In der Zeitung hatte gestanden, dass Pits sterbliche Überreste in aller Stille und ohne Medienrummel beigesetzt worden waren. In DIE ZEIT und der *Süddeutschen* hatte es Nachrufe gegeben, in denen sein Schaffen gewürdigt wurde. Aber was war mit der Verhaftung, die in der Nacht stattgefunden haben muss, als Harriet in Pits Atelier eingebrochen war? War es nicht seltsam, dass nirgendwo über den Täter berichtet wurde? Vielleicht hatte dieses Vorgehen der Polizei – wie hieß es noch in den einschlägigen Krimis – ermittlungstechnische Hintergründe.

Wo blieb Karl Rosinsky nur, und was wollte er eigentlich von ihr? Am Vortag hatte er sie angerufen und Andeutungen darüber gemacht, dass er nun auch in die Aufklärung des Mordes an Pit Wallstedt geraten sei, und zwar unfreiwillig, und dass er ihr, Harriet, unbedingt davon erzählen müsse. Was genau er erlebt hatte, hatte er am Telefon nicht sagen wollen, umständlich herumgedruckst und schließlich ein Treffen in dem schattigen Garten des Cafés am ehemaligen königlichen Weinberg vorgeschlagen. Und da sah sie ihn schließlich, wie er in der Hitze des Nachmittags bedächtig die Treppe zum Gastgarten erklomm. Er war außer Atem, als er endlich vor ihr stand. Noch immer war ihr etwas peinlich, dass er sie – betrunken wie sie gewesen war – gemeinsam mit Ron Weiss aus der Bar geschleust hatte. Aber sie war schlecht darin, solche Vorkommnisse anzusprechen.

»Ich wollte Sie nicht warten lassen, liebe Frau Dr. Lievens, aber der Bus war wieder einmal zu spät. Dafür lade ich Sie ein!« Er ließ sich am Tisch nieder, bestellte einen Eiskaffee mit einer doppelten Portion Sahne, Schokostreuseln und Krokant und kam dann ohne Umschweife zum Punkt.

»Ich dachte, es könnte Sie interessieren, dass unsere gemeinsame Bekannte Maria den Mord an Pit Wallstedt gestanden hat. Und damit nicht genug, wollte sie, dass ich ihre Geschichte aufzeichne und veröffentliche – für einen Moment der Ewigkeit.«

»Wie bitte? Maria soll Pit umgebracht haben? So ein Unfug! Das kann ich nicht glauben!«

Karl Rosinsky lehnte sich zurück und faltete die Hände über dem Bauch. »Tja, liebe Harriet. Es ist ja auch komplizierter. Ich sagte, dass Maria den Mord an Pit Wallstedt gestanden hat, nicht, dass sie ihn auch begangen hat.«

»Aber wieso sollte jemand eine solche Tat gestehen, ohne der Mörder zu sein? Das finde ich nicht einleuchtend.«

»Wann haben Sie denn Maria zuletzt gesehen? Nach dem Fest bei den Lietzenburgs, meine ich.«

Harriet muss nicht lange nachdenken, um diese Frage zu beantworten. »Eigentlich an zwei recht nah aufeinanderfolgenden Tagen. Vor der Vernissage in der SvL-Galerie habe ich sie mit Ihrer Kollegin Adelheid Rumpers beim Schwimmen beobachtet. Es sah allerdings nicht sehr freundschaftlich aus. Maria hat ziemlich wütend ein paarmal auf das Wasser geklatscht und ist davongeschwommen.«

Karl Rosinsky nickte: »Das passt – Sie werden schon sehen. Sprechen Sie weiter!«

»Das zweite Mal war es dann ein richtiges Treffen. Sie hat mich angerufen, was mich erstaunte, denn ich kann mich nicht erinnern, jemals mehr als zwei zusammenhängende Sätze mit ihr gesprochen zu haben. Wir haben uns auf ihren Wunsch im *Maison Juliette* getroffen.«

»Und was wollte sie?«

Harriet krauste die Stirn.

»Das habe ich leider nicht herausfinden können. Sie trat auf wie eine Diva und sprach von der kosmischen Beziehung, die zwischen ihr und Pit gewesen sei. Da ich – vom Mörder abgesehen – die letzte Person war, die Pit lebend gesehen hat, glaubte sie, dass ich eine Nachricht von Pit für sie haben müsse. Dann erschien ihr Mann im Restaurant, hat ihr eine Tablette verabreicht und hat sie mitgenommen.«

»Wann war das?«

»Das muss am Samstag vor zwei Wochen gewesen sein.«

»Dann schließt meine Geschichte nahtlos an Ihre an. Ihr Mann hat offensichtlich nicht sehr gut auf sie aufgepasst, denn sie muss relativ schnell nach der Begegnung mit Ihnen zum Telefon gegriffen und mich angerufen haben. Und jetzt halten Sie sich fest: Maria war der festen Überzeugung, dass sie eine Mörderin sei und wandte sich deshalb an mich. Sie wusste ja, dass ich früher bei der Zeitung war und noch immer ab- und zu für die *Brandenburger Post* schreibe, tat geheimnisvoll und versprach mir eine Riesenstory. Ich wurde neugierig und lud sie zu mir ein.«

»War das nicht sehr unvorsichtig?«, unterbrach Harriet Rosinskys Redefluss.

»Ich wusste ja nicht, dass sie einen Mord gestehen wollte! Ich kannte Maria tatsächlich nur flüchtig. Deshalb war ich auch – genau wie Sie, liebe Harriet! – etwas erstaunt, dass sie explizit mit mir reden wollte. Andererseits haben mich in meinem langen Journalistenleben so oft selbst wildfremde Menschen angerufen, dass ich ihren Anruf auch wieder nicht so ungewöhnlich fand.«

Er machte eine Pause, nahm einen Schluck von seinem Eiskaffee und ließ mit Genuss das Vanille-Eis auf seiner Zunge schmelzen.

Dann fuhr er fort: »Sie stand eine Stunde, nachdem sie mich angerufen hatte, mit einer großen Tasche vor meiner Tür, gestylt wie für einen Bühnenaufritt – mit großer Robe und besticktem Turban auf dem Kopf. Ich ließ sie hinein und sie plauderte munter drauflos über das Wetter und den Verkehr, ganz so, als würde sie mich schon ewig kennen und als sei sie nur auf einen Nachmittagsschwatz bei mir vorbeigekommen.« Er räusperte sich. »Ich bat sie in mein Arbeitszimmer, um dem Gespräch einen formelleren Rahmen zu geben. Denn irgendwie beschlich mich ein seltsames Gefühl. Offenbar hat sie das gemerkt und kam recht schnell auf ihr eigentliches Anliegen zu sprechen. Sie bat mich, einen Nachruf auf Pit Wallstedt zu schreiben, in dem sie – Maria – als seine große, und vor allem einzige Liebe bezeichnet werden solle. Außerdem redete sie abschätzig über Adelheid Rumpers, der sie diese Story auch anvertraut habe, und die in ihrem Blatt nicht darüber habe schreiben wollen – aus Eifersucht, wie Maria vermutete.«

Harriet rollte mit den Augen. »Kaum zu glauben. Aber das erklärt den Disput beim Schwimmen!«

Er schnalzte mit der Zunge und nickte.

»Jedenfalls packte sie plötzlich ein Schwert aus und legte es direkt vor meiner Nase auf den Schreibtisch. Sachlich erklärte sie mir, dass sie mit dieser Waffe Pit Wallstedt ermordet hätte, weil dieser sie betrogen habe. Zwar habe er sie geliebt, aber hätte die Finger nicht von anderen Frauen lassen können. Deshalb hätte er sterben müssen.«

»Irre.«

Karl Rosinsky nickte zustimmend.

»Ich habe also angefangen, mir zum Schein Notizen zu machen. Ich wusste nicht, ob sie eventuell gefährlich werden könnte, deshalb tat ich erstmal, was sie wollte. Sie blieb vollkommen gelassen und erzählte mir von ihrer Beziehung zu Pit. Wie sie sich bei den Lietzenburgs kennengelernt hatten, dass sie sich immer bei ihm im Atelier getroffen hätten, dass ihr Mann von der Beziehung gewusst habe usw. Außerdem erwähnte sie, dass er der einzige gewesen sei, der sie für voll genommen hätte und nicht nur als Hendriks Frau betrachtet habe. Sie haben wohl auch oft darüber gesprochen, dass sie ihr Leben als Tänzerin vermisste und manchmal vor Rückenschmerzen weder sitzen noch liegen könne – trotz der schweren Medikamente. Er sei der einzige gewesen, der sich überhaupt für ihr Schicksal interessiert habe. Ja, und dann kam das Entscheidende.«

Karl Rosinsky trank wieder einen Schluck Eiskaffee.

»Sie erzählte mir, dass sie sich hintergangen und abserviert gefühlt hätte, weil Pit angeblich von einer anderen Frau nicht loskam. Und dass sie ihn deshalb ermordet habe. Sie war zerfressen von Eifersucht und geriet in Rage, als sie von dieser Frau sprach, wollte mir aber nicht sagen, um wen es sich handelte. Ich redete ihr gut zu, bat sie, sich zu beruhigen und einen Tee mit mir zu trinken. Sie willigte ein, und ich verließ unter dem Vorwand, Pfefferminztee aufsetzen zu wollen, mein Arbeitszimmer, ging in den Flur und rief von dort aus die Polizei an. Dann begab ich mich mit einer Kanne Tee zurück, ließ mir die Geschichte zu Ende erzählen und wartete auf das Eintreffen der Polizei.«

Er machte eine kurze Pause.

»Was genau hat sie Ihnen denn nun erzählt?«, fragte Harriet ungeduldig.

»Tja, sie sagte, dass sie Pit mit dem Schwert geköpft habe, ohne die Waffe zu berühren. Dann beschrieb sie mir, wie das Blut aus der Halswunde auf den Boden geströmt sei und alle Kraft den Körper ihres Geliebten verlassen habe.«

Er löffelte das Vanilleeis in sich hinein und zerbiss lautstark den knusprigen Krokant.

»Köstlich bei dieser Hitze«, flocht er ein, »der beste Eiskaffee der Stadt! Kommen wir zum Thema zurück: Es dauerte höchstens einige Minuten, bis zwei Uniformierte kamen und Maria mitnahmen. Sie war übrigens keineswegs wütend, dass ich die Polizei gerufen hatte. Im Gegenteil. Sie bedankte sich bei mir für meine Zeit und den Tee und bat mich darum, den Nachruf auf Pit schnell zu veröffentlichen. Dann ließ sie sich widerstandslos in Handschellen abführen. Ja, und einige Stunden später, es war wohl früh am Morgen, kam dann der Anruf von Kommissar Weiss.«

»Weiss? Was wollte er von Ihnen?« Harriet war gespannt. Als sie Rons Namen hörte, ging ein Prickeln durch ihren Körper, dessen Ursache sie nicht genau einordnen konnte.

»Erst wollte er nur wissen, ob ich in Ordnung sei oder eventuell psychologische Hilfe in Anspruch nehmen wolle, was ich verneinte. Erst als ich mich nach Maria erkundigte, rückte er mit der Sprache raus: Sie hatte bei dem Verhör wiederum behauptet, Pit Wallstedt umgebracht zu haben, allerdings durch die bloße Kraft ihrer Gedanken. Ihrer Behauptung nach sei ihr Schwert durch Raum und Zeit geflogen und habe ihn, den Untreuen, auf ihr Geheiß hin geköpft.«

»Das kann doch nicht wahr sein!«

»Sie sagen es. Sie glaubte fest daran, dass Pit dadurch gestorben sei, dass sie ihm so stark den Tod gewünscht habe, durch Telepathie. Das Schwert, das sie dabei hatte, war jedenfalls nicht die Tatwaffe, teilte mir Kommissar Weiss freundlicherweise mit. Das hatte sie wohl auf Ebay gekauft.«

»Also blinder Alarm! Ich war mit Ron Weiss zufällig zusammen, als die Information über ein Geständnis kam. Allerdings hätte ich niemals damit gerechnet, dass Maria damit zu tun haben konnte. Bei mir hat sie zwar einen absonderlichen Eindruck hinterlassen, als wir uns im Restaurant trafen, aber keinen derart instabilen.«

»Maria hatte schreckliche Rückenschmerzen zu ertragen«, bemerkte Rosinsky, »und sie musste täglich Schmerzmittel nehmen. Sie, die einst gefeierte Ballerina, konnte ja schon lange nicht mehr auftreten. Ihr Selbstbewusstsein war am Boden. In dieser Situation war Pit Wallstedt wohl als Seelentröster und Retter in der Not gerade recht gekommen. Und dazu kam, wie gesagt, dass Hendrik sich ja anderweitig ... Nun ja. Sie haben bestimmt davon gehört ... «

»Nein. Wovon reden Sie?«, fragte Harriet, hellhörig geworden.

Rosinsky schüttelte den Kopf.

»Das ist wahrscheinlich nur dummes Geschwätz. Vergessen Sie meine Bemerkung einfach. Viel wichtiger ist doch, was mit der armen Maria passierte, oder?«

Harriet nickte. Rosinsky hatte Recht. Niemand wusste besser als sie, wie sehr Gerüchte schaden konnten.

»Ich glaube, dass sie in eine geschlossene Psychiatrieabteilung in eine Berliner Klinik gebracht wurde. Wenn ich Kommissar Weiss richtig verstanden habe, wird wohl befürchtet, dass sie sich etwas antun könnte.« Wieder legte sich sein Gesicht in sorgenvolle Falten. »Die Sache ist traurig, nicht wahr?«

Harriet nippte an der Rhabarberschorle, die mittlerweile lauwarm war und schal schmeckte. »Traurig für Maria und ärgerlich für Kommissar Weiss. Er muss jetzt wieder bei null anfangen.« In Gedanken setzte sie hinzu: »Er hätte eben auf mich hören sollen.«

»Da ist eine besondere Beziehung zwischen Ihnen und dem Kommissar. Habe ich Recht?«

Harriet hob abwehrend die Hände.

»Sie müssen nichts dazu sagen. Aber vielleicht gestatten Sie mir eine Bemerkung: Ich selbst habe ja beinahe zwei Wochen gewartet, bis ich Ihnen die Geschichte mit Maria erzählen wollte. Ich habe befürchtet, dass

Ihnen all das zu stark zusetzt. Aber ich habe mich getäuscht. Schon jetzt sehen Sie viel besser aus als bei dieser schrecklichen Gartenparty, die mit Ohrfeigen und einem Gewitter endete. So soll es weitergehen! Genießen Sie das Leben! Von diesem schönen Café aus haben Sie den unverdeckten Blick auf den kleinen Weinberg. Vergessen Sie mal Mord und Totschlag.« Er deutete auf die Weinstöcke, die am Hang wuchsen und fügte mit einer Spur Ironie hinzu: »Nur der Wein muss noch besser werden, aber das wird die Klimakatastrophe schon schaffen und uns die Süße bringen, die die Trauben brauchen.«

Auf Harriets Gesicht erschien ein Lächeln. Karl Rosinskys unaufdringliche Art führte dazu, dass sie sich wie in Anwesenheit eines alten Freundes fühlte.

»Ich, ähm, ich wollte mich noch bei Ihnen bedanken, Herr Rosinsky, weil Sie Ron Weiss angerufen haben, als ich mich in der Bar betrunken habe. Sie wissen schon – nach der Vernissage in Sophias Galerie. Ich wollte nur …«

»Sie müssen mir nichts erklären, Harriet! Ich freue mich immer, wenn ich helfen kann. Ich bin so froh, dass es richtig war, den Kommissar anzurufen. Er hat sich um Sie gekümmert – das ist gut. Ich glaube, dass Sie ihm vertrauen können, und außerdem glaube ich, dass er ein bisschen …«

»Danke!«, fiel sie ihm ins Wort. »Helfen können Sie mir wirklich, denn ich habe eine eigene Theorie, den Mord an Pit Wallstedt betreffend. Aber meine Annahme steht auf tönernen Füßen, weil mir einige Angaben fehlen. Sie kennen doch bestimmt den berühmten italienischen Barockmaler Caravaggio, geboren 1571, gestorben 1610. Steht er in irgendeiner Beziehung zu Potsdam?«

»Das kann man so sagen!«, antwortete Karl Rosinsky mit Begeisterung. »Es hängt ein wunderbares Gemälde – der *Ungläubige Thomas* – von ihm in der Bildergalerie, direkt beim Schloss. Waren Sie schon einmal dort?«

»Nein«, entgegnete Harriet etwas schuldbewusst, »ich muss gestehen, dass es bisher beim Vorsatz, die Galerie zu besuchen, geblieben ist. Wenn ich gewusst hätte, dass dieses Gemälde dort hängt, hätte ich längst vorbeigeschaut.«

»Gut. Ich darf mich also glücklich schätzen, Sie in diese einzigartige Galerie einzuführen. Lassen Sie uns in Ruhe austrinken, dann spazieren wir durch den Park dorthin. Es ist nicht weit von hier. Sie müssen das Bild mit eigenen Augen sehen. Es ist eines von nur zwei Caravaggio-Gemälden, die in Deutschland gezeigt werden. Das zweite ist – wie könnte es anders sein! – in Berlin, in der Gemäldegalerie. *Amor vincit omnia* heißt es. Aber das Potsdamer Werk ist wunderschön und unbestreitbar das bedeutendere von beiden.«

Einige Minuten später gingen Harriet und Karl Rosinsky am Orangerieschloss und der Historischen Mühle vorbei, bis das Schloss Sanssouci in Sicht kam. Trotz der anhaltenden Hitze waren Scharen von Touristen im Park unterwegs. Als Harriet und Rosinsky Sanssouci passierten und sich auf der Höhe von Friedrichs Grabstätte befanden, kam ihnen eine seltsam wirkende Prozession entgegen. Eine Gruppe von rund zwanzig Personen ging mit ungefähr ebenso vielen Hunden den Weinberg hinauf und näherte sich der oberen Terrasse. An der Spitze der Prozession marschierte ein Mann in einer blauen Uniform mit goldenen Knöpfen und einem Dreispitz auf dem Kopf. An seiner Seite schritten zwei majestätische irische Wolfshunde. Es folgten Frauen im Reifrock und Männer in Uniformjacken, die schmalgliedrige, nervöse Hunde mit Wespentaillen und riesigen Augen an ihren Leinen führten. Das Gekläff war ohrenbetäubend, da nicht alle Hunde so diszipliniert waren wie die beiden Wolfshunde an der Spitze der Prozession, die sich durch nichts aus der Ruhe bringen ließen.

»Oh, mein Gott«, stieß Harriet hervor, »was ist das denn für eine ungewöhnliche Karawane?!«

Karl Rosinsky war verblüfft. »Das weiß ich auch nicht, die habe ich hier noch nie gesehen.«

Die Hundeprozession hatte nun die Weinberg-Terrasse erreicht und machte an der Grabstelle Friedrichs II. halt. Einige Touristen waren durch das Gebell der Tiere auf die Gruppe aufmerksam geworden und gesellten sich hinzu. Harriet und Rosinsky blieben neben der Steinplatte, die das Grab Friedrichs bedeckte, stehen und beobachteten den Mann mit den Wolfshunden. Er stand nun mit seinen beiden Hunden direkt vor dem Grab und schaute in die Weite.

»Hallo«, sprach Rosinsky ihn an und riss ihn aus seiner Pose, »was haben Sie denn vor?«

Der Mann musterte Harriet und Rosinsky und überlegte, ob er sie einer Antwort würdigen sollte. Dann knurrte er unfreundlich: »Wir sind der Potsdamer Windhundeclub von 1973, und einmal im Jahr besuchen wir den Chef. Ich bin der Vorsitzende dieser Vereinigung.«

»Den Chef? Meinen Sie Friedrich?«

»Wen sonst?« Der gezwirbelte Schnurrbart des Mannes schien sich vor Missbilligung zu kräuseln.

»Wir besuchen ihn und seine Lieblinge, die hier seit Jahrhunderten an seiner Seite schlummern.«

Harriet ließ sich von Rosinskys Neugierde anstecken: »Wer waren denn seine Lieblinge?«

»Junge Frau«, erwiderte der Mann und warf ihr einen milden Blick zu, »im Zusammenhang mit Friedrich können da nur seine Hunde gemeint sein. Seine Italienischen Windspiele natürlich. Er hat sie mehr geliebt als jeden Menschen.«

»Schließt das Leutnant von Katte ein?«, murmelte Rosinsky leise, aber dennoch laut genug, dass die Umstehenden ihn verstehen konnten.

»Worauf spielen Sie an, junger Mann?«, entgegnete der Vorsitzende des Windhundeclubs scharf. »Meinen Sie etwa die Desavouierung Friedrichs durch bestimmte antiroyale Kräfte, die behaupten, Friedrich habe widernatürliche Triebe gehabt? Und diese auch noch ausgelebt? Da sage ich: Diese Lügenmärchen glauben wir nicht und damit basta.«

Er reckte das Kinn in die Höhe, den Blick starr nach vorn gerichtet.

Rosinsky grinste und wandte sich mit gedämpfter Stimme an Harriet, die ihn ratlos anblickte: »Hans Hermann von Katte war aufs engste mit Friedrich II. befreundet. Einige sagen, dass es mehr als Freundschaft war, was die beiden verband. Was auch immer es war, es endete abrupt: Friedrichs Vater, der Soldatenkönig, ließ Katte hinrichten, nachdem dieser den Plan des Kronprinzen, nach Frankreich zu fliehen, unterstützt hatte. Friedrich war zu diesem Zeitpunkt siebzehn Jahre alt und wollte sich seinem tyrannischen Vater entziehen.«

»Ein handfestes Trauma also«, bemerkte Harriet.

»Und das ist noch nicht einmal alles«, fuhr Rosinsky fort, »Friedrich Wilhelm I. hat seinen Sohn gezwungen, bei der Enthauptung Kattes in der Festung von Küstrin zuzuschauen. Ich glaube, dass der König Katte für einen 'Verführer' hielt und ein Exempel an ihm statuieren wollte – vielleicht auch, um seinen Sohn von dessen gleichgeschlechtlichen Neigungen abzubringen.«

»Kein Wunder, dass Friedrich in späteren Jahren so unzugänglich und zynisch wurde – bei der Geschichte«, flüsterte Harriet Rosinsky zu. Dann verstummte sie, weil der Vorsitzende des Windhundeclubs mit fester Stimme zu einer Rede ansetzte: »Seit dem August 1991, also seit der feierlichen Bestattung seiner Gebeine an diesem Ort, kommen wir hier zusammen, um des größten aller Preußen zu gedenken und ihm zu huldigen!«, führte er aus, machte dann eine Pause, in der er tief Luft holte. Plötzlich entstand Unruhe.

»Zezi hat Durchfall!«, sagte eine der kostümierten Frauen. Es stank. Aber der Vorsitzende des Windhundeclubs ließ sich durch dieses Vorkommnis nicht beirren:

»Kameraden! Seine Seele ist seit der Umbettung der Gebeine Seiner Majestät hier. Und dass Seine Majestät nachts aus dem Grab aufsteht, um durch die Galerie zu wandeln und Seiner Majestät Bilder zu betrachten, das wissen in Potsdam alle.«

Harriets fragendem Blick ausweichend zuckte Rosinsky mit den Schultern und machte eine wegwerfende Handbewegung. »Es gibt eine aus meiner Sicht etwas alberne Spukgeschichte, der zufolge Friedrich angeblich in unregelmäßigen Abständen in der Nacht mit einer Fackel durch die Säle seiner Galerie schreitet und sich seiner Kunstsammlung erfreut. Ich halte das allerdings für ein Schauermärchen. Ich selbst war derjenige, der das Licht als erster gesehen hat – bei der Umbettung von Friedrichs Gebeinen. Danach habe ich mich eine Zeitlang auf die Lauer gelegt, um die Ursache für dieses wandernde Licht zu ergründen, und ich sage Ihnen, dass es sich um nichts Übernatürliches handelt. Wahrscheinlich ein Wackelkontakt. Oder vielleicht ist das Licht eine Erfindung der hiesigen Tourismusindustrie, so ähnlich wie das Ungeheuer von Loch Ness in Schottland, und in Wirklichkeit geht immer mal wieder ein Angestellter der Stiftung mit einer Taschenlampe durch die Säle der Galerie, um eine ordentliche Gruselatmosphäre zu kreieren.«

»Wer auch immer Sie sind, junger Mann«, der Club-Vorsitzende wandte sich mit Tadel in der Stimme an Rosinsky, »Sie müssen wissen, dass Potsdam derlei Tand nicht nötig hat. Die grandiose preußische Geschichte ist Grund genug für Gäste aus aller Welt, in die preußische Residenzstadt schlechthin zu reisen. Schauen Sie sich nur um!« Mit ausladender Geste deutete er auf die vielen Touristen, die sich auf der Weinbergterrasse befanden und das Schloss und die umliegenden Gartenanlagen bestaunten. »Da braucht es keine erfundene Spukgeschichte. Außerdem frage ich Sie:

Wie erklären Sie sich den Fackelschein, der manchmal nachts durch die Ritzen der Gardinen vor den Fenstern der Galerie scheint? Es ist Friedrich, der umgeht, denn die ganze Geschichte beginnt mit seiner Beerdigung hier, auf der Terrasse seines geliebten Sanssouci. Fragen Sie die Gärtner! Die wissen, dass der König seitdem zurück ist und sich um sein Eigentum kümmert. Er will sich vergewissern, dass sein Kunstbesitz dem Volk gezeigt wird, dass das Volk etwas von der Kunst hat. Friedrich hat immer viel Wert darauf gelegt, seine Untertanen gut zu behandeln.«

»Immer wenn Friedrichs Jeist erscheint, riecht et nach Rooch«, wandte die Besitzerin von Zezi ein, die mittlerweile die Hinterlassenschaften ihrer Hündin mithilfe eines roten Plastiksäckchens beseitigt hatte. Sie stützte die Hände in die imposanten, vom Reifrock betonten Hüften und musterte Harriet und Rosinsky.

»Wieso soll es denn nach Rauch riechen?«, erkundigte sich Rosinsky. »Friedrich hat nicht geraucht, er hat Tabak geschnupft.«

»Der Rauch kommt von den Fackeln, mit denen er durch die Säle geht«, führte der Vorsitzende des Windhundeclubs ungeduldig aus. »Und sicherlich wissen Sie, der Sie ja Potsdamer zu sein scheinen, dass die Polizei und auch private Sicherheitsdienste versucht haben, dem Geheimnis auf die Spur zu kommen, aber nichts erreicht haben, weil man eben Geister nicht verhaften kann. Es ist Seine Majestät, Friedrich der Große, der umgeht, glauben Sie es mir! Und wenn Sie mich fragen: Er war der beste Chef, den wir je hatten! Wenn wir Friedrich noch hätten, dann würden wir jedenfalls nicht vor Amerika kuschen, so wie unsere Schlappschwänze von Politikern es tun.«

Er straffte die Schultern und richtete sich auf. »So, und nun muss ich Sie leider bitten, uns eine Weile Kontemplation zu gönnen. Das Gedenken sieht traditionell eine Schweigeminute vor.«

Der Mann nahm seinen Dreispitz ab und klemmte ihn unter den Arm. Die Gedenkminute begann. Schweigen senkte sich über die Gruppe. Nur einige Hunde winselten. Von weither hörte man die Stimmen der Guides, die auf Englisch, Französisch, Niederländisch oder Russisch Auskunft zur Geschichte des Parks gaben und den Touristen die Sehenswürdigkeiten rund um Schloss Sanssouci erläuterten. Harriet zog Rosinsky am Ärmel zum Eingang der Bildergalerie. Im Schutz der Hecke begann sie plötzlich zu lachen, wie sie es schon lange nicht getan hatte. Sie lachte, bis ihre Seiten schmerzten und Tränen über ihr Gesicht liefen.

Rosinsky war nicht ganz so amüsiert wie Harriet: »Mir gefallen diese Typen nicht«, bemerkte er mit einer Spur von Missmut in der Stimme, »ich bin nicht sehr begeistert von diesem royalen Getue. Preußens Glanz und Gloria zu feiern, mit der blutigen Spur, die Friedrich hinterlassen hat, geht mir gegen den Strich. Und dann diese unselige Legende von dem spukenden Friedrich. Irgendwie banal. Es passt gar nicht zu diesem außergewöhnlichen Ort.«

Harriet wischte sich mit einem Taschentuch die Lachtränen vom Gesicht. Noch immer bebte ihr Zwerchfell von der ungewohnten Lachattacke. Dann folgte sie Rosinsky, der auf eine versteckte schmale Treppe, den Eingang der Bildergalerie, zusteuerte. Dafür, dass Rosinsky die Bildergalerie in den höchsten Tönen gelobt hatte, nahm sich das Portal seltsam bescheiden aus:

»Ist das hier der Dienstboteneingang?«, fragte sie, während sie den Vorraum mit den nüchternen Garderobenschränken durchquerten. »Er kommt mir schon etwas schmucklos vor. Bei einem der ältesten Museumsbauten auf deutschem Boden hätte ich mehr erwartet.«

Rosinsky wiegte seinen runden Kopf. »Ja und nein. Das ist preußisches Understatement. Die Fassade ist ja auch nicht überbordend ausgestattet mit ihren nüchternen Ornamenten. Die Säle aber haben es in sich. Sie werden sehen. Die Diskrepanz macht es aus.«

Nachdem die kaugummikauende Servicekraft an der Kasse die Eintrittskarten über den Tresen geschoben hatte, betraten sie das prachtvoll ausgestattete Innere der Galerie. Harriet staunte jetzt wirklich. An den Wänden hingen neben eher zweitklassigen französischen Gemälden auch solche von Peter Paul Rubens und Anthonis van Dyck. Aber Harriet fragte sich sofort, warum es keine Erläuterungen gab und die Bilder so ungünstig übereinander gehängt waren, dass die Besucher die oberste Reihe schlecht oder gar nicht erkennen konnten. »Warum fehlen die Bezeichnungen der Werke und warum sind die Bilder übereinander drapiert? Hat man sich hier für eine historische Hängung entschieden?«, fragte sie, während sie mit einigen anderen Besuchern über den marmornen Fußboden gingen.

»Ja, leider fiel die Entscheidung für eine Rekonstruktion, die sich strikt an das historische Vorbild hält. Es handelt sich um eine barocke Hängung«, antwortete Rosinsky bedauernd. »Der dekorative Charakter, der zur Zeit der

Gründung bestimmend für die Präsentation der Kunstwerke war, war auch die Leitidee bei der Rekonstruktion der Galerie nach der Wende. In der DDR hatte man alles verlottern lassen. War ja kein Geld da gewesen.« Er blieb stehen und musterte die dicht an dicht hängenden Rahmen. »Mein Gott, war das Gebäude damals heruntergekommen! Es war wirklich höchste Zeit, dass es saniert und wieder in den originalen Zustand versetzt wurde. Mir selber hätte es viel besser gefallen, wenn die Rekonstruktion einer modernen, besucherfreundlichen Anordnung gefolgt wäre. Aber die zuständigen Wissenschaftler fanden die Herstellung des Originalzustandes wichtiger als eine Orientierung an dem, was die Besucher gern sehen möchten.«

»Wer hat denn damals die Generalsanierung und die Rekonstruktion der Bildergalerie betreut?«, fragte Harriet, während sie die überbordend gestalteten Wände der Galerie abschritten.

»Oh! Das wissen Sie nicht?« Rosinsky warf ihr einen Blick von der Seite zu. »Das war unser gemeinsamer Freund Robert von Lietzenburg. Er kam nach 1989 als einer der ersten Wissenschaftler aus dem Westen, aus der Partnerstadt Bonn, zu uns nach Potsdam, um hier ein neues Universitätssystem mit aufzubauen. Obwohl er damals kaum älter als dreißig Jahre alt gewesen sein kann, hat er gleich das Institut für Kunstgeschichte übernommen. Eine seiner ersten Aufgaben war der Wiederaufbau der Gemäldegalerie, der er sich mehrere Jahre gewidmet hat.«

Harriet war überrascht. Sie hatte Robert niemals von der Bildergalerie reden hören. Aber vielleicht lag die Erforschung und die Recherche für ihn einfach zu weit zurück, um noch relevant zu sein. Er hatte sich ja eher auf zeitgenössische Kunst verlegt.

»So, das hier wollte ich Ihnen zeigen!« Rosinsky riss Harriet aus ihren Überlegungen. »Diese Galerie beherbergt einen wertvollen Schatz. Voilà, da ist er!« Er war vor einem schlecht beleuchteten Gemälde stehen geblieben und deutete auf das Kunstwerk.

»Tatsächlich! Ein echter Caravaggio!«, rief Harriet.

»Der *Ungläubige Thomas* ist eines der spektakulärsten Werke des Barock, wenn nicht gar der gesamten Kunstgeschichte.«

Harriet setzte ihre Brille auf und studierte das Werk: Im Zentrum des Gemäldes sah sie Jesus als schönen jungen Mann mit langen dunklen Locken und, als eine Art Counterpart, den runzligen Thomas, der mit seinem Zeigefinger weit in Jesu Seitenwunde hineinbohrt.

»Es ist wirklich einzigartig«, flüsterte Harriet Rosinsky voller Ehrfurcht zu. Er stand schweigend neben ihr und schwelgte in der detailgetreuen Gestaltung der Furchen und Falten in den Gesichtern der Männer, der offenen Naht am Ärmel des Thomas und den echt wirkenden Flecken auf entblößter Haut. »Allerdings argert mich, dass sich das Licht der Fenster auf der Oberfläche des Bildes reflektiert. So ahnt man zwar Caravaggios Meisterschaft, aber durch die richtige Beleuchtung könnte man den Hell-Dunkel-Effekt noch viel stärker sehen. Und natürlich den einmaligen Ausdruck der Gesichter. Mein Gott, der Zweifel, der dem Thomas im wahrsten Sinne des Wortes ins Gesicht geschrieben steht ...!«

Caravaggio war ein Genie. Als Kulturhistorikerin war Harriet das natürlich klar. Aber wie genial er wirklich gewesen war, und wie er die Gesellschaft seiner Zeit verwirrt haben muss mit seinem Malstil und den von ihm geschaffenen Gesichtern, auf denen sich die Gefühle spiegelten – dieser Gedanke sprang Harriet angesichts des Originals vor ihr an. »Caravaggio und Potsdam: Es ist ein einzigartiges Privileg, dieses Gemälde von Weltgeltung zu besitzen und ausstellen zu können. Aber gibt es noch weitere Bezüge zwischen Caravaggio und dieser Stadt?«

»Die Zusammenhänge, die sich herstellen ließen, wären äußerst konstruiert. Das Bild kam meines Wissens erst 1855 in die Bildergalerie nach Sanssouci und hatte von Rom aus, wo Caravaggio es wohl geschaffen hat, mehrere Stationen passiert, über Paris und über Berlin, bevor es in Potsdam ankam. Die Entstehung datiert um 1600. Einige von Caravaggios Werken hingen im Palazzo Barberini in Rom. Hier in der Stadt gibt es auch einen Palazzo Barberini, der in doppelter Weise eine Kopie ist: als Nachbau von Friedrich errichtet, im Zweiten Weltkrieg beschädigt und dann vor einigen Jahren als Kopie der Kopie am Alten Markt wiedererbaut. Jetzt zeigt das Gebäude unter dem Namen *Museum Barberini* immer wieder spektakuläre Ausstellungen in Potsdam.«

Harriet nickte. Das *Barberini* kannte sie natürlich.

»Wie der Zufall es will, wird in einigen Tagen die Ausstellung *Wege des Barock* im *Barberini* eröffnet und dort wird auch ein Caravaggio-Bild präsentiert werden: Der *Narziss*. Ich habe eine Einladung zur Vernissage und freue mich schon sehr darauf. Das ist dann aber alles, was mir zu Caravaggio und Potsdam einfällt.«

Harriet war enttäuscht. Das war weniger, als sie erwartet hatte. »Was ist mit seinem Werk *Judith und Holofernes*?« wandte sie sich an Rosinsky. »War das jemals in Potsdam?«

Rosinsky legte seine Stirn in Querfalten. »Nein, ich glaube nicht. Aber vielleicht kenne ich nur einfach die Zusammenhänge nicht gut genug. Ich bin kein Caravaggio-Experte.«

Harriet fühlte ihre Energie verpuffen. Sie war in einer Sackgasse gelandet.

»Bitte entschuldigen Sie, dass ich mich einmische.«

Harriet und Rosinsky drehten sich um. Hinter ihnen stand ein junger Mann mit einem hochroten Gesicht in der Uniform des Security-Dienstes. »Normalerweise halte ich mich aus den Gesprächen unserer Besucher raus, aber ich hörte Sie über dieses Bild und über Einzelheiten der Geschichte unserer Galerie reden.« Das Rot in seinem Gesicht wurde noch intensiver. Die Farbe verbreitete sich über die Wangen, als blühten zwei Rosen zu beiden Seiten seiner Nase.

»Ich bin hier nur Museumswächter, also ein kleines Licht, aber ein bisschen etwas weiß auch ich.«

Rosinsky schien die Einmischung des jungen Mannes unangenehm, aber Harriet, die das unbestimmte Gefühl hatte, dass der Museumswächter eine wichtige, weil weiterführende Information haben könnte, lächelte ihn auffordernd an: »Oh bitte, ich freue mich über sachkundige Kommentare!«

»Danke!«, antwortete der junge Mann eilfertig. »Es gibt einen alten Kastellan, der früher im Park und in der Galerie tätig war. Er heißt Johannes Leddin und ist vor ein paar Tagen hundert Jahre alt geworden. Sein Geburtstag wurde groß hier in der Galerie gefeiert. Ich glaube ja, dass er schon immer hier war. Schon zu Friedrichs Zeiten.« Der Mann kicherte. »Jedenfalls kommt mir das manchmal so vor. Er weiß alles über die Galerie, auch über ihre Geschichte. Wenn Sie etwas wissen wollen, dann müssen Sie ihn fragen.«

Karl Rosinsky räusperte sich und flüsterte dann: »Der alte Leddin ist doch mittlerweile ein bisschen in seiner eigenen Welt, oder?«

»Meinen Sie plem-plem?«, fragte der junge Museumswächter und tippte sich mit einem Finger an die Stirn. Wieder kicherte er. Er hatte eine seltsam hohe Stimme für einen Mann seiner Körperfülle. »Streckenweise lebt er natürlich in der Vergangenheit, aber wenn es um die Geschichte seiner Galerie und seiner Bilder, speziell des Caravaggio hier, geht, dann ist sein

Verstand vollkommen klar. Er kann sich an Einzelheiten und Geschehnisse erinnern wie kein Zweiter!«

Harriet wurde auf einen Schlag hellhörig. Vielleicht war die Bildergalerie doch keine Sackgasse.

»Hat dieser ehemalige Kastellan eine besondere Beziehung zu diesem Caravaggio-Bild?«

»Und wie! Es ist sein absolutes Lieblingsbild! Er weiß alles darüber. Manchmal steht er stundenlang davor, noch heute, und schaut sich die Details an: Mal untersucht er das Gewand Jesu«, er deutete auf den Auferstandenen, »mal studiert er die Gesichtszüge des ungläubigen Thomas und der beiden Figuren, die hinter ihm stehen.«

»Warum fasziniert ihn das Bild so?«

»Sicherlich, weil es so voller unglaublicher Details ist. Andererseits wegen des Gesichts unseres Jesus hier.« Gefährlich nah kam der Museumswächter mit seinem Zeigefinger dem Gesicht der Christusfigur auf der Leinwand. Harriet wunderte sich darüber, dass die Alarmanlage nicht ansprang.

»Dieser Jesus ähnelt nämlich stark dem ersten Kurator dieser Sammlung, Nikolaus von Rebenstorff. Wenn Sie wollen, dann zeige ich Ihnen ein Porträt von ihm. Er hat die Bildergalerie für Friedrich ausgestattet und ihn beraten. Johannes Leddin verehrt *Nikolaus*, wie er ihn nennt. Ohne ihn, sagt der alte Leddin gern, hätte es die wertvolle Sammlung niemals gegeben.«

»Das klingt wirklich spannend«, sagte Harriet, »wir folgen Ihnen gern!«

Rosinsky flüsterte Harriet zu: »Ich habe noch nie von Nikolaus von Rebenstorff gehört. Hoffentlich stiehlt uns der eifrige junge Mann hier nicht unsere Zeit. Ich bin ja Rentner, aber Sie haben sicherlich etwas Besseres zu tun, als sich zweifelhafte Anekdoten anzuhören.«

»Oh, nein! Da können Sie ganz beruhigt sein. Erstens habe ich Zeit, zweitens interessiert mich in Zusammenhang mit diesem Caravaggio einfach alles, was von Belang sein könnte. Und drittens: Es geht um mein Spezialgebiet – das Sammeln.«

Der Museumswächter durchquerte mit den beiden den hohen Ausstellungssaal und führte sie in ein rechteckiges Kabinett, das sich kurz vor dem Ausgang befand.

»Das ist Nikolaus von Rebenstorff!«, sagte der Museumswächter. »Schauen Sie, hier steht sogar sein Name.« Harriet und Rosinsky beugten sich zu dem Porträt, das in einer dunklen Ecke hing.

Rosinsky musterte es sehr aufmerksam. Seine Halbbrille hatte er abgenommen und kaute geistesabwesend auf einem der Bügel herum. »Das Porträt ist von François Boucher – dem Hofmaler Ludwig XV. Sind Sie sicher, dass von Rebenstorff der erste Kurator von Friedrichs Sammlung war und nicht ein Höfling, der ursprünglich aus Frankreich stammte?«, fragte Rosinsky. »Dafür würde sprechen, dass Boucher ihn porträtiert hat. Im Übrigen: Ich bin immer davon ausgegangen, dass der Marquis d'Argens sich um die Anschaffung der Kunstwerke gekümmert und Friedrich beraten hat, falls dieser Beratung überhaupt zugelassen hat.«

»Das steht so auch in den Geschichtsbüchern«, antwortete der Wachmann, »aber die Wirklichkeit war wohl anders. Darüber kann Ihnen der alte Herr Leddin alles erzählen. Man sagt, dass er die Tagebücher von Nikolaus von Rebenstorff gefunden hat und sogar den ersten Museumskatalog, in dem alle Werke verzeichnet sind. Aber das hat er immer für sich behalten. Es heißt, dass es ein Geheimnis darum gäbe.« Der junge Mann senkte die Stimme: »Als die Russen kamen, hat er vieles beiseitegeschafft. Wahrscheinlich war er auch derjenige, der 1942 den Transport der Bilder aus der Galerie nach Schloss Rheinsberg organisiert hat. Leider ging trotzdem viel verloren, aber das war nicht die Schuld von Herrn Leddin.«

»Wie meinen Sie das?«

»Die Kunstwerke sind ja zum Schutz nach Schloss Rheinsberg gebracht und in einem Seitenflügel des Schlosses eingelagert worden. Nach Kriegsende sind aber viele Gemälde und Skulpturen verschwunden, verkauft, abtransportiert – was weiß denn ich –, die meisten wohl in die Sowjetunion ... Einige haben ihren Weg zu uns zurückgefunden, aber es gibt noch immer viele Lücken in unserer Sammlung.«

Karl Rosinsky nickte: »Ja, das stimmt leider.«

»Und in der DDR hat er, so gut er konnte, die Bilder vor der Habgier der Bonzen geschützt. Vor ein paar Tagen haben wir hier den Geburtstag von Herrn Leddin gefeiert. Er war irgendwie anders als sonst, so, als hätte er Angst vor irgendetwas. Dabei sind alle, die er kannte, da gewesen und haben ihm gratuliert. Honoratioren, Professoren von der Uni und unsere Wissenschaftler. Die waren allerdings ziemlich genervt von Herrn Leddin, weil der ihnen weismachen wollte, dass Fälschungen unserer Werke im Umlauf seien oder so ähnlich.«

»Ja, daran merkt man, dass man den Kastellan nicht mehr ernst nehmen kann«, bedauerte Rosinsky. »Meine Güte, nun ja, so ist das eben mit der Vergänglichkeit.«

Harriet hatte nur mit einem Ohr zugehört. Sie war in die Betrachtung des Porträts versunken.

»Er sieht tatsächlich aus wie der Jesus auf dem Caravaggio-Bild!«, sagte sie und studierte Zentimeter für Zentimeter das junge Gesicht, die dunklen Locken, die bis auf die Schultern herabhingen, und die Jacke aus rotem Samt, die der Mann auf dem Bild trug.

»Ein schöner Junge, oder? Friedrich soll ihm wohl mehr als nur nahegestanden haben. Er hatte ja ein Faible für gutaussehende Knaben.«

»Lebt der Kastellan in einem Altersheim? Wissen Sie, ob man ihn besuchen kann?« Harriet war sich nicht sicher, ob sie auf der richtigen Spur waren, aber sie wollte auf jeden Fall mit Johannes Leddin sprechen, um mehr über Nikolaus von Rebenstorff zu erfahren.

»Herr Leddin wohnt trotz seines – naja – klapprigen Zustandes noch immer in seiner alten Dienstwohnung um die Ecke, in der Villa Illaire, in der Allee nach Sanssouci. Normalerweise kommt er einmal am Tag her und besucht seine *alten Freunde*, wie er immer sagt. In Wirklichkeit kontrolliert er alles, vor allem, ob seine Galerie sauber ist und die Besucher sich gut benehmen. Ich glaube, das hält ihn am Leben.«

Harriet bedankte sich bei dem Mann für die Hilfe. Wieder glühte dessen Gesicht feuerrot auf. Er ließ es sich nicht nehmen, Harriet und Rosinsky hinauszubegleiten. Im Weggehen drehte Harriet sich um und fragte:

»Was halten Sie eigentlich von dem Gerücht um diesen eigenartigen Spuk, den es in der Galerie geben soll?« Der Mann zuckte zusammen – und murmelte: »Die Stiftungsdirektion hört es nicht gern. Aber ich glaube, es ist Friedrich selbst, der aus seinem Grab kommt, um die Kunstwerke hier zu betrachten. Ich war schon einmal da, nachdem er umgegangen ist. Es roch nach Rauch und Erde, weil er seiner Gruft entsteigt. Aber«, er hob die Hände, »ich will nichts gesagt haben. Schließlich ist mir mein Job hier lieb und teuer.«

Damit verschwand er im Innern der Bildergalerie, während Harriet und Rosinsky in das helle Licht des Nachmittags blinzelten.

»Haben Sie Lust, gleich mit mir den alten Leddin zu besuchen? Ich muss sagen, die Geschichte mit dem angeblich ersten Kurator der Galerie interessiert mich doch. Auch auf die Gefahr hin, die eine oder andere altersbedingte Fantasterei zu hören.«

Harriet schaute auf die Uhr. Es blieb noch genug Zeit, den Besuch auf der Museumsinsel vorzubereiten und die Post zu sortieren. Sie nickte also und ging gemeinsam mit Rosinsky die marmorne Treppe hinunter, die an den Fuß des Weinberges führte. Plötzlich rannten schreiende Touristen an ihnen vorbei und stoben auf die Ausgänge des Parks zu. Die beiden großen Wolfshunde hatten sich losgerissen und jagten, ihre Leinen hinter sich herziehend, in Riesensätzen den Weinberg hinunter auf die große Allee, die zum Neuen Palais führt. Einige der anderen Hunde taten es ihnen nach und rannten zwischen den fliehenden Touristen durch den Park. Gellend schrien die Besitzer die Namen ihrer Hunde.

»Halldur! Odin!«, rief der Vorsitzende des Windhundeclubs verzweifelt und lief mit rudernden Armen den Hügel hinunter. Der Dreispitz flog von seinem Kopf und blieb am Fuße einer Demeter-Statue liegen. »Hierher!« Aber die Hunde ließen sich nicht aufhalten. Mit riesigen Sprüngen jagte ein zotteliges Tier, das aussah wie ein Wolf, vor ihnen her. Es fegte durch das Französische Rondell und den Sizilianischen Garten auf die Maulbeerallee zu, Haken schlagend wie ein Hase. Die anderen Hunde liefen in hohem Tempo hinter ihm her. Ein lautes Quietschen ertönte, dann das hässliche Geräusch zerberstenden Metalls und das Scheppern aufeinander knallender Stoßstangen. Eine junge Frau stand am Rande der Straße und filmte das Geschehen mit ihrer Handykamera. Einer der großen Hunde, Odin, kollidierte mit dem Kotflügel eines Dacia und brach sich das Becken. Halldur lief vor Schreck und Entsetzen weiter bis zum Orangerieschloss und verkroch sich dort zitternd vor Angst unter einer der Bänke, die vor dem Gebäude standen. Fünf Autos fuhren auf der Maulbeerallee ineinander. Harriet ließ Rosinsky bei der großen Fontäne zurück und lief durch die schreienden Touristen hindurch zur Allee. Von weitem hörte sie bereits die Sirene der Rettungswagen. Der Vorsitzende des Windhundeclubs hockte schluchzend an der Seite seines sterbenden Hundes. Odin floss ein blutiges Rinnsal aus dem Maul. Seine langen Hinterbeine lagen zerschmettert und verdreht auf dem Asphalt. Harriet kniete sich an die Seite des Mannes und legte ihm eine Hand auf die Schulter. Mit der anderen Hand streichelte sie den blutigen Bauch des Hundes. Auf einmal spürte sie die Gegenwart eines großen Wesens. Sie hob den Blick und sah einen riesigen Mann mit einem Filzhut auf dem Kopf. Er hielt die Hände vor den Mund und starrte mit vor Schreck geweiteten Augen auf den toten Hund und den weinenden Mann in Uniform.

•

Sie mussten dreimal klingeln, bevor die Tür geöffnet wurde.

»Was machen Sie denn hier?«

Ron Weiss, in ausgewaschene Jeans und T-Shirt gekleidet, mit ungewohnt zerzausten Haaren, lehnte im Türrahmen. Die schwarzen Ringe unter seinen Augen zeugten von Müdigkeit, aber er schien entspannter als sonst. Harriet roch Wein in seinem Atem.

»Dürfen wir reinkommen?«

Rosinsky wischte sich mit einem Taschentuch den Schweiß von der Stirn. Harriet realisierte schuldbewusst, wie froh er war, endlich in dem kühlen Charlottenburger Hausflur zu stehen, nachdem sie fast eine Stunde lang das Haus gesucht hatten, in dem Ron Weiss wohnte. Harriet hatte einen schlechten Orientierungssinn und Rosinsky mehrfach – rechtsherum und dann linksherum – um den Savignyplatz geführt, bis sie die Straße erkannt hatte, in der Rons Wohnung war. An der Ecke war ein chinesisches Restaurant, das damit warb, auch kantonesische Küche anzubieten, und das mit seinen Stühlen fast den gesamten Bürgersteig einnahm. Daran hatte sie sich schließlich erinnern können.

»Etwas zu trinken wäre schön. Sie haben doch sicherlich kaltes Mineralwasser für uns, oder?«

Ein leises Geräusch aus der Küche ließ Harriet aufhorchen. Weiss war nicht allein, und er zögerte ganz offensichtlich, sie in die Wohnung zu lassen. Mehrere Augenblicke zu lange stand er im Türrahmen und schien nachzudenken. Schließlich winkte er sie halbherzig an sich vorbei in den langen Flur mit den Filmplakaten, den Harriet noch von ihrem ersten Besuch – an den sie sich wegen ihrer Alkoholeskapade nicht gern erinnerte – kannte. In der Küche saß eine dunkelhaarige Frau, die für Harriet auf den ersten Blick wie eine jüngere Ausgabe der Schauspielerin Natalie Portmann aussah: Im Licht der Kerzen, die in der Mitte des Esstisches platziert waren, wirkte ihr Gesicht mit der schmalen Nase und den vollen Lippen unwirklich in seiner Ebenmäßigkeit. Harriet spürte einen Stich in der Brust und fühlte sich mit einem Schlag alt.

»Hallo!« Sie hatte eine kräftige und rauchige Stimme, die nicht zu ihrer elfenhaften Erscheinung zu passen schien. Ohne eine Spur Verärgerung wegen der Störung, die der unerwartete Besuch verursacht hatte, eher mit Neugier im Blick musterte sie Rosinsky und Harriet. Besonders an Harriet schienen sich ihre Augen festzuheften.

Diese nickte ihr stumm zu.

Offenbar hatten sie den Kommissar und das Mädchen bei einem Dinner für zwei überrascht. Die Reste geschmorten Geflügels in einer Schüssel und Rotwein in einer bauchigen Karaffe zeugten von einem Mahl, das mit Zeit und Mühe zubereitet worden war. Das Dessert – ein geschichteter Pudding mit Sirup – hatten sie wohl gerade zur Hälfte aufgegessen, als Rosinsky und Harriet Sturm geklingelt hatten.

»Woher wussten Sie, dass ich zuhause bin?«

»Nur eine Vermutung«, antwortete Harriet mit einer Schärfe in der Stimme, über die sie selbst erschrocken war. Außerdem hatte sie einen Kloß im Hals. Was war mit ihr los? Am liebsten wäre sie auf dem Absatz umgedreht, hätte sich in die laue Berliner Nacht verabschiedet und in einem der Restaurants am Savignyplatz *Pasta al Arrabiata* und einen *Primitivo* bestellt. Wie zum Teufel war sie in diese Geschichte hineingeraten, und wieso stand sie kurz davor, in Tränen auszubrechen? Weil ein ihr fast unbekannter Polizist mit einem Mädchen zu Abend aß, die sie noch viel weniger kannte?

»Wer sind Sie denn eigentlich?«, wandte sich Harriet ungeschickt an die junge Frau, die an ihrem Glas nippte und die Situation zu genießen schien.

»Mein Name ist Talia, freut mich sehr, Sie kennen zu lernen!«, antwortete sie und streckte die Hand aus, die Karl Rosinsky sofort ergriff und herzlich drückte. Er war so vertieft in ihren Anblick, dass er den Grund des Besuchs bei dem Kommissar vergessen hatte. Talia beugte sich vor und lächelte: »Und Sie müssen die Professorin sein, von der Ron…«

Weiter kam sie nicht. Ron fragte hastig: »Also nochmal, warum sind Sie hier?«

»In Potsdam geschehen gerade sehr seltsame Dinge, um die Sie sich unbedingt kümmern müssen, damit nicht noch mehr Unheil geschieht.«

Ein Seitenblick auf das schwarzhaarige Mädchen zeigte ihr, dass diese aufmerksam zuhörte. Irgendetwas an ihr kam ihr bekannt vor, so, als hätte sie ihr Gesicht schon einmal gesehen. Rosinsky starrte die zarte Gestalt auf dem wackeligen Küchenstuhl noch immer entzückt an, ohne seine Sprache wiedergefunden zu haben.

»Warum haben Sie nicht einfach die Einsatzzentrale angerufen und einen Streifenwagen kommen lassen, wenn Ihnen irgendetwas merkwürdig erscheint?«, grollte Ron Weiss.

Harriet zögerte. Sie würde lieber mit dem Kommissar allein reden. Die Geschichte war so wirr, dass unbekannte Zuhörer – vor allem dieses Mädchen – sie noch mehr aus dem Konzept bringen würden. Talia schien ihre Unsicherheit zu spüren.

»Ich gehe dann mal nachhause. Ist eh' schon spät und morgen früh muss ich zum Dreh«, meinte sie unbekümmert, stand im Nu auf und gab Ron einen flüchtigen Kuss auf die Wange.

»Soll ich dich nicht lieber bringen? Gerade in der Ecke, in der du wohnst, muss man aufpassen.«

»Sei nicht immer so ängstlich, *Neshama*! Ich melde mich, wenn ich aus dem Studio zurück bin. Einen schönen Abend allerseits!« Und schon war sie fort.

»Ist Ihre Freundin Schauspielerin?«, fragte Harriet und hätte sich im gleichen Moment am liebsten auf die Zunge gebissen.

»Talia hat gerade ihre erste Filmrolle bekommen!«, antwortete er, und Harriet hörte den Stolz, der in seinen Worten mitschwang. »In einer Serie über ...«

»Ich habe wirklich Durst!«, unterbrach Karl Rosinsky, der aus seiner Trance erwacht war, den Dialog zwischen Ron und Harriet.

»... die 1920er-Jahre. Ich glaube, dass das ihr Durchbruch wird!«

Ron ließ seine Bemerkungen über das Mädchen in der Luft stehen, füllte zwei Gläser mit Wasser, holte Eiswürfel aus dem Gefrierfach und ließ sie klirrend in die Flüssigkeit gleiten. Dann reichte er ihnen die Getränke, verschränkte die Hände vor der Brust und lehnte sich gegen das Buffet.

»Ich höre.«

»Das Gerücht geht um, dass Friedrich der Große regelmäßig seiner Gruft entsteigt, um die Bilder in seiner Galerie in Sanssouci anzusehen«, begann Harriet und merkte sofort, dass sie die Geschichte vom falschen Ende her angefangen hatte.

Ron schaute Harriet an, als würde er sie gleich in die Psychiatrische Abteilung am Urban-Klinikum einweisen lassen – wo auch Maria schon untergebracht war.

»Das halten wir natürlich nicht für bare Münze ...«, beeilte sich Rosinsky zu sagen.

»Aber es hat uns nachdenklich gemacht«, fuhr sie fort. »Dann stellte sich heraus, dass es eine Beziehung zwischen einem von Friedrichs Ratgebern, Nikolaus von Rebenstorff, und einem Gemälde von Caravaggio gibt – dem *Ungläubigen Thomas*. Das Werk hängt in der Bildergalerie. Es ist wirklich einzigartig«, sprudelte aus Harriet die Begeisterung heraus, »und außerdem ist die Sammlung unter ganz anderen Umständen entstanden, als die Forschung bisher angenommen hat.«

»Warum schreiben Sie nicht einfach ein Buch darüber, anstatt mich beim Abendessen zu stören? Das ließe sich bestimmt gut verkaufen. Und wer soll dieser von Rebenstorff sein und vor allem: Warum ist das wichtig? Sie können einfach nicht akzeptieren, dass Sie eine falsche These aufgestellt haben! Wie ich schon sagte: Das ist alles sehr interessant. Aber ich bin mir sicher, dass die Spur zu Caravaggio kalt ist, denn ...«

»Glaube ich nicht. Als wir die Galerie verließen, um den ehemaligen Kastellan, Johannes Leddin, zu besuchen, ist noch etwas Seltsames passiert.«

Jetzt sprang Karl Rosinsky ihr bei. Er schilderte die Begegnung mit dem Windhundeclub und die ausbrechende Panik im Park.

Harriet fügte hinzu: »Die Hunde waren aber nicht das Entscheidende: Ich habe jemanden im Park gesehen, einen großen Mann mit asiatischen Gesichtszügen. Ich bin mir sicher, dass ich ihn bei der bewussten Gartenparty in der Villa Augusta gesehen habe. Es muss einen Zusammenhang geben. Vielleicht hat er mit dem Mord an Pit Wallstedt zu tun. Und ich habe sogar ein Video, das ihn zeigt.«

Sie zückte ihr Handy und spielte eine kurze Sequenz ab, die sie von der japanischen Touristin bekommen hatte, die den Unfall gefilmt hatte.

Ron wand sich. Er hielt etwas zurück, da war Harriet sich sicher. »Oh, Mann, der Hund tut mir leid. Aber sowas passiert, wenn die Viecher außer Kontrolle geraten. Das kommt selbst bei der Hundestaffel ab und zu vor – und da haben wir top ausgebildete Hunde. Wenn die ein Kaninchen oder ein Eichhörnchen sehen, können die auch schon mal über den Zaun springen. Und der Mann – ich würde sagen, dass er ungewöhnlich aussieht, aber das ist ja noch kein Verbrechen. Soll ich ihn deshalb zur Fahndung ausschreiben?«

Harriet wurde allmählich ungeduldig. »Das ist jetzt das dritte Mal, dass Sie mich mit meiner Hypothese zu Caravaggio im Regen stehen lassen. Gleichzeitig lagen Sie mit der Verhaftung von Maria voll daneben. Ich sage Ihnen nochmal, die versteckte Werkstatt im Atelier ist eine Fälscherwerkstatt – warum gehen Sie dieser Spur nicht nach?«

»Welche Fälscherwerkstatt?« Karl Rosinsky verstand gar nichts mehr.

Ron starrte sie an. Sein ganzer Körper strahlte Missbilligung aus. »Hat Ihnen Frau Dr. Lievens etwa nicht erzählt, dass sie widerrechtlich in das Atelier des Mordopfers eingedrungen und bei der Gelegenheit rittlings in einer Abstellkammer gelandet ist?«

Rosinsky griente.

»Nein, das hat sie nicht erzählt, aber es klingt spannend.«

»Ich würde sagen, dass es verantwortungslos war, denn ich hätte sie beinahe erschossen, weil ich sie für einen Einbrecher hielt. Das wäre eine ganz schöne Sauerei geworden und außerdem schade, denn erben würde ja ihre Familie, die ohnehin schon genug Geld hat. Oder haben Sie«, er wandte sich an Harriet, »etwa in Ihrem Testament das Tierheim bedacht oder eines Ihrer Lieblingsmuseen?«

Harriet knirschte mit den Zähnen. »Es geht Sie zwar nichts an, aber mein Vermögen fällt an meine Geschwister und damit an die Reederei.«

»Na, im Falle Ihres Todes würden dann vielleicht die Kreuzfahrten billiger – das käme natürlich uns allen zugute.«

»Was ist denn nun mit der Fälscherwerkstatt?«, fragte Rosinsky.

Harriet erläuterte, was sich hinter der Luke in Pits Atelier verbarg, und wie sie die Werkstatt einschätzte. Rosinsky hörte aufmerksam zu und nickte ein paarmal, während Ron Weiss an seinem Wein nippte und in Gedanken woanders zu sein schien.

Als sie ihren Bericht beendet hatte, wandte der Kommissar ein: »Sie selbst, Frau Dr. Lievens, hatten allerdings, noch während wir vor Ort im Atelier waren, festgestellt, dass Wallstedt einfach nur mit altmeisterlichen Techniken experimentiert haben könnte.«

»Was möglich, aber unwahrscheinlich ist. Warum sträuben Sie sich so gegen meine Hypothese, dass wir nochmal zurück und zu Caravaggio gehen müssen?«

»Weil Ihre Vorstellungen abenteuerlich sind und stark an Kaffeesatzlesen erinnern.«

»Aber Sie waren mit Ihrem Vorgehen erfolgreicher, oder was?«

Er schnitt eine Grimasse und leerte dann das Weinglas in einem Zug aus.

»Ich gebe zu, dass die Verhaftung von Maria Reinhold eine Sackgasse war. Aber inzwischen hat sich einiges getan ... « Er zögerte, bevor er weitersprach. »Sie haben sich beide in etwas hineingesteigert. Sie«, er deutete mit dem Kopf auf Karl Rosinsky, »als Kollateralschaden.« Nachdenklich drehte er den Kopf und warf Harriet einen Blick zu. »Wohingegen ich bei Frau Professorin Lievens ein psychisches Problem vermute. Und das wäre ja auch kein Wunder.«

»Ich bin nicht verrückt, falls es das ist, was Sie gerade ausdrücken möchten. Im Gegenteil würde ich mich als ausgesprochen rational bezeichnen. Nur, weil ich – noch! – nicht erklären kann, wie die Informationen und Geschehnisse zusammenhängen, bin ich keine arme Irre – so wie Maria. Ich bleibe bei meiner Hypothese, dass Caravaggio der Schlüssel zum Tod von Pit Wallstedt ist.«

Ron Weiss seufzte. »Also gut. Ich sehe schon, dass ich Sie nicht loswerde. In diesen Minuten läuft eine Hausdurchsuchung in Professor Lietzenburgs Villa und am Kunstwissenschaftlichen Institut. Ihr Freund Robert, falls er das noch ist, ist dringend verdächtig, Pit Wallstedt umgebracht zu haben. Also vergessen Sie den spukenden Friedrich, den Riesen, die Werkstatt und vor allem – vergessen Sie, dass dieser Caravaggio, der ja auch schon ziemlich lange tot ist, etwas mit dem Mord an Pit Wallstedt zu tun haben könnte.«

»Was?! Wie kommen Sie darauf, dass Robert ein Mörder sein soll?«

Sie starrte Ron an, der schweigend eine Scheibe Weißbrot zwischen den Fingern zerkrümelte. Plötzlich schrillte sein Handy und ließ alle drei zusammenzucken. Ron murmelte leise etwas in sein Telefon und verschwand dann aus der Küche. Harriet wechselte einen Blick mit Rosinsky. »Warum hätte Robert seinen Freund Pit umbringen sollen?«, flüsterte sie ihm zu.

»Streit um Geld? Vielleicht wollte Robert sich auch bei ihm etwas leihen und wurde abgewiesen. Sie wissen ja besser als alle anderen, dass er knapp bei Kasse war. Die ganze Familie von Lietzenburg ist verarmt.« Karl Rosinsky verschränkte die Hände vor der Brust. »Das habe ich mir erlaubt zu recherchieren. Der Stammsitz der Familie im Rheinland ist sanierungsbedürftig. Ein Flügel des Lietzenburgschen Schlosses ist geschlossen, der Rest wird für Hochzeiten oder Fotoshootings vermietet.«

»Kommen Sie, wir fahren jetzt zusammen zur Villa Augusta!« Ron Weiss war so leise in die Küche zurückgekehrt, dass Harriet erschrocken zusammenzuckte.

»Es ist illegal, Sie mitzunehmen, ich weiß. Aber ich möchte speziell, dass Sie, Frau Dr. Lievens, die Sache miterleben und dann Ruhe geben. Sie richten nur Schaden an, wenn Sie auf eigene Faust ermitteln und ihre fixe Idee von Caravaggio weiterverfolgen. Gehen wir!«

Der Polizeiwagen wartete mit laufendem Motor vor dem Haus. Ron stieg vorn ein und reichte Harriet und Rosinsky einen Stoß E-Mails, die er aus seinem Rucksack nahm: »Hier ist etwas zu lesen – damit Ihnen die Fahrt nicht so lang wird.«

Einige Nachrichten bestanden nur aus wenigen Worten. Aber diese reichten, um die Leidenschaft widerzuspiegeln, die Pit und Sophia verbunden hatte. Aber das war noch nicht alles: Die E-Mails, die Sophia, oftmals mitten in der Nacht, an Pit geschrieben hatte, strotzten vor Hass und Verachtung ihrem Ehemann gegenüber. »Alter Trottel« war einer der harmloseren Ausdrücke, die Sophia zur Beschreibung ihres Mannes und Vaters ihrer Tochter benutzte. Harriet hatte seit ihrem Einbruch in Pits Atelier gewusst, dass Sophia und Pit eine Liebesgeschichte gehabt hatten, aber Sophias in vielen E-Mails zum Ausdruck gebrachten Wunsch, möglichst umgehend die Villa Augusta verlassen zu können und gemeinsam mit Pit ein neues Leben zu beginnen, verblüffte sie dennoch. Wieso war ihr die Brüchigkeit der nach außen hin heilen Fassade bis zu dem Streit auf dem Gartenfest nicht aufgefallen? Wahrscheinlich war sie einfach zu sehr mit sich selbst beschäftigt gewesen.

Als sie das noble Viertel am Heiligen See erreichten, war beinahe Mitternacht. Es war bis auf die nächtlichen Geräusche totenstill, aber Harriet war sich sicher, dass die Nachbarn der Lietzenburgs hinter den Fenstern standen und jede Bewegung rund um die Villa Augusta mit angehaltenem Atem registrierten. Und das Aufgebot war spektakulär: Fünf Polizeiautos standen Stoßstange an Stoßstange und säumten die baumbestandene Allee, an der die Villa Augusta lag. Die große Menge an Blaulicht verlieh der gediegenen Vorstadt einen Hauch von Crime-Scene in New York oder Los

Angeles. Harriet stieg vorsichtig aus dem Auto und ging hinter dem Kommissar her, der zügig durch den Garten auf den Eingang der Villa zustrebte. Leise schloss sie die Wagentür. Karl Rosinsky war auf dem letzten Kilometer vor der Villa Augusta eingeschlafen und lag jetzt leise schnarchend auf der Rückbank des Wagens.

»Was soll das, Ron?« Olga hatte sich vor der Eingangstür aufgebaut und verwehrte Harriet den Zutritt. »Frau Lievens hat hier nichts zu suchen! Das ist eine Angelegenheit der Polizei.«

»Frau *Professor* Lievens ist auf meinen Wunsch hin mitgekommen, Frau Kommissarin Schweder! Sie ist eine wichtige Zeugin.«

In seiner Stimme lagen drei Schichten harten Eises.

Olga schaute ihn ungläubig an. Sie riss den Mund auf, als würde sie ihn anschreien wollen, überlegte es sich dann anders und verschwand abrupt ohne ein weiteres Wort im Innern des Hauses. Die Luft in der Villa Augusta war verqualmt und überall standen volle Aschenbecher. Es roch nach ungeöffneten Fenstern und muffigen Kleidern statt – wie früher – nach frischen Blumen und Sophias Parfum. Robert saß im Salon auf dem Sofa, eingekeilt zwischen zwei Polizisten. Lissy und Sophia waren nirgends zu sehen.

»Sie ist eine wichtige Zeugin und muss dabei sein!«, kam Ron möglichen Einwänden seiner Kollegen zuvor. Die beiden Polizisten wechselten einen finsteren Blick. Einer schnalzte mit der Zunge, wagte aber keinen Widerspruch. Robert war innerhalb der vergangenen Tage um mehrere Jahre gealtert. Das Gesicht war von tiefen Furchen durchzogen, die Haut schimmerte grünlich. Er zog intensiv an einer Zigarette. Vor ihm auf einem Beistelltisch mit Dackelbeinen stand ein Aschenbecher, der bis über den Rand voll war.

»Robert!«, Harriet war ehrlich erschrocken. Beim Nähertreten drang ihr ein stechender Geruch nach ungewaschener Wäsche in die Nase.

»Professor von Lietzenburg, ist Ihnen klar, dass Sie sich unter Mordverdacht befinden?« Ron hatte sich einen Stuhl herangezogen und sich frontal zu Robert platziert. »Sie sollten einen Rechtsanwalt hinzuziehen.«

»Verzichte. Ich möchte endlich mein Gewissen erleichtern. Hören Sie. Ich kann nicht mehr. Um mich herum ist doch alles schon kaputt.« Die Worte klangen hohl, wie auswendig gelernt.

»Wie Sie wollen. Wie lange wissen Sie schon, dass Ihre Frau und Pit Wallstedt eine Beziehung hatten?«

»Um ehrlich zu sein, ich weiß es schon lange. Die beiden haben es mit der Diskretion nicht besonders wichtig genommen. Ich habe die Spuren der Tête-à-Têtes oft genug in unserem Ehebett gefunden.« Wieder zog er an der Zigarette. »Sophia hält nichts vom Putzen, wissen Sie. Sie verlässt sich grundsätzlich auf die Putzfrau. Und die taugt nichts.« Ungeduldig wandte er sich Ron zu: »Ich möchte jetzt endlich eine Aussage machen: Ich, Robert von Lietzenburg, habe Pit Wallstedt vorsätzlich getötet!«

»Das kann doch unmöglich die Wahrheit sein!« Harriet war entsetzt. »Warum diese Schmierenkomödie, Robert?«

Sie ignorierte den strafenden Blick Rons, aber Robert ließ sich durch Harriets Einwand nicht beirren.

»Du hast doch keine Ahnung, Harriet! Abgesehen davon, frage ich mich, was du in meinem Haus zu suchen hast. Aber sei es drum. Ich war eifersüchtig, weil meine Frau mich mit einem meiner besten Freunde, noch dazu mit einem, dessen Karriere ich ermöglicht habe, hintergangen hat. Wissen Sie eigentlich, wie es sich anfühlt, wenn die eigene Frau einem jeden Tag mit Verachtung begegnet?! Wissen Sie, was es heißt, betrogen zu werden von Menschen, die einem nahestehen?! Näher als sonst jeder andere Mensch. Als ich erfuhr, dass Sophia die Woche vor unserem Gartenfest nicht, wie Sie mir hatte weismachen wollen, bei ihrer Freundin in Südtirol verbracht hatte, sondern mit Pit in Frankreich war, konnte ich nicht mehr an mich halten.«

Harriet lauschte ungläubig seinen Worten. Alle außer Robert waren still und hielten den Atem an. Nur die Voglauer Standuhr aus dem Jahre 1700, ein Erbstück von Roberts Großmutter, schien doppelt so laut zu ticken wie sonst.

»Ja, und dann bin ich in der Nacht zu Pit ins Atelier gefahren.« Ungeachtet der Tatsache, dass seine Zigarette im Aschenbecher verglühte, steckte er sich eine zweite an. »Sophia schlief nicht etwa bei mir, sondern wie fast jeden Abend in ihrem Arbeitszimmer, ihrem *Office*. Als hätte sie viele Businessbeziehungen zu pflegen ... Na gut ...« Er schwieg und starrte vor sich hin. »Dann habe ich einen der Säbel aus meiner Sammlung genommen – eine kostbare alte Waffe aus ...«, er zögerte, »aus der Mongolei. Ich trank und trank immer mehr. Und fuhr schließlich zu Pit ins Atelier.«

Er unterbrach sich und schwieg sekundenlang.

»Und dann?«, fragte Ron.

Der Seufzer aus Roberts Mund klang unecht. Dann wieder eine Pause. Auch diese klang künstlich, und Harriet erkannte das sekundenlange Verstummen sehr gut aus den zahlreichen Vorträgen wieder, die sie von Robert gehört hatte. Die »Lietzenburg-Pause«. Warum dieser rhetorische Kniff? Er passte zu dem Geständnis, das gestelzt und unecht klang. Aber warum sollte Robert einen Mord gestehen, den er nicht begangen hatte? Er wäre nach Maria schon der zweite, der fälschlicherweise angab, Pit umgebracht zu haben. Das konnte doch alles nicht wahr sein.

»Ich parkte mein Auto an der Schiffbauergasse und wartete. In Pits Atelier brannte noch Licht, und ich sah, dass er nicht allein war. Unnötig zu betonen, dass Pit auch Harriet erobert hatte.«

Erobert. Ein altmodisches Wort. Stimmte es? Wäre Pit nicht eingeschlafen, wäre sie dann bei ihm geblieben, und alles wäre anders gekommen? Vielleicht. Wahrscheinlich.

»Den Wodka hatte ich mitgenommen. Im dunklen Auto saß ich und trank den Alkohol aus der Flasche. Draußen war der Regen allmählich abgeebbt. Aber ich brauchte gar nicht so viel Geduld. Es waren kaum einige Minuten vergangen, da kam Harriet aus dem Gebäude, in dem Pit sein Atelier hatte. Übrigens hatte ich es ihm verschafft.« Eine müde Handbewegung. »Aber das nur am Rande.«

Unglaubwürdig. Die Fakten, die Robert erwähnte, hätten jedem bekannt sein können, der Zeitung gelesen hatte. Warum log er? Es musste eine Ebene hinter dem geben, was Robert mit großer Geste als Geständnis verkaufte. Harriet war sich sicher, dass das Drama, das sich vor ihren Augen abspielte, von etwas anderem ablenken sollte. Aber wovon?

»Ich habe dein Auto nicht gesehen, an jenem Abend«, sagte sie dann leise. »Meine Erinnerung trügt mich nicht: Ich sehe den Hof deutlich vor mir – er war leer!«

Robert ging auf ihren Einwand nicht ein. »Ich hätte es nie für möglich gehalten, dass ich zu einem Mord fähig wäre, aber so ist es. Ich war vollkommen betrunken – und ich war wütend. So wütend, wie ein zweifach betrogener Ehemann nur sein kann! Ich stieg also aus meinem Auto, nahm den Säbel aus dem Kofferraum und klingelte unten an der Tür zum Atelier. Ich klingelte und klingelte, aber das Schwein machte erst Minuten später auf ... der Mann, der mich mit meiner Ehefrau hintergangen und unsere Freundschaft verraten hatte.«

So viel Theaterdonner. Robert war wirklich ein schlechter Schauspieler.

»Haben Sie ihn zur Rede gestellt?«

»Ja, natürlich! Erst stritt er alles ab. Das hatte ich aber auch nicht anders erwartet. Plötzlich fing er an zu lachen. 'Du bist ein solcher Idiot!', lachte er mich aus, 'hast du wirklich geglaubt, dass deine junge Frau es bei dir aushält?' Dann beschimpfte er mich als erbärmlichen Ehemann und machte alles nieder, was meine Existenz ausgemacht hat: meine Familie, mein Heim, meinen Beruf. Aber das war nicht das Schlimmste gewesen. Nein, noch längst nicht.« Er versteckte sein Gesicht in den Händen. An der Stelle am Ringfinger der rechten Hand, wo früher der Ehering gesessen hatte, war nur noch eine Druckstelle zu sehen.

»Ihre Frau wollte Sie verlassen, nicht wahr?«

Er nickte langsam, sein Gesicht noch immer in den Händen bergend. »Ja, mit unserer Tochter!«

»Robert, das ist doch Unsinn!« Harriets Bemerkung zog Rons Unwillen auf sich. Aber bevor er sie tadeln konnte, sprach Robert weiter: »Lissy ist mein Ein und Alles! Ich konnte nicht mehr rational denken. Und dann habe ich ihn umgebracht.«

»Schildern Sie doch bitte den Tathergang! Wie haben Sie ihn denn ermordet?«

»So!«, er hielt seine Linke in die Luft. »Mit bloßen Händen! Ich bin Linkshänder! Ha! Und sicherlich wird ja in Ihrem Bericht stehen, dass Pit von einem Linkshänder ermordet worden ist.« Er lachte theatralisch in sich hinein. Harriet konnte sich nicht entsinnen, jemals Zeugin einer so schlecht gespielten Rollenfigur gewesen zu sein.

»Du wusstest doch sicherlich von deiner Freundin Adelheid Rumpers, dass Pit von einem Linkshänder ermordet worden war. Das beweist gar nichts!«, hielt Harriet dagegen.

»Oh, Beweise kann ich gern liefern! Kommen Sie, vertrauen Sie mir! Ich kenne mich hier aus.« Er lachte laut über seinen eigenen Witz und winkte die Polizisten und Harriet mit der Hand hinter sich her. »Bitte folgen Sie mir durch diesen Salon, in dem meine liebende Gattin exklusive Soireen veranstaltet, in mein weniger exklusives Arbeitszimmer, in dem das Geld für ihre Aktivitäten verdient wird. Ich zeige Ihnen etwas, das Ihre letzten Zweifel vertreiben wird.«

Harriet folgte der von Robert angeführten Prozession durch die Villa Augusta, die ihr noch niemals so vernachlässigt vorgekommen war wie in jener Nacht. Die fadenscheinigen Teppiche, der Sprung auf der Oberfläche der Anrichte, die Bücher, die dringend abgestaubt werden müssten. Robert führte sie zielgerichtet, wenn auch schwankend durch den Flur in sein Arbeitszimmer. Harriet erinnerte sich mit Schaudern daran, wie sie einige Zeit zuvor unfreiwillig die äußerst unerfreuliche und intime Unterhaltung der beiden Lietzenburgs hatte mit anhören müssen. War das wirklich erst einige Wochen her? Harriet wurde aus ihren Gedanken gerissen durch einen der uniformierten Beamten, der plötzlich aufschrie. Entsetzt sah sie, wie Robert – trotz seines betrunkenen Zustandes – sehr schnell einen Säbel hinter seinem Schreibtisch hervorgezogen hatte und ihn an den Hals eines der Polizisten hielt. Ron reagierte prompt. Mit einem gezielten Tritt in den Unterleib schaltete er Robert aus und kniete im Handumdrehen auf seinem Rücken, die Waffe im Anschlag. Der Säbel fiel auf den Teppich, der den Boden des Arbeitszimmers fast zur Gänze ausfüllte. Dann ging alles ganz schnell. Gekrümmt ließ Robert sich abführen, nachdem ihm Handschellen angelegt worden waren. Harriet schien, als blitzten seine Augen sie trotz seines Schmerzes triumphierend an, als er an ihr vorbeiging und ihr zum Abschied zuraunte:

»Arme Harriet! Du wirst nie verstehen, was wirklich passiert ist – und das ist doch die höchste Strafe für dich!«

•

»Sie glauben doch nicht, dass Robert wirklich den Mord an Pit Wallstedt verübt hat, oder?!« Harriet hatte sich vor Ron aufgebaut, der wie festgefroren vor der Figurengruppe der Berserker stand und diese aufmerksam betrachtete. »Hallo?«, fragte sie nach, als er, ohne auf ihre Frage zu reagieren, weiter die in Bronze gegossenen archaischen Skulpturen studierte. »Wollen Sie jetzt Experte für zeitgenössische Kunst werden, nachdem Sie Ihren professionellen Kriminalisteninstinkt verloren haben?«

Langsam drehte er den Kopf zu ihr hinüber. Als hätte er ihren Einwurf nicht wahrgenommen, erwiderte er: »Lassen Sie es doch endlich gut sein! Vielleicht brauchten Sie die Geschichte von Caravaggio, um sich aus Ihrem Gefängnis im Kopf zu befreien – genau wie diese Wesen«, er deutete auf die Skulpturengruppe, »sich gegen irgendetwas auflehnen und zur Wehr setzen, das nur sie wahrnehmen. Angeblich waren Berserker ja vollkommen schmerzunempfindlich, wenn sie in die Schlacht zogen. Sorry, aber meinem Eindruck nach sind Sie nicht weit davon entfernt. Sie sind auch schmerzbefreit, selbst wenn die Wahrheit Ihnen direkt zwischen die Augen haut.«

Harriet wurde zornig.

»Ich habe Roberts Auto definitiv nicht auf dem Hof gesehen! Ich bleibe dabei! Außerdem hat er praktisch nichts ausgesagt, was nicht in den Medien stand. Jeder hätte das wissen können.«

»Und der Säbel?«

Harriet schwieg. Der Säbel war tatsächlich ein noch ungelöstes Rätsel.

»Denken Sie, was immer Sie wollen, aber lassen Sie die Finger von Polizeiarbeit. Das wird Sie nur in Schwierigkeiten bringen. Ich bin sicher, dass wir an dem Säbel die DNA des Mordopfers finden werden. Für mich ist der Fall abgeschlossen. Falls wir beide uns wiedersehen, dann hoffentlich nicht im Zusammenhang mit einem Mordfall. Ich muss jetzt aufs Präsidium. Ach, und übrigens«, setzte er wie nebenbei hinzu, »unser IT-Genie hat endlich ein Ergebnis, was die angebliche E-Mail von Jonathan Barnwell an Sie betrifft. Es handelt sich um einen raffiniert angelegten Fake-Account.«

Er drehte sich auf dem Absatz um, grüßte die Uniformierten und verschwand ohne ein weiteres Wort. Harriet blieb erschrocken zurück. Die E-Mail hatte sie schon längst aus ihrem Gedächtnis verdrängt.

»*Bonjour, Madame*. Machen Sie sich nichts aus seinem Verhalten. Ron weiß nicht, wie man sich Damen gegenüber benimmt. *Il ne sait rien*.«

Unter einer weißen Kapuze strahlte Vincent Vincent sie an und riss sie aus ihren Gedanken. Vorsichtig trug er den in eine Folie eingeschlagenen Säbel in einem Pappkarton vor sich her.

Harriet mahnte sich selbst, die Nerven nicht zu verlieren. Über die E-Mail würde sie später noch nachdenken können. Ohne Zweifel hatte sie in dem Chef der Spurensicherung einen Verehrer gefunden. Würde sie das ausnützen können? Sie lächelte zurück. Und das fiel ihr nicht einmal schwer.

»Darf ich den Säbel einmal anschauen?«

Er zögerte und antwortete dann:

»*Oui, Madame*, weil Sie es sind! Eigentlich ist es verboten, aber wer könnte Ihnen widerstehen?«

Er klappte den Karton, in dem er den in Luftpolsterfolie verpackten Säbel verwahrte, auf, sodass Harriet ihn in Gänze betrachten konnte. Sie kniete sich unter den bewundernden Augen von Vincent über den Karton und nahm den Säbel in Augenschein. Er schien sehr alt zu sein. Sie unterdrückte die Vorstellung, dass die Waffe Pits Kopf von seinem Körper getrennt, Muskeln und pulsierende Adern in Bruchteilen von Sekunden zerteilt hatte. Trotzdem machte sich ein bitterer Geschmack auf ihrer Zunge breit. Sie fischte in ihrer Jackentasche nach einem Pfefferminzbonbon, während sie den Säbel genau studierte. Es war eine Waffe, die recht archaisch aussah. Sie war ungefähr ein Meter lang und verjüngte sich zum Knauf hin, der mit einem glänzenden Material überzogen war.

»Was glänzt denn da so stark?«

Er wand sich ein wenig. Jetzt musste sie eine gezielte Charmeoffensive wagen, auch wenn sie aus der Übung war. »Sie kennen sich doch ganz sicher mit Waffen aus, nicht wahr?«, schmeichelte sie ihm und der alte Trick funktionierte. Er plusterte sich auf und setzte zu einem Vortrag an.

»Sie haben Glück! Alte Waffen sind mein Hobby. Das hier ist eine getrocknete Fischhaut«, raunte er ihr zu. »Etwas Seltenes, ein – *comment dire?* – Dao. Daos wurden zum Beispiel im Alten China von Soldaten genutzt, vor allem für den Nahkampf. *Très précieux.*«

Ehe Vincent Einwände erheben konnte, schob Harriet vorsichtig die Folie beiseite. Sofort fiel ihr eine Prägung in den Blick, die die Waffe am Schaft trug. Es handelte sich um einen Kreis, der von jeweils drei geraden Balken geteilt wurde. Um den äußeren Rand des Kreises herum verliefen geschwungene Ornamente.

»Wissen Sie, was das hier sein könnte?«

Vincent zuckte mit den Schultern.

»Muss ich untersuchen. Sieht aus wie ein magisches Symbol oder ein Zeichen, ist aber sicherlich nicht so alt wie die Waffe selbst.«

Der Kreis mit den Ornamenten kam Harriet bekannt vor. Wofür könnte er wohl stehen?

»Ein Foto wäre schön – darf ich?« Harriet sah den Mann bittend an.

»Könnte ich Ihnen jemals einen Wunsch abschlagen?«

Harriet schenkte ihm erneut ein Lächeln, holte rasch ihr Handy aus der Tasche und machte Fotos sowohl vom Säbel als auch vom Symbol auf dem Schaft.

»Danke! Wir treffen uns bald auf einen Kaffee – versprochen! Ich rufe Sie an.«

Vincent deutete einen Handkuss an. Dann verstaute er den Karton in einem Transporter, der vor dem Grundstück der Villa Augusta parkte.

»Warten Sie nicht zu lange, Madame Harriet. Ich werde uns einen Platz im *Café Fleury* reservieren. Da gibt es die besten *Tartes au Citron* außerhalb Frankreichs!«, rief er ihr aus dem geöffneten Autofenster zu, bevor er winkend davonfuhr. »A bientôt.«

Harriet ging ins Haus, um ihre Tasche zu holen, die noch immer im Salon stand. Niemand schenkte ihr Beachtung. Überall herrschte Unordnung, und noch immer war es unangenehm stickig in der Villa. Sie durchquerte den Salon und öffnete eines der knarrenden, doppelseitigen Fenster. Der Lack blätterte vom Holz ab. Der Rahmen brauchte dringend einen neuen Anstrich, wenn er den Winter überleben wollte. Nachdenklich schaute Harriet nach draußen und sog die frische Luft ein, die in das Innere der Villa strömte. Wenn Robert jemand hätte umbringen wollen, hätte er ihn sicherlich nicht eigenhändig mit einem Säbel enthauptet – eher hätte er einen Auftragskiller ins Rennen geschickt, um sich selbst nicht die Hände schmutzig zu machen. Nach Maria war er tatsächlich der zweite Mensch, der gestand, Pit ermordet zu haben, obwohl er es allem Anschein nach nicht getan hatte. Was war das für eine verdrehte Geschichte?

»Ist der *Mann mit dem Hund* wieder da? Ich glaube, dass ich seinen Hund jaulen gehört habe.«

Lissy stand plötzlich in der Tür.

»Lissy! Hallo! – Welcher Mann?«

»Der Mann, der einen Fellmantel getragen hat, obwohl es so heiß war. Der war sehr nett und hat mit mir eine Höhle gebaut. Papa war aber sauer darüber und hat gesagt, dass ich nie wieder mit dem Mann sprechen soll. Der Mann hat mir eine Geschichte erzählt von dem Land, in dem er lebt und was es da so zu essen gibt. Außerdem hat er mir gesagt, dass er als Kind bei seinem Großvater in einem Zelt oder sowas Ähnlichem gewohnt hat. Ich habe vergessen wie das heißt. Es klang aber lustig, so wie Joghurt. Er hat in einem Joghurt gewohnt.« Das Mädchen lachte.

»Schau mal, er hat mir sogar etwas geschenkt!« Elisabeth griff in den Ausschnitt ihres Kleides und förderte ein Amulett zutage. Harriet nahm es zwischen Daumen und Zeigefinger und war plötzlich wie elektrisiert. Die

Gravur auf dem Amulett ähnelte der Prägung auf dem Säbel bis ins kleinste Detail: ein Kreis, durchzogen von Balken und eingerahmt von verschlungenen Ornamenten.

»Wo ist der Mann mit dem Hund denn hingegangen?«

»Das weiß ich auch nicht genau. Er hat mir aber gesagt, dass wir uns bald wiedersehen.«

»Lissy, hör' mir genau zu. Du musst auf dich aufpassen. Wenn der Mann wieder auftaucht, sag' deiner Mutter Bescheid. Er ist vielleicht gefährlich.«

»Pöh!«, erwiderte das Mädchen schnippisch. »Ich habe keine Angst. Der Mann ist mein Freund. Sonst hätte er mir ja die Kette nicht geschenkt. Und Klingsohr ist auch lieb.«

»Wer ist Klingsohr?«

»Na, der Hund!«

Ein Hund, der hieß wie eine Sagengestalt?

»Ich muss jetzt zu Mama.« Sie drehte sich um und lief in den Garten.

Wer konnte der Mann sein, von dem Lissy gesprochen hatte? War es vielleicht derselbe, vor dem Harriet sich auf dem Gartenfest der Lietzenburgs erschreckt hatte und der ihr im Park Sanssouci wiederbegegnet war?

Plötzlich ploppte eine Nachricht von Ron Weiss auf. »Falls Sie Herrn Rosinsky vermissen – den habe ich nachhause, praktisch in sein Schlafzimmer bringen lassen. Gruß, RW« Harriet erschrak. Ihr war nicht einmal aufgefallen, dass Karl fehlte, so sehr hatte Roberts Schmierenkomödie und die Verhaftung sie beschäftigt. Und schon wieder ärgerte sie sich über Ron Weiss. Was sollte denn die Formel »Gruß, RW«? Rechtfertigte ihre Beziehung nicht etwas weniger Distanz? Wie auch immer, ein paar Stunden Ruhe konnten auch ihr nicht schaden, denn sie würde Kraft brauchen, die Dinge zu erledigen, die vor ihr lagen. Sie rief ein Taxi, das sie hoffentlich schnell nach Linnerow bringen würde.

•

Als sie fertig war, lagen ungefähr zwanzig mit ihrer großzügigen Schrift bedeckte Blätter vor ihr. Wenn sie mit der Hand schrieb, dann flossen die Gedanken ohne Umwege direkt auf das Papier, und am besten funktionierte das, wenn sie ihren Füllfederhalter benutzte und dazu königsblaue Tinte. Nach zwei bis drei Stunden Schlaf, als die Luft noch halbwegs kühl war, hatte sie sich auf die Terrasse gesetzt, mit Milchkaffee und Zigaretten, und alle Informationen zusammengetragen, die irgendwie mit dem Tod von Pit Wallstedt zu tun hatten. Und mit der mysteriösen E-Mail, die an sie gerichtet war. Dabei schrieb sie alles auf, was ihr zu Personen und Geschehnissen in den Sinn kam. Die Gedanken suchten sich kreuz und quer ihre Bahnen, drehten sich im Kreis, verhedderten sich und suchten Anschluss aneinander. Schließlich wurde es Mittag, die Temperatur stieg auf über dreißig Grad, und der wolkenlose Himmel ließ erahnen, dass das Thermometer die 35-Grad-Marke knacken könnte. Der Wetterbericht hatte Saharastaub angesagt, und die Medien waren voll von der Nachricht, dass es der heißeste Junitag seit Beginn der Wetteraufzeichnungen sei. Im Keller hatte sie einen gestreiften Sonnenschirm gefunden, dessen Stoffbespannung zwar Stockflecken zierten, der aber ansonsten gut einsetzbar und wegen seines Betonfußes auch standfest war. Ein heißer Wind hatte eingesetzt, der die Gräserpollen durch die Luft trieb und den märkischen Sand zu Wirbeln formte, die sich zwischen den Rasenflächen auf dem Waldboden drehten. Trotz der Hitze ließ Harriet sich von ihrer Arbeit in den Bann ziehen, wie schon lange nicht mehr. Mehrfach war sie ihre Aufzeichnungen durchgegangen und immer wieder auf die gleichen Fragen gestoßen: Warum hatte Robert einen Mord gestanden, den er ganz offensichtlich nicht begangen hatte? Anders als Maria war er weder verrückt noch verstört. Es musste irgendein Kalkül geben. Und weshalb tauchte die Spur Caravaggios ständig aufs Neue auf, seit der Nacht, in der sie Pit kennengelernt und gleich wieder verloren hatte? Wer war der unbekannte *Mann mit dem Hund*, dessen Weg den ihren wiederholt gekreuzt hatte und der dennoch nicht fassbar war? Wer hatte Interesse daran, ihr gefakte E-Mails zu schreiben? Sie trank einen Schluck kalten Kaffee mit mittlerweile säuerlich schmeckender Milch und schloss die Augen. Sie war sich noch immer sicher, dass sie das Auto hätte sehen müssen, das laut Roberts Bericht in der Schiffbauergasse geparkt war, als sie Pits Atelier in der Mordnacht verlassen hatte. Zwar war sie in jener Nacht verwirrt gewesen und durch ihren Sturz und die Schmerzen vielleicht in ihrer Wahrnehmung beeinträchtigt, aber Roberts SUV wäre nicht zu übersehen gewesen. Und was war mit der Werkstatt in Pits Atelier, die er vor den Blicken anderer mit einer Mauer hatte schützen wollen? Hatte er den Knochenleim, die vorbearbeiteten Leinwände und die Pigmente für die Weiterentwicklung seines Stils und seiner Arbeitsweise benötigt – und das alles im Geheimen ausprobiert? Oder ging es vielleicht gar nicht um Pits eigenes Schaffen, sondern vielmehr um Caravaggio selbst? Das würde auch die Tatsache nahelegen, dass der Vorhang als »Hintergrund« wohl um den Bettpfosten drapiert und dann wieder vor das Fenster gehängt worden war. Und die Waffe? Warum verwahrte Robert, der alles andere als ein Waffennarr war, einen exotischen Säbel in seinem Arbeitszimmer und fuchtelte damit so unbeholfen herum, dass er im Handumdrehen von Ron unschädlich gemacht werden konnte? Die Geschichte war faul. Harriet zog die Füße aus dem Wasserbottich und ging, nasse Abdrücke auf dem Pflaster der Terrasse hinterlassend, ins Haus. In dem vergleichsweise kühlen Wohnzimmer ließ sie sich nieder und studierte die Kopien der wissenschaftlichen Artikel aus Roberts nobler Institutsbibliothek zu dem spektakulären Werk *Judith enthauptet Holofernes*, dessen Historie mindestens ebenso für Furore gesorgt hatte wie das Sujet selbst. Harriet las, dass das Gemälde über viele Jahrzehnte im royalen Depot von Königin Elizabeth II. in Hampton Court geschlummert habe, bevor es von zwei Kunsthistorikern durch Zufall entdeckt worden war. Das war in den 1980er-Jahren, also vor ungefähr vierzig Jahren. Das Gemälde wurde als zweifelsfrei von Caravaggio geschaffen identifiziert und nach Rom gebracht. Dort wurde es aufwändig restauriert und dann im Palazzo Barberini ausgestellt. Soweit war Harriet die Geschichte bereits bekannt. Sie las weiter und stutzte dann. Offenbar hatte es einen Vorläufer des Bildes gegeben, der verschollen war. Hier drückte sich der Autor, einer ihrer Kollegen der Universität Wien, etwas nebulös aus:

Michelangelo Merisi, genannt Caravaggio, war bekannt für die Energie, die aus seinen Werken sprach, und ein spezielles Licht, das seine Arbeiten unverwechselbar machte. Ebenso wie ein anderer Genius, Wolfgang Amadeus Mozart, war Caravaggio berühmt dafür, dass er keine Korrekturen machte und auch keine Vorstudien zu seinen Werken anfertigte. Allerdings existiert eine Ausnahme. Wie sein erster Biograf, der Sieneser Arzt Guilio Mancini in seinen Aufzeichnungen berichtet, fertigte Caravaggio von seinem Werk Judith enthauptet Holofernes zwei Versionen an. Die eine Ausfertigung ist allseits bekannt und wird im Palazzo Barberini in Rom präsentiert. Die zweite Version der Arbeit muss als verschollen gelten. Nachdem der römische Kardinal Francesco Maria Bourbon del Monte, der als Caravaggios erster Mäzen gilt, das Bild, das er möglicherweise selbst in Auftrag gegeben hatte, erworben hatte, wurde es in den Vatikanischen Sammlungen verwahrt. In den 20er-Jahren des 17. Jahrhunderts wurde es, zusammen mit einer Reihe weiterer Meisterwerke aus dem Besitz des Vatikans, von Kardinal Richelieu, dem Minister Ludwigs XIII., auf Staatskosten erworben und seiner privaten Sammlung einverleibt. Diese Sammlung ging 1636 zum größten Teil in den Besitz der französischen Krone über und zog 1660 in den Louvre um. Zu diesem Zeitpunkt war der Louvre noch keine öffentlich zugängliche Sammlung, aber Angehörige adeliger Familien aus ganz Europa oder wohlhabende Patrizier hatten die Möglichkeit, die Galerie zu besuchen. Ungefähr einhundert Jahre später, um 1760 herum, wurde das in Rede stehende Werk Caravaggios weiterverkauft. Und an dieser Stelle wird es etwas mysteriös. Die Aufzeichnungen der Museumskataloge deuten darauf hin, dass ein anonymer Käufer das Werk im Namen Friedrichs II., König von Preußen, erworben hatte, und zwar mit dem Zweck, es in der neu gebauten royalen Bildergalerie im Park Sanssouci zu präsentieren. Recherchiert man weiter im Archiv der Preußischen Schlösser und Gärten, wird deutlich, dass Judith und Holofernes wohl in der preußischen Residenz Potsdam, nämlich in der von 1755 bis 1763/64 erbauten Bildergalerie Friedrichs II. ausgestellt wurde, aber nach einiger Zeit auf unerklärliche Weise aus der Sammlung verschwand. Ob es im Depot landete und später, im Zweiten Weltkrieg, wie viele andere Werke nach Rheinsberg gebracht und dann als verschollen gemeldet wurde, ist nicht klar. Diese aufsehenerregende, kostbare Arbeit tauchte jedenfalls niemals wieder auf – wie viele andere Werke, die einst im Besitz der Bildergalerie Sanssouci waren.

Harriet schnappte nach Luft. Endlich! Da war der Zusammenhang, nach dem sie so lange gesucht hatte. Es musste eine Verbindung zwischen der zweiten Version von *Judith und Holofernes* und Pits Tod geben. Das Bild hatte sich mit großer Wahrscheinlichkeit in der Bildergalerie befunden, und damit war neben dem Ungläubigen Thomas ein zweiter Caravaggio Teil der Sammlung Friedrichs gewesen. Aber was war passiert? Harriet überlegte kurz. Vielleicht war sie nach ihrem Ausflug in die Bildergalerie schon auf der richtigen Spur gewesen. Allein der Windhundeclub, das Chaos im Park und der Mann mit dem Hund hatten sie verwirrt. Und natürlich Ron Weiss. Sie musste unbedingt den Faden wieder aufnehmen, mit Rosinsky sprechen und mit dessen Hilfe den alten Kastellan kontaktieren, von dem der Wachmann mit so viel Ehrfurcht gesprochen hatte.

Wie so oft in den vergangenen Wochen riss ihr Telefon Harriet aus ihren Gedanken. Aus einer anderen Welt meldete sich Tilman Britz, der Dekan der Fakultät für Geisteswissenschaften, der sie an der Universität zugeordnet war.

»Liebste Harriet, haben Sie mich etwa vergessen?«, tönte es mit vollem Bass aus dem Lautsprecher. Sie zuckte zusammen. Verdammt. Durch die Verhaftung Roberts war ihr ein Termin mit dem Dekan entfallen, bei dem es um die Zulassungszahlen zu ihren Seminaren ging. Wie hatte ihr das nur passieren können? Sie entschuldigte sich wortreich bei dem Dekan, der ihr nicht böse zu sein schien.

»Wie schön, dass Sie endlich ans Telefon gehen. Hatte mir schon Sorgen um Sie gemacht.« Der singende kölsche Dialekt beherrschte noch immer die Sprachmelodie des Dekans, auch wenn er schon fast 25 Jahre in Potsdam zugebracht hatte. Er war einer derjenigen, die wie Robert von Lietzenburg fast direkt nach der Wende von einer westdeutschen zu einer ostdeutschen Hochschule gewechselt waren. In gemütlicher Runde erzählte er noch immer gern davon, wie er aus seinem 1991 erworbenen Haus am Neuen Garten eigenhändig russische Munition und Handgranaten getragen hatte. Die Krönung seiner Anekdoten war, dass er bei seiner Bergungsaktion nur von einem Museumsmitarbeiter unterstützt wurde, da sich sonst in Potsdam niemand für seinen Fall zuständig gefühlt hatte. Er hatte sich durch die gesamte Verwaltung der Stadt gefragt und war schließlich im städtischen Museum hängengeblieben, weil man nur dort an den Zeugnissen der Wendezeit, inklusive russischer Munition, Interesse hatte. Fast wehmütig klang Tilman Britz manchmal, wenn er vom »Wilden Osten« sprach und davon, wie »geleckt« und »glatt« die Stadt geworden sei. Harriet mochte den Theologen, der kurz vor dem Eintritt ins Pensionsalter stand und nur noch wenige Dinge ernst nahm.

»Ich bin untröstlich. Wie kann ich meinen Fauxpas wiedergutmachen?«

»Nichts einfacher als das«, entgegnete der Dekan, »wir müssen die Zulassungszahlen ganz exakt ermitteln, und die hängen bei uns mit den Fächerkombinationen zusammen. Am besten kommen Sie sofort zu mir ins Büro, und wir gehen die Zahlen gemeinsam durch. Sonst wird ein riesiger Wirrwarr entstehen, und die Studenten werden sich in Ihren Seminaren entweder stapeln oder gar nicht erst erscheinen.«

»Na gut«, willigte Harriet mit einem bedauernden Blick auf ihre Unterlagen ein, »wenn es nicht anders geht. Eigentlich war ich gerade dabei, die Summer-School durchzuplanen.«

Sie kreuzte die Finger hinter dem Rücken.

»Löblich! Aber warum soll es Ihnen anders gehen als mir? Da denkt man, dass man Wissenschaft macht, und eigentlich ist man von morgens bis abends mit Finanzen oder mit Verwaltung beschäftigt. Von der Wiege bis zur Bahre: Formulare, Formulare.«

Harriet lächelte. Der Dekan wiederholte sich gern. Den Spruch über die Formulare hatte Harriet in den letzten Monaten sicherlich schon hundertmal gehört.

»Gut, ich komme. Eine Stunde wird es aber dauern, bis ich bei Ihnen bin.« Es war am klügsten, die nervtötenden Formalitäten sofort hinter sich zu bringen. Umso schneller könnte sie sich wieder auf ihre Recherchen in Sachen Caravaggio stürzen.

»Oh, das macht gar nichts, alte weiße Männer haben Zeit. Ich koche uns schon einmal einen Kaffee. Oder trinken Sie lieber Tee?«

Nachdem Harriet dem Dekan erklärt hatte, dass ein starker Kaffee perfekt sei, verließ sie das Haus und schloss hinter sich ab.

»Ist das nicht sinnlos? Durch die Hintertür kommt doch sowieso jeder rein, der möchte.«

Harriet drehte sich langsam auf dem Absatz um und stand Adelheid Rumpers gegenüber, die ihr ein falsches Lächeln schenkte.

»Was wollen Sie?«

»Ich hätte gern ein paar Informationen über unseren gemeinsamen Freund Robert. Man hört, er sei verhaftet worden – und Sie seien dabei gewesen, diesmal als eine Art Zeugin.«

»Von mir erfahren Sie überhaupt nichts!«

»Es soll nicht zu Ihrem Schaden sein!«, erwiderte Adelheid Rumpers schmeichelnd. »Ich weiß ja, dass Geld nicht Ihr Problem ist, aber wie wäre es mit einer schönen Coverstory, in der alle Vorurteile gegen Sie zerstreut und Sie selbst ins beste Licht gerückt werden? Aber natürlich könnte Ihnen auch das Gegenteil widerfahren. Man munkelt so dies und das über ein Alkoholproblem ... «

»Wenn Sie nicht gleich verschwinden, dann rufe ich die Polizei!« Harriet zückte ihr Handy und hielt es Adelheid Rumpers vor das Gesicht.

»Oh, natürlich, am besten den schicken Kommissar Weiss, nicht wahr? Tja, über den gibt es ja auch bedauerliche Dinge zu erfahren. Stellen Sie sich vor, er hat doch tatsächlich Drogen aus der Asservatenkammer der Berliner Polizei verschwinden lassen, die bei seiner Schwester gefunden worden waren. Geholfen hat ihm ein junger Techniker, der in sie verliebt war. Das Mädchen kam mit einem blauen Auge davon, weil ihr nichts nachgewiesen werden konnte, aber das Ganze flog auf, und der schöne Ron wurde von der Hauptstadt in die brandenburgische Provinz verbannt. Um ein Haar hätte man ihn aus dem Polizeidienst entfernt. Ein ziemlicher Abstieg für jemanden, der beim Mossad gelernt hat. Und, tja, der junge Mann ist ins Archiv versetzt worden und wird auf absehbare Zeit keine Karriere im Polizeidienst machen.«

»Woher wollen Sie das alles wissen?«

»Über meine Quellen schweige ich. Das würde natürlich auch für Sie gelten, wenn Sie mir freundlicherweise Auskunft erteilen. Quid pro quo.«

Harriet klemmte ihre Aktentasche fester unter die Achsel und sagte energisch:

»Sie verschwenden Ihre Zeit, Frau Rumpers, und meine auch. Ich habe Ihnen absolut nichts zu sagen, und jetzt gehen Sie zur Seite, ich habe nämlich zu tun.« Sie drängte die massige Gestalt, die ihr den Weg versperrte, beiseite und lief die Treppe in den Vorgarten hinunter. Adelheid Rumpers blickte ihr nach und rief:

»Wollen Sie wissen, von wem eine bestimmte E-Mail stammt?«

Harriet widerstand der Versuchung, sich umzudrehen. In ihrem Hinterkopf hatte sich schon längst eine Ahnung breitgemacht, von wem die gefakte E-Mail stammen könnte. Sie verzichtete auf eine Erwiderung, ließ Adelheid Rumpers vor ihrem Haus stehen und fuhr zur Universität. Erstaunt stellte sie während der Fahrt fest, dass ihre Angst vor Adelheid Rumpers sich in Luft aufgelöst hatte. Sollte sie doch schreiben, was sie wollte. Wie gewohnt stellte sie ihren Mercedes in der Nähe der Backsteinmauer ab und ging zum Hauptgebäude, im dem der Dekan der Geisteswissenschaftlichen Fakultät residierte.

»Herein, immer herein mit Ihnen!«

Tilman Britz saß hinter seinem Schreibtisch, auf dem er eine Zeitung vor sich ausgebreitet hatte. »Na, junge Frau, Ihnen scheint es ja gut zu gehen. Richtig erholt sehen Sie aus, wenn man in Zeiten von *MeToo* so etwas noch sagen darf.« Er lehnte sich in seinem Stuhl zurück und sah sie erwartungsvoll an.

Harriet klopfte ihm auf die Schulter: »Schon gut, Herr Kollege. Ich nehme Ihr Kompliment gern an.« Sie warf einen Blick auf die Doppelseite, die der Dekan vor sich ausgebreitet hatte: »Was gibt es Neues in der Welt?«

»Ob es etwas Neues gibt, weiß ich nicht. Ich kümmere mich nicht mehr so um das aktuelle politische Geschehen, weil ich dann zu melancholisch werde. Tatsächlich ist diese Zeitung schon ein paar Wochen alt. Ich habe sie nur aufbewahrt, um einen ganz bestimmten Artikel zu studieren. Aber nehmen Sie sich doch erstmal einen Kaffee und mindestens ein Stück von dem Apfelkuchen. Den hat meine Frau gebacken. Das ist der beste Apfelkuchen, den es gibt. Sie werden sehen!«

Harriet nahm sich ein großes Stück vom Apfelkuchen und stellte mit ihrem ersten Biss fest, dass Tilman Britz recht hatte. Er war besonders saftig und schmeckte nach den säuerlichen Äpfeln ihrer Kindheit. Während sie kaute, stellte sie sich hinter den Dekan und las über dessen Schulter mit. Sie verschluckte sich und bekam einen Hustenanfall. Der Titel lautete: *Caravaggio-Gemälde in Toulouse – ein kostbarer Fund auf dem Dachboden.*

Eilig nahm sie einen Schluck des starken Kaffees und spülte den Bissen Apfelkuchen hinunter, der drohte, ihr im Hals stecken zu bleiben.

»Oh, ich sehe, dass es um Caravaggio geht beziehungsweise um das Bild *Judith und Holofernes*«, würgte sie, kurz davor, ihm die Zeitung aus den Händen zu reißen.

»Soll ich Ihnen auf den Rücken klopfen? Sie Ärmste!«

Harriet winkte schnaufend ab. »Nein, nein«, brachte sie mühsam hervor, »erzählen Sie mir lieber etwas über den Artikel!«

»Nun gut. Ich bin ein großer Caravaggio-Fan und hoffe immer, ein echtes Werk des Meisters einmal auf einem Flohmarkt zu entdecken. Leider hatte ich bisher nur mäßigen Erfolg damit.« Er strahlte sie an. »Aber, im nächsten Monat eröffnet eine Ausstellung im Museum Barberini, die unter anderem hervorragende Arbeiten von Caravaggio zeigt, zum Beispiel den einzigartigen *Narziss*. Die Bilder sind normalerweise nur in Rom zu sehen. Für diese Ausstellung werden sie eigens nach Potsdam geholt. Eine große Attraktion! Sonst gehe ich immer in die Bildergalerie, um dieses wunderbare Werk …«

»Den *Ungläubigen Thomas* von Caravaggio zu sehen«, vollendete Harriet den Satz des Dekans. »Ich weiß. Ein unglaubliches Bild. Die Ausstellung bringt sicherlich internationale Resonanz, aber worum geht es in diesem Artikel?«

Sie tippte mit dem Finger auf die Seite mit einem großformatigen Foto und versuchte, das starke Zittern ihrer Hände zu unterdrücken.

»Da ist jemandes Traum in Erfüllung gegangen, der meinem recht ähnlich ist. Ein echter Caravaggio wurde auf einem Dachboden in Toulouse gefunden. Durch einen Zufall. Wegen eines Wasserschadens musste der Besitzer des Hauses, in dem das Kunstwerk gefunden wurde, den Dachboden ausräumen, und dabei ist das Gemälde aufgetaucht. Vollkommen verstaubt natürlich, aber der Besitzer war klug genug, einen Expertenrat zu dem Bild einzuholen.«

Mit wachsender Neugier und klopfendem Herzen betrachtete Harriet die Abbildung auf der Zeitungsseite, die die Enthauptung des Feldherrn Holofernes durch die biblische Heldin Judith zeigte.

»Kann das eine frühere Fassung des Werkes sein, das in Rom hängt? Ich las vor kurzem, dass dieses Bild das einzige sei, von dem Caravaggio mehrere Versionen geschaffen hat.«

»Das ist nicht unwahrscheinlich«, erwiderte der Dekan. »Die Bildgestaltung unterscheidet sich ja auch in einigen Punkten von dem berühmten Gemälde im Palazzo Barberini. Sehen Sie hier!« Er klopfte mit seiner Brille auf die Zeitung: »Die Dienerin steht nicht am Bildrand, sondern ist in die Mitte gerückt und schaut Judith mit einem ganz speziellen Ausdruck in den Augen an. Ich finde, dass er von Entschlossenheit und Komplizenschaft zeugt. Judith selbst ist ganz in Schwarz gehüllt und richtet ihren Blick aus dem Bild hinaus auf den Betrachter – unheimlich, nicht wahr? Man könnte beinahe eine Gänsehaut kriegen, wenn man nicht die Tricks der Alten Meister kennen würde.« Er zwinkerte ihr zu. »Nur an der Situation des bedauernswerten Holofernes hat sich wenig geändert. Auf beiden Werken haucht er sein Leben mit gen Himmel gerichteten Augen aus, und aus seiner Halswunde spritzt das Blut. Keineswegs angenehm.« Beifallsheischend suchte er Harriets Blick, die ihrerseits die Augen nicht von der Abbildung des Meisterwerks lösen konnte. Die Bemerkungen des Dekans rauschten an ihr vorbei.

»Ganz sicher ist dieses Werk von Caravaggio selbst, das sieht man sogar auf diesem schlechten Foto. Das Licht, die Energie und keinerlei Korrekturen in dem Werk sprechen wahrlich für sich. Welch' ein Genie!« Wieder biss er genussvoll in den Apfelkuchen. »Oh«, bemerkte er kauend, »ich habe ganz vergessen zu fragen, ob Sie gern Sahne möchten? Ich habe nämlich noch welche im Kühlschrank. Allerdings ist die aus dem Kaufhaus und nicht frisch geschlagen.«

Harriet hob abwehrend die Hände. »Nein. Sehr freundlich. Vielen Dank.«

Ihre Gedanken überschlugen sich. Möglicherweise war das Werk von Caravaggio, um das es in dem Artikel ging, dasjenige, das sich einst in der Bildergalerie Sanssouci befunden hatte. Aber wie war es nach Frankreich und auf den Dachboden eines Hauses in Toulouse gelangt?

»Sie sind ganz rot im Gesicht, liebe Harriet, ist Ihnen der Kaffee zu stark? Du liebe Güte! Wahrscheinlich hätte ich die Hälfte des Kaffeepulvers nehmen sollen.« Besorgnis und ein schlechtes Gewissen spiegelten sich auf seinem Gesicht wider.

Harriet winkte eilig ab: »Nein. Alles gut. Das kommt bestimmt von der Sonne. Ich darf nicht mehr so oft im Garten sitzen und arbeiten.« Sie rang sich ein gequältes Lächeln ab.

»Ich habe mal gehört, dass dieses Bild ...«, wieder klopfte er mit der Brille auf die Abbildung, »also, dass dieses Meisterwerk einmal in der Bildergalerie von Friedrich dem Großen hing. Allerdings scheint er es nicht besonders geschätzt zu haben, denn offenbar hat er versucht, es zu verbrennen.« Er hob die Brauen. »Was nicht gelungen sein kann, denn dann wäre es ja nicht 250 Jahre später auf einem Dachboden in Frankreich aufgetaucht.«

»Woher wissen Sie das?«

»Mir hat dieser sehr alte Hausmeister der Sammlung mal so etwas erzählt. Unglücklicherweise fällt mir gerade sein Name nicht ein. Zechlin, glaube ich.«

»Leddin? Meinen Sie den Kastellan Leddin?« Harriets Blutdruck schoss durch die Decke.

»Ja, genau!« Erleichtert schnaufte der Dekan. »Ganz so dement bin ich wohl doch noch nicht. Also, jedenfalls hat mir der Leddin schon vor Jahren bei einem Besuch in der Galerie erzählt, dass Friedrich eigenhändig versucht hätte, das Gemälde von Caravaggio zu verbrennen. Öffentlich. Und zwar oben auf den Weinbergterrassen, direkt neben der Bildergalerie. Ich erinnere mich, dass der Leddin nur sehr zögerlich über das Bild sprechen wollte. Aber er wusste ja, dass ich ein glühender Fan – das kann man wohl so sagen – von Caravaggio bin, und da hat er sich mir anvertraut.«

»Das klingt alles etwas bizarr, denn wieso hätte Friedrich ein so wertvolles Bild verbrennen wollen? Zu seinen Lebzeiten war doch der Name Caravaggio bekannt! Die Bilder des Meisters wurden hoch gehandelt. Warum also hätte Friedrich, der bekanntlich auf den Pfennig achtete und bei aller Prachtentfaltung ein Geizhals war, eines der teuersten Gemälde aus seinem Besitz vernichten sollen?«

Harriet starrte den Dekan verständnislos an.

»Ja, und das ist eben das Geheimnisvolle, liebe Harriet! Und ich muss sogar hinzufügen, dass es nicht das einzige Bild war, das Friedrich auf den Scheiterhaufen brachte. Leddin hat mir erzählt, dass es wohl insgesamt fünf Werke waren, die verbrannt wurden. Auch unser schnöseliger Freund Lietzenburg weiß das, hat er aber seltsamerweise nie in seinen neunmalklugen Artikeln thematisiert.«

Tilman Britz schlug erschrocken die Hand vor den Mund.

»Das habe ich nicht so gemeint. Ich weiß ja, dass Sie sich nahestehen. Ihm geht es sicherlich im Gefängnis mit der Anklage wegen Mordes schon schlecht genug. Da muss nicht ich auch noch spotten. Schrecklich«, er schüttelte den Kopf, »wie konnte das alles nur passieren? Eine Tragödie!« Der Dekan fuhr mit gedämpfter Stimme fort: »Ich meine doch nur, dass Lietzenburg den Museumskatalog hatte, der den Grundstock der Sammlung aufführt. Er hat ihn damals gefunden, als er mit seinem Team den Aufbau der Bildergalerie rekonstruiert hat. Das muss ziemlich kurz nach der Wende gewesen sein. Und da sind die besagten Bilder beschrieben und mit dem Vermerk *zerstört* gekennzeichnet. Wir haben damals an einem unserer Fakultätsabende am Kamin intensiv darüber diskutiert. Er behauptete steif und fest, dass das besagte Gemälde verbrannt worden sei.«

»Und der alte Kastellan? Hat er das bestätigt?«

Tilman Britz wog den Kopf von der einen auf die andere Seite: »Nicht wirklich. Wenn ich mich recht erinnere, hat er mir anvertraut, dass es den Versuch gab, das Bild zu verbrennen. Es hörte sich an, als habe man das Werk retten können. Lietzenburg hingegen war überzeugt, dass das Bild im Feuer vernichtet worden sei. Vielleicht gab es dennoch eine Unsicherheit, die sich nicht mehr klären ließ, und daher hat er auf eine Publikation verzichtet, obwohl er sonst ja nie eine Chance ausgelassen hat, sich in der Öffentlichkeit darzustellen. Entschuldigen Sie meine Deutlichkeit und verstehen Sie sie bitte nicht als Nachtreten, jetzt, da der Kollege in eine so aussichtslose Situation geraten ist.«

Er legte eine Pause ein und suchte nach den richtigen Worten.

»Jedenfalls habe ich nie wieder etwas von den verbrannten Bildern gehört. Weder von Lietzenburg, noch von jemand anderem, und ich hätte sicherlich auch nie wieder darüber nachgedacht, wenn ich nicht auf die Nachricht gestoßen wäre, dass das Bild auf einem Dachboden in Frankreich aufgetaucht wäre.«

Er seufzte.

»Wie auch immer. Das ist ja fast schon dreißig Jahre her. Jetzt ist alles anders. In den 1990er-Jahren war auch der Zusammenhalt der Professoren hier in Potsdam viel größer, und man saß häufig zusammen, sonst hätte ich nie so viel über die Geschichte der Bildergalerie erfahren. Heute arbeiten alle nur noch für sich alleine oder verbreiten sich in den Sozialen Medien«, sagte er bedauernd. »Wie gut, dass Sie, liebe Harriet, eine der raren Ausnahmen bilden!«

Harriet witterte, dass der Dekan unweigerlich abschweifen würde. Ihr Forscherinstinkt sagte ihr, dass sie unbedingt weiterfragen musste, und zwar bevor er das Interesse an der Sache verlieren oder sich auf den Grund ihres Termins – die Kapazitätsrechnung – besinnen würde: »Ihre Ausführungen erklären aber noch immer nicht, warum Friedrich die Bilder verbrannt haben soll.«

»Der Zerstörung der Bilder ist wohl ein Streit mit seinem Kurator vorausgegangen, hat mir der Leddin damals erzählt. Der hatte ihm die ganze Galerie eingerichtet. Scheint ein kluger Kopf und ein weitgereister Mann gewesen zu sein – für seine Zeit. Bekanntlich war Friedrich ja in seinem Leben weder in Paris noch in Rom noch sonstwo im Ausland gewesen. Dieser Kurator – Herrgott, wie hieß der noch? – hat mit seinem Expertenwissen eine erstklassige Galerie erschaffen. Mein Namensgedächtnis lässt mich wirklich im Stich.« Er schüttelte den Kopf über sich selbst und seine Unzulänglichkeiten.

»Nikolaus von Rebenstorff?«

»Genau! Sie sind ja bestens informiert, wie immer, liebe Harriet! Von Rebenstorff ist richtig! Er entstammte einer Breslauer Familie, die recht bedeutend war, aber im 19. Jahrhundert verarmte, ihre Güter verpfändete und schließlich verschwand. Nun ja. Der Gang der Dinge. Es kann nicht jeder so privilegiert sein wie unsereins, nicht wahr?« Er kratzte sich mit dem Bügel der Brille im Ohr. »Was wollte ich gerade sagen? – Ah ja, jetzt fällt es mir wieder ein: Offenbar gab es einen erbitterten Streit zwischen Friedrich und von Rebenstorff, der nicht geschlichtet werden konnte. Friedrich war ja trotz aller aufklärerischen Elemente ein echt absolutistischer Herrscher, der nicht mit sich reden ließ. Von Rebenstorff hatte ihm wohl in einer Sache widersprochen. Das hatte Friedrich nicht hinnehmen wollen. Er vernichtete die Bilder und verbannte den jungen Mann von seinem Hof. Aber warum der Streit ausgebrochen war, weiß ich auch nicht.«

Harriet schwieg. Äußerlich ruhig, versuchte sie das Chaos in ihrem Kopf zu ordnen. Der Dekan interpretierte ihr Schweigen falsch: »Oh, ich sehe, dass ich Sie mit meinen Anekdoten aufhalte. Sie haben sicherlich Besseres zu tun, als sich das Halbwissen eines alten Mannes anzuhören. Wir sollten arbeiten statt zu schwätzen.« Er schaute auf seine großzifferige Armbanduhr. »Meine Frau erwartet mich zudem pünktlich um 18 Uhr zuhause. Meine Enkelkinder sind zu Besuch und wollen mit mir im Garten Fußball spielen. Also los!«

Routinierter, als man es ihm zutraute, warf der Dekan einige Zahlen und Formeln auf das Papier, die er knapp erläuterte. Harriet konnte vor Aufregung über die Informationen, die sie soeben bekommen hatte, kaum zuhören. Sie nickte pro forma und hoffte, dass es ihr gelingen würde, ein möglichst intelligentes Gesicht zu machen. Am Ende verließ sie das Büro des Dekans mit der Zahl von jeweils über dreißig Studenten, die sie durch ihre Seminare schleusen musste. Er hatte sie übertölpelt, aber das war ihr in diesem Moment mehr als egal. Sobald sie vor der Tür stand, riss sie ihr Handy aus der Tasche.

»Karl? Können Sie mir helfen?«

•

Ein paar Minuten später erreichte sie im Laufschritt die Fontäne am Fuße der Weinbergterrassen im Park Sanssouci und erzählte Karl Rosinsky, der bereits ungeduldig auf sie gewartet hatte, alles, was sie vom Dekan Britz erfahren hatte. Sie schloss mit der Bemerkung: »Wir müssen unbedingt mit Johannes Leddin sprechen. Aber er kennt mich nicht, und vielleicht bekommen wir keine Auskunft von ihm. Bestimmt haben wir mehr Glück, wenn Sie dabei sind.«

Rosinsky, der aufmerksam – und wie es schien, mit einem leichten Unbehagen – zugehört hatte, zuckte die Schultern und schaute Harriet unglücklich an.

»Ich kann nicht garantieren, dass es klappt. Er kennt mich zwar, aber manchmal kann er nicht einordnen, wer ich bin, und schimpft dann nur vor sich hin. Wahrscheinlich steht mir das auch in nicht allzu ferner Zukunft bevor. Na ja, noch ist es ja nicht so weit. Wie ich schon andeutete, ist er nicht mehr ganz von dieser Welt. Aber wir können auch nicht warten, denn sein Zustand wird sich ja eher verschlimmern, und dann wäre unsere Chance, die Wahrheit zu erfahren, für immer dahin. Wir müssen es wenigstens versuchen. Mehr als schiefgehen kann es nicht.«

Wenig später standen sie vor dem Tor der Villa Illaire, das nur angelehnt war und sich mit sanftem Druck öffnen ließ. Sie traten in das modrig riechende Treppenhaus und erklommen die steilen Stufen, die hinauf zur Kastellanswohnung führten.

»Herr Leddin, können Sie mich hören?«

Rosinsky klopfte an der Wohnungstür im ersten Stock. Stille.

Johannes Leddin saß in seinem Sessel auf dem Balkon und streckte das steife Bein nach vorn. Das Klopfen drang wie von fern an sein Ohr. Sollte er aufmachen oder einfach weiter dem Gezwitscher der Vögel um ihn herum lauschen? Er hatte Rosinsky die Allee entlangkommen sehen. Eigentlich mochte er ihn, aber würde dieser Journalist denn helfen können? Und dann war noch die dünne Frau bei ihm. Er hatte von ihr gehört. Die Wächter in der Galerie hatten über sie gesprochen. Sie war wohl die Professorin, die sich nach *seinem* Bild erkundigt hatte. Er konnte sie nicht einschätzen, aber ihm blieb nicht mehr viel Zeit, um auf Rettung zu warten. Er würde es einfach riskieren müssen. Mühsam erhob er sich aus dem Sessel und schlurfte über den Flur.

Mit einem Knarren öffnete sich die Tür. »Treten Sie ein!«

»Passt es Ihnen denn?«, fragte Harriet reflexhaft, obwohl Karl Rosinsky ihr einen warnenden Blick zuwarf. »Oder sollen wir ein andermal wiederkommen?«

»Junge Frau«, antwortete der Kastellan ohne einen Anflug von Lächeln und mit seiner vom Alter brüchigen Stimme, »wie Sie sehen, habe ich keine

Zeit mehr zu verlieren.« Er hustete. »Ein andermal kann für mich genauso gut *nie mehr* heißen.«

Die beiden traten wie durch eine Schleuse der Zeit in die Welt von Leddin. Da der alte Mann darauf bestand, einen Mokka für seine Gäste zu kochen, nutzte Harriet die Möglichkeit, sich in dem winzigen Wohnzimmer umzusehen. Die Wände waren fast komplett mit Regalen ausgefüllt, die Bücher, Akten und Papiere enthielten, und ein wurmstichiges Sideboard stand in einer dunklen Ecke neben dem Fenster, das auf die Allee hinaus ging. Soweit erkennbar, standen Schwarzweiß-Fotografien auf dem Schränkchen, die über die Jahrzehnte an ihrem Platz ausgeblichen waren und nur noch wie Schattenrisse wirkten. Die Wohnung war mustergültig aufgeräumt und sauber, nirgendwo lag auch nur ein Stäubchen. Nach ein paar Minuten kam er mit drei winzigen Mokkatassen auf einem silbernen Tablett in das Wohnzimmer geschlurft. Langsam stellte er die Tassen und eine silberne Zuckerdose auf den Tisch und setzte sich mit einem Seufzer in einen der Sessel. Ohne Aufforderung begann er sofort zu reden:

»Ich bin im Jahre 1919, im Juni oder im Juli geboren, in einem Dorf in Brandenburg, nicht weit von hier. Das genaue Datum habe ich nie gekannt und meine Mutter wahrscheinlich auch nicht. Der Pfarrer hat irgendwann den 15. Juni als Geburtsdatum in das Kirchenbuch eintragen lassen, das geschah allerdings pro forma, weil ein Mensch nun einmal ein offizielles Geburtsdatum braucht. Meine Mutter war Magd bei einem Viehbauern, mein Vater Knecht und dann Soldat. Er wurde bei Amiens verletzt und starb vor meiner Geburt mit noch nicht einmal 22 Jahren. Ich habe ihn nie kennengelernt. Meine Kindheit auf dem Land habe ich gehasst: den Geruch der Misthaufen, die Kühe, die Arbeit auf dem Feld, einfach alles! Als ich zwölf Jahre alt war, vermittelte meine Mutter mich über eine ihrer Cousinen nach Potsdam, wo ich Arbeit als Gärtnergehilfe im Park fand. Die Arbeit war schwer. Ich musste Holz schleppen, Schubkarren mit Steinen für die Befestigung der Wege durch den Park schieben, Erde aufhäufen und den Kompost wenden. Aber ich war froh um meine Arbeit, denn es war Anfang der 30er-Jahre, mitten in der Großen Depression. Es gab kaum Arbeitsmöglichkeiten, und ich konnte ein paar Pfennige jeden Monat nachhause bringen. Außerdem war alles besser als die muffige Enge auf dem Land. Obwohl meine Situation damals alles andere als komfortabel war. Ich wohnte zusammen mit der Familie meiner Großcousine, die zehn Köpfe zählte, in zwei Zimmern in einem Haus in der Charlottenstraße mit winzig kleinen Fenstern. Wir hatten kein fließendes Wasser, und zur Toilette musste man über den Hof gehen. Trotzdem schätzte ich mich als den glücklichsten Menschen der Welt.«

Der alte Mann lehnte sich in seinem Stuhl zurück und blickte versonnen vor sich hin. Sein Gesicht mit den unzähligen Fältchen begann von innen heraus zu strahlen.

»Warum?«, fragte Harriet, bereits gepackt von der Erzählung des Alten.

»Ich habe die Erfüllung meines Lebens entdeckt, noch bevor ich sechzehn Jahre alt war. Eines Morgens gab mir einer der Gärtner die Aufgabe, die Hecke zu beschneiden, die oben auf dem Weinberg, direkt beim Schloss wuchs. Das war für mich eine große Anerkennung, weil sonst nur Gärtner die Hecken schneiden durften und nicht die Gehilfen, wie ich einer war. Wahrscheinlich gab es damals schon zu wenig Gärtner und Arbeiter in den Parks, und deshalb griff man auf uns zurück. Das war mir aber ehedem egal. Stolz nahm ich die Schere, begann mit meiner Arbeit und schnitt eifrig drauflos. Ich erinnere mich, als wäre es gestern gewesen, dass die Frühlingssonne schien und die Krokusse ihre Köpfe aus der Erde streckten. Die Hecke stand am Eingang der Bildergalerie, wo sie auch heute noch wächst. Das Innere der Galerie kannte ich nicht, so wie ich auch alle anderen Gebäude im Park nicht betreten hatte. Das war uns Gehilfen nicht erlaubt. An jenem Tag aber, vielleicht etwas betrunken durch die vorwitzige Frühlingssonne, ließ ich zur Mittagszeit die Arbeit ruhen und schlich mich, von dem Museums-Inspektor unbemerkt, in die Säle der Galerie.«

Wieder stockte er kurz. Die vergangene Welt vor mehr als achtzig Jahren stieg in ihm auf. Aber einmal begonnen, wollte er sich seine Geschichte von der Seele reden: »Ich war überwältigt von dem Glanz der Galerie, dem Marmor, dem Gold und von den Kunstwerken, die auf mich herabstrahlten. So etwas Schönes hatte ich in meinem ganzen Leben noch nicht gesehen. Von diesem Augenblick an wusste ich, dass mein Leben einen Sinn hatte. Ich widmete es dem Schutz der Galerie und der Kunstwerke, die sich in ihr befinden.«

»Sie arbeiteten sich also vom Gärtnergehilfen zum Kastellan hoch?«, fragte Harriet. »Fast ohne Schulbildung?«

Der Alte blickte sie versonnen an. »Ja, man gab mir die Chance dazu! Die Zeit, die ich mit meiner Arbeit in der Galerie verbrachte, war die schönste meines Lebens.«

»Wie lange genau haben Sie in der Galerie gearbeitet?«, wollte Harriet von ihm wissen.

»Insgesamt 53 Jahre. Angefangen in der Wirtschaftskrise, dann im Faschismus und während des Krieges, immer war ich hier. Ich war da, als die Russen kamen und als die DDR gegründet wurde. Schrecklich war es in der DDR! Alles haben die Funktionäre und Bonzen verfallen lassen. Auch um die Kunstwerke haben sie sich kaum gekümmert. Aber wir haben immer Mittel und Wege gefunden, die Kunst vor der Rohheit von Barbaren zu schützen. Schließlich musste ich 1983 gehen. Wenn es nach mir gegangen wäre, dann hätte ich auch noch länger in der Galerie bleiben wollen, aber irgendwann musste ich in Rente. Dann habe ich noch stundenweise dort gearbeitet, und heute betrete ich die Galerie als Besucher. Ich habe immerhin bis an mein Lebensende freien Eintritt, und ich darf sogar während der Schließzeiten hinein.« Die Erinnerung und der Redefluss kosteten ihn erkennbar Energie. Er schwieg eine Weile und schloss die Augen.

»Niemand kennt die Geschichte der Galerie besser als Sie, lieber Herr Kastellan!«, bemerkte Rosinsky respektvoll und trank einen Schluck Mokka. Langsam pirschte er sich an ihr eigentliches Thema heran: »Was können Sie mir über die Sammlung und das Gebäude sagen?«

»Ich habe alles gesammelt, was mit der Bildergalerie zusammenhängt. In dieser Wohnung«, er breitete die dünnen Arme aus und deutete auf die vollgestopften Regale an den Wänden, »lagert das größte Archiv zur Geschichte der Galerie. Ich habe Kataloge, Zeitungsartikel, Briefe, alles, was Sie sich vorstellen können, zusammengetragen. Mein Material reicht zurück bis zu Gründungsüberlegungen, die König Friedrich zur Galerie hatte.«

»Also bis ins Jahr 1755?«

»Sie sind gut informiert, junge Frau! Friedrich schrieb in diesem Jahr an seine Schwester Wilhelmine, dass er eine Torheit vorhabe – den Bau einer Kunstgalerie.«

»Die Historiker streiten heute noch über die Frage, weshalb Friedrich die Galerie bauen ließ, nicht wahr? Was, glauben Sie, könnte der Grund dafür gewesen sein?« Auch Harriet tastete sich vorsichtig vor. Sie musste unbedingt die Sprache auf den Caravaggio bringen, aber nicht mit der Tür ins Haus fallen. Das könnte ihn womöglich verschrecken. Sie hatte nur diese eine Chance.

Johannes Leddin presste die Faust vor den Mund und räusperte sich umständlich.

»Friedrich war zu dem Zeitpunkt, als er den Bau der Galerie plante, 43 Jahre alt. Er hatte bereits eine Sammlung von Kunstwerken, vor allem von französischen Meistern wie Watteau angeschafft, die er in der Nähe von Schloss Sanssouci zeigen wollte. Sein Ehrgeiz war groß, und er wollte eine Kunstsammlung schaffen, die der des Sonnenkönigs, Ludwig XIV., mindestens ebenbürtig war.«

»Friedrich maß sich mit dem Sonnenkönig?«, fragte Harriet.

Leddin nickte. »So ist es! Diese Konkurrenz war wohl einer der Gründe, weshalb Friedrich überhaupt eine Kunstsammlung anlegen wollte.«

»1764 hatte er dann auch die Hauptwerke aller großen Meister in seinem stattlichen Ausstellungshaus versammelt: Rubens, Veronese, van Dyck, Tintoretto, Rembrandt. Die Sammlung in dem prachtvollen Haus vermehrte seinen Ruhm. Genau deshalb hatte er sie wohl geschaffen, oder?« Rosinsky nahm Fahrt auf, auch wenn er noch nicht wusste, worauf Leddin mit seiner Erzählung hinauswollte. Zudem war er sich nicht sicher, ob der alte Mann die Realität überhaupt noch einschätzen konnte.

Der Kastellan spürte Rosinskys Zweifel nicht. Mit vor Eifer glänzenden Augen fuhr er fort: »Das denkt die ganze Welt bis heute, und zu einem Teil ist es sicherlich auch wahr, jedenfalls was das Gebäude betrifft. Aber zu einem anderen Teil spielte die, nun ja, Freundschaft mit einem ganz besonderen Kunstliebhaber und jungen Gelehrten eine Rolle.«

Johannes Leddin erhob sich mühselig aus seinem Sessel und humpelte, gestützt auf seinen Stock, zu einem der Regale. Auf einem Papierstapel lag ein Bild, das er hervorzog und auf den Wohnzimmertisch legte. Es zeigte einen jungen Mann mit weichen Gesichtszügen, zart wie die eines Mädchens, und langen dunklen Locken, der den Betrachter ernst anschaute. Noch bevor der alte Kastellan erklären konnte, um wen es ging, wusste dies Harriet bereits. Sie erinnerte sich an dessen Bildnis in der Galerie, im Kabinett im Ostflügel des Hauses: »Das ist Nikolaus von Rebenstorff.«

Johannes Leddin nickte. Er betrachtete die Gesichtszüge des jungen Mannes auf dem Bild, wahrscheinlich zum tausendsten Mal.

»Seinetwegen gibt es die herrliche Sammlung der Bildergalerie und nicht allein wegen der *Gloire*, wie in den Geschichtsbüchern behauptet wird. Friedrich war sicherlich ruhmsüchtig, aber die wunderbarsten Kunstwerke der Welt hat er nur für ihn herangeschafft.«

Etwas viel Pathos und wahrscheinlich zu viel Fantasie. Ein Blick zu Karl Rosinsky sagte Harriet, dass er ähnliche Gedanken hinter seiner gekrausten Stirn hegte. Aber Johannes Leddin nahm nichts außer die Sinngründe seiner Erzählung wahr. Er fuhr einfach fort, als spräche er nur zu sich selbst:

»Nikolaus kam aus einer adeligen, aber armen Familie. Geboren wurde er in Breslau, wo er auch aufwuchs. Eigentlich sollte er die landwirtschaftlichen Güter der Familie übernehmen, aber er ging lieber nach Paris, um zu studieren. Er liebte die Kunst. Genauso wie ich.«

Er machte eine Pause und lächelte in sich hinein.

»Nikolaus von Rebenstorff sog alles auf, was mit Kunst zu tun hatte. Er studierte – mit wenig Interesse und mehr der Not und seinen Eltern gehorchend – Medizin an der Sorbonne und besuchte, sooft er konnte, die königliche Kunstsammlung, die später im Louvre ausgestellt wurde, im Palais du Luxembourg. Seit Anfang der 50er-Jahre war die königliche Galerie ja für die Öffentlichkeit geöffnet worden. Er lernte dort große Kunstwerke kennen, unter ihnen Werke von Tizian, Raffael und von Caravaggio. Nikolaus beschäftigte sich Tag und Nacht mit der Kunst und fasste den Plan, selbst eine so wunderbare Galerie aufzubauen. Aber ihm fehlten die Mittel dazu. Seine Familie hatte nicht genügend Geld, und wahrscheinlich hätte sie ihn auch für verrückt erklärt. Er entstammte einem Geschlecht von Krautjunkern, das Pferde, Hunde und die Jagd liebte, aber für die Kunst nicht viel übrighatte. Durch Zufall lernte Nikolaus bei einer Gesellschaft in Paris Ernst von Lehndorff kennen, ein bekanntes Klatschmaul der damaligen Zeit. Er hatte viele Jahre in den Diensten von Friedrichs unglücklicher Frau Elisabeth Christine gestanden und erzählte Nikolaus bei gutem Wein und Fasan, dass Friedrich eine Sammlung aufbaute, die jener des französischen Königs ebenbürtig sein sollte. Nikolaus war durch diese Nachricht elektrisiert, wie von Sinnen, und sah seine Chance gekommen. Hals über Kopf packte er in Paris seine Sachen zusammen und reiste nach Berlin und von dort aus weiter nach Potsdam, um Friedrich zu treffen.«

Johannes Leddin räusperte sich wieder und trank einen Schluck Kaffee. Das Sprechen fiel ihm sichtlich schwer. Harriet und Rosinsky schwiegen und warteten ab, bis er von neuem ansetzte.

»Nikolaus musste einige Wochen lang antichambrieren, bis er bei Friedrich vorgelassen wurde. Wahrscheinlich bekam er ohnehin nur deshalb eine Audienz, weil er jeden Tag pünktlich um sieben Uhr im Schloss auftauchte, um Friedrich seine Pläne vorstellen zu können. Er wartete viele Stunden, ohne den Hofbeamten mitzuteilen, worum es ihm eigentlich ging. Außerdem reichte er jeden Tag persönlich an Friedrich adressierte Briefe ein, in denen er beschrieb, welche wunderbaren Meisterwerke er für Friedrich anschaffen und ausstellen wolle. Wie die Meisterwerke wirken würden, welche außerordentlichen Inhalte sie beförderten. Schließlich gelang ihm der Zugang zum König. Friedrich ließ ihn vor. Endlich. Sie unterhielten sich ganze fünf Stunden lang. Friedrich ließ alle anderen Bittsteller an jenem Tag nachhause schicken. Das war der Anfang. Und dann überwältigte er Friedrich mit seiner Leidenschaft für die Kunst.«

»Friedrich ließ sich von Rebenstorff beraten? Hat er nach dessen Vorstellungen die Kunstwerke beschafft?«

»Mehr noch! Es wurde alles nach seinem Wunsch eingerichtet und arrangiert. Das Innere der Bildergalerie, das so viel ansprechender ist als das Äußere – alles auf Wunsch des jungen Kurators geschaffen. Friedrich war beeindruckt von der Kunst, aber er hatte kein Wissen über sie. Niemals hatte er die großen Sammlungen in Paris oder London besucht. Nikolaus hingegen wusste alles.«

Harriet dachte nach. Die Geschichte klang gut, aber vielleicht hatte Leddin sie sich in den Jahrzehnten seiner Beschäftigung mit der Galerie auch einfach nur ausgedacht und hielt das Narrativ mittlerweile für die Realität. Leddin spürte diesmal Harriets Zweifel. Er sah sie mit seinem noch immer klaren Blick an und sagte: »Sie sind skeptisch. Deshalb sollten Sie das Folgende wissen: Ich habe keine Familie, keine Kinder, niemanden, um den ich mich hätte kümmern können oder wollen. Also blieb genug Zeit, all die Unterlagen, Briefe und Berichte zusammenzutragen, die die Geschichte wiedergeben. Hier zum Beispiel…« Aus einem angegilbten Schuhkarton auf dem Regal zog er einen Stapel Briefe hervor. »Alle Briefe und die wichtigsten Unterlagen habe ich hier in meiner Wohnung«, flüsterte der Alte mit unterdrückter Stimme. »Seien Sie vorsichtig, es sind Originale! Ich konnte sie retten, als Teile des Museumsarchivs in der Bombennacht im April 1945 in Flammen standen. Vieles konnte ich auch vor den Russen schützen, die den Park nach dem Krieg für über ein Jahr sperrten, später vor den Bonzen, die die schönsten Kunstwerke rauben und in alle Welt verstreuen wollten.«

Mit steifen Fingern trennte er die Blätter voneinander und reichte sie Harriet, die sie ergriff und mit zusammengekniffenen Augen musterte. Auf den ersten Blick sahen sie tatsächlich echt aus. Ein Familienwappen mit ineinander verschlungenen Ästen und einem Turm fand sich am Kopf der Schreiben. Vielleicht das Wappen der Familie von Rebenstorff. Gemeinsam mit Rosinsky vertiefte sich Harriet in das Geschriebene. Der Autor, offensichtlich Nikolaus von Rebenstorff, schilderte in warmen und kenntnisreichen Worten die Werke von Tizian, Rubens, van Dyck, Veronese, Tintoretto und Caravaggio. Genauso ging er auf die französischen Meister ein, die im 18. Jahrhundert so sehr geschätzt wurden und von denen auch Friedrich schon eine stattliche Anzahl gesammelt hatte. Am Ende des Briefes richtete der Schreiber an Friedrich die innige Bitte, eine über die Grenzen Europas hinaus strahlende Kunstsammlung und das prächtigste Ambiente für sie zu schaffen, »das«, so Rebenstorff, »würde Ihro Gnaden unsterblich machen und in den Olymp der großen Weltherrscher einreihen.« Für Harriet waren die Briefe der Beweis, dass Nikolaus von Rebenstorff nicht nur ein glühender Freund der Kunst gewesen sein muss, sondern auch geschickt darin gewesen war, Friedrich für sein Ziel – den Aufbau einer Sammlung auf europäischem Niveau – zu entflammen. Schließlich hatte Friedrich schon als Jugendlicher beschlossen, berühmter zu werden als Alexander der Große und Cäsar. Harriet kannte sich gut genug in der Historie Friedrichs aus, um zu wissen, dass von Rebenstorff mit seinem Appell an Friedrichs Hang zum Ruhm goldrichtig gelegen hatte. Schnell überflog sie die weiteren Briefe, die der alte Kastellan ihr gereicht hatte. Sie alle waren äußerst glaubwürdige Appelle an Friedrich, die Welt an seinem Kunstsinn und seiner Sammlertätigkeit teilhaben zu lassen. Nachdem sie und Rosinsky fast eine Stunde lang das Bündel Briefe von Rebenstorff an Friedrich studiert hatten, waren sie von der Echtheit – und mehr noch – von der Tatsache überzeugt, dass es Rebenstorff tatsächlich gegeben und dieser mit seinem Sinn für Kunst den Grundstock der Galerie aufgebaut hatte. Das war eine Perspektive auf die Geschichte, die neu und vielversprechend war – auch wenn sie noch immer nicht wusste, was das alles mit Pits Ermordung zu tun haben könnte. Unterdessen hatte der alte Kastellan kein Wort gesagt. Mit scheinbar geschlossenen Lidern taxierte er Harriet.

»Friedrich baute also seine Galerie, und Nikolaus von Rebenstorff richtete sie für ihn ein. Aber was passierte dann? Stimmt es wirklich, dass Friedrich einige seiner wertvollen Gemälde verbrannte? Warum? Gehörte *Judith und Holofernes* von Caravaggio mit dazu? Was ist passiert?« Harriets Neugierde ging mit ihr durch. Sie musste die Details der Geschichte kennenlernen. Nervös rührte sie in ihrer Mokkatasse, sodass der kleine silberne Löffel in einem Stakkato gegen das dünnwandige Porzellan klickte.

»Mir ist es zu viel!«, erwiderte Johannes Leddin unerwartet und ließ sich in seinen Sessel sinken. »Ich bin ein alter Mann und kann nicht mehr.«

Rosinsky warf Harriet einen bekümmerten Blick zu und vollführte eine beschwichtigende Handbewegung, aber Harriet war nicht bereit, sich an diesem entscheidenden Punkt abspeisen zu lassen.

»Nein, Herr Leddin, bitte ziehen Sie sich jetzt nicht zurück. Ich weiß, dass Sie uns etwas sehr Wichtiges noch nicht gesagt haben. Wir müssen wissen, was passiert ist, damit nicht noch mehr Unheil eintritt. Ein Mensch – ein talentierter Künstler – ist ermordet worden. Das kann Ihnen doch nicht gleichgültig sein, und ein Wissenschaftler sitzt zu Unrecht im Gefängnis. Ich ...« Weiter kam sie nicht.

»Zu Unrecht?«, fuhr Johannes Leddin mit erstaunlicher Energie dazwischen und schleuderte Harriet entgegen: »Machen Sie sich über mich lustig? Dieser Lietzenburg, der sogenannte Professor, hat seine Strafe verdient. Ich habe von seiner Verhaftung gehört. Den Künstler hat er nicht umgebracht, das ist sicher, aber er ist trotzdem für alles verantwortlich. Und mehr werde ich nicht sagen.« Seine Augen blitzten und sein Zittern hatte sich dramatisch verstärkt.

»Herr Kastellan«, beschwor ihn Harriet, »bitte beruhigen Sie sich und erzählen Sie uns die Wahrheit!«

»Die Wahrheit? Wenn Sie die Wahrheit wirklich kennenlernen wollen, dann müssen wir noch einmal zurück ins 18. Jahrhundert, in die Zeit Friedrichs und Nikolaus'. Wie allgemein bekannt, war Friedrich kein einfacher Mensch, sondern er herrschte, auch in seinem privaten Bereich, wie ein absolutistischer Fürst, der keine Widerworte akzeptiert. Und er konnte sehr verletzend sein. Wie ich schon andeutete, verband Friedrich und Nikolaus von Rebenstorff mehr als eine freundschaftliche Geschäftsbeziehung. Die beiden waren ein Liebespaar, soviel geht aus Nikolaus' Briefen hervor. Sie waren einander sehr zugetan. Nikolaus verehrte Friedrich, der so etwas wie seine erste Liebe war. Er war ja kaum Anfang zwanzig, als er Friedrich begegnete, während dieser den Großteil seines Lebens schon hinter sich hatte. Es dauerte nicht lange, da pfiffen die Spatzen vom Dach, dass Friedrich einen neuen Gespielen habe und sein Kammerdiener, der langjährige Geliebte Friedrichs, in Ungnade gefallen sei. Friedrich sonnte sich sehr in der Gegenwart des jungen, vor Leben sprühenden Nikolaus. Nur zu gern ließ er ihn seine Galerie einrichten, und noch lieber verbrachte er die Nächte mit ihm. Eines Tages aber sollte diese Liebe auf tragische Weise enden.«

Johannes Leddin legte eine kurze Pause ein, schloss die Augen und konzentrierte sich.

»Wenn man seine Autorität missachtete, dann konnte Friedrich böse und gemein werden wie kein Zweiter. Nikolaus, der von seinem Naturell her großzügig und zugewandt war, musste das auf eine schmerzhafte Weise erfahren. Nachdem die Galerie eingeweiht worden war, organisierte Nikolaus ein großes Gartenfest im Park Sanssouci, zu dem er einen damals sehr berühmten Sänger eingeladen hatte, den Kastraten Annibali. Dieser war extra aus Dresden gekommen, wo er ein Engagement hatte, um für den König aufzutreten. Kaum, dass er angekommen war und aus der Kutsche stieg, verlangte Friedrich sofort eine Kostprobe seines Könnens. Da es aber ein heißer Tag war, entschuldigte sich Annibali und bat um Wasser, da er auf der Fahrt Sand in seine Kehle bekommen habe. Friedrich kochte vor Wut, weil sein Wunsch nicht sofort erfüllt wurde und begann, den Kastraten mit derben Worten zu verspotten. Nikolaus, der den Streit schlichten wollte, ließ schnell ein Glas Wasser bringen und reichte es Annibali. Doch noch bevor der Sänger das Glas ergreifen konnte, schlug Friedrich seinem geliebten Nikolaus das Glas aus der Hand und schrie: 'Gehe Er mir aus den Augen! Wir wollen Ihn nie mehr wiedersehen! Niemand hat dem König zu widersprechen! Packe Er seine Sachen und verschwinde aus dem Schloss! Unverzüglich!' Nikolaus fiel voller Unglauben vor Friedrich auf die Knie und flehte ihn vor dem ganzen Hofstaat an, ihn nicht zu verjagen. Vergebens. Friedrichs Eigensinn verbot ihm, einen jemals geäußerten Befehl zurückzunehmen oder sich gar zu entschuldigen. Es blieb dabei. Nikolaus musste gehen. Und das war noch nicht alles. Friedrich war so voller Zorn auf Nikolaus, dass er befahl, dessen liebste Gemälde aus der Galerie vor seinen Augen zu verbrennen.«

»Um Gottes willen«, Karl Rosinsky rang die Hände, »das ist ja eine schreckliche Geschichte! Was passierte dann?«

»Nikolaus wurde in Fesseln auf die Weinbergterrasse gebracht und musste zusehen, wie Friedrichs Soldaten fünf Gemälde auf einen Scheiterhaufen legten. Mehr noch: Als sie zögerten, die Bilder anzuzünden, muss er sie in Brand gesteckt haben.«

»War *Judith enthauptet Holofernes* von Caravaggio, also der Vorläufer, das verschollene Werk, dabei? Die Version, die Caravaggio vor dem Gemälde geschaffen hat, das jetzt im Palazzo Barberini hängt?«, fragte Harriet atemlos.

Der Kastellan nickte.

»Ja, neben zwei Bildern von Tizian und einer *Caritas* von Guido Reni. Welches Werk das fünfte war, ließ sich anhand der Werkverzeichnisse nicht mehr rekonstruieren. Nikolaus weinte und flehte Friedrich an, das Feuer zu löschen. Aber der König hatte sich so in seine Wut hineingesteigert, dass er seinem Geliebten einen Stoß versetzte, der diesen ins Taumeln brachte. 'Höre Er auf zu greinen wie ein altes Weib!', schrie er und stieß ihn ein zweites Mal. Der Stoß war so stark, dass Nikolaus in die Flammen fiel. Der König, erschrocken über seine Tat, aber unfähig, seine Gefühle zu zeigen, drehte sich auf dem Absatz um und ging fort. Er setzte sich in seine Bibliothek und spielte, wie an vielen Abenden, seine Querflöte. Um sich herum duldete er nur seine Hunde. Ein paar Soldaten und Kammerzofen waren schockiert, zogen Nikolaus aus der Glut und lösten seine Fesseln. Er lebte noch, war aber schwer verwundet. Obwohl die Haut seiner Hände verbrannt war, löschte er mit einer Decke das Feuer und versuchte, die Gemälde zu retten. Für vier der Gemälde kam er zu spät, aber das Werk Caravaggios lag ganz oben auf dem Stapel und war deshalb weniger durch das Feuer und die Glut beschädigt als die anderen Werke. Er schleppte es mit letzter Kraft in eine kleine Kammer, die sich im Keller der Galerie befindet und nur über das kleine Kabinett im Ostflügel erreichbar ist. Die Kammer ist bis heute geheim. Nikolaus hat sie bauen lassen, um wertvolle Bilder verstecken zu können, falls eine Bedrohung von außen kommen sollte, wie eine Art Schutzraum. Das Geheimnis um diese Kammer ist nur von Kastellan zu Kastellan weitergegeben worden. Jeder, der eingeweiht wurde, wurde gleichzeitig verpflichtet, über die Kammer zu schweigen. Nur ich – ich habe versagt und alles verraten.«

Harriet sah, dass Johannes Leddin Tränen aus den Augen quollen und an der pergamentenen Haut seines Gesichts hinabperlten. Sie ergriff seine Hand, ungeschickt, weil sie keine Übung im Trösten hatte – und streichelte den mit blauen Adern überzogenen Handrücken. Johannes Leddin zuckte zurück.

»Lassen Sie mich! Niemand kann mich von dieser Verfehlung freisprechen und mich über die Katastrophe hinwegtrösten.«

Schneller, als man es ihm zugetraut hätte, riss er die unterste Schublade der Kommode auf und zog einen Revolver hervor. Aber auch Karl Rosinsky, obwohl deutlich über siebzig Jahre alt, reagierte rascher als Harriet, die zur Salzsäule erstarrt war. Er riss Johannes Leddin die Waffe aus der Hand und sagte mit ruhiger Stimme: »Was immer Sie vorhaben, die Waffe darf keine Rolle dabei spielen! Wir müssen das hier anders zu Ende bringen. Sie sind nicht schuld – die anderen sind es. Wir müssen jetzt die Täter finden und dazu brauchen wir Sie!«

Ein Ruck ging durch den Kastellan. Es war, als habe Leddin auf diese Worte gewartet und aktiviere nun seine letzten Energiereserven. Er setzte sich so gerade hin, wie sein Buckel es ihm erlaubte und erwiderte gefasst:

»Sie haben recht. Wenn ich jetzt aufgebe, dann war alles umsonst. – Nun denn: Nachdem Nikolaus das beschädigte Bild in Sicherheit gebracht hatte, war er in der Kammer in einen der Ohnmacht ähnelnden Schlaf gefallen und erst am nächsten Morgen wieder aufgewacht. Er begriff nun, dass Friedrich ihn verstoßen und dass er alles verloren hatte. Nikolaus war ein überaus gewissenhafter Mensch. Er hatte zwei Museumskataloge angelegt, in denen er sämtliche Werke verzeichnet hatte. Beide lagerten in der geheimen Kammer. Er nahm einen der Kataloge, strich die Beschreibung der fünf Gemälde durch und setzte den Vermerk zerstört hinzu. Dann betrachtete er das gerettete Werk von Caravaggio und stellte fest, dass es wahrscheinlich restauriert werden könnte. In dem zweiten Katalog vermerkte er daher nur vier Gemälde als *zerstört*, das fünfte – den Caravaggio – als *beschädigt, zu restaurieren*, änderte den Eintrag im ersten Katalog aber nicht. Dieser Lapsus muss ihm aufgrund seiner Schmerzen passiert sein. Ich kann es beweisen. Hier ist mein Katalogexemplar.«

Er förderte ein weiteres Manuskript aus der Schublade zutage, das aus hauchdünnen Pergamentblättern bestand, die eng beschrieben waren und Skizzen und Federzeichnungen enthielten. Harriet erkannte die Büste von

Marc Aurel und die Mars-Statue mit Schild und Harnisch, die sie in den Ausstellungssälen der Bildergalerie gesehen hatte. Leddin blätterte das Manuskript auf und deutete mit einem seiner knotigen Finger auf eine Eintragung, die lautete: *Michelangelo de Merisi, genannt Caravaggio, Judith enthauptet Holofernes, dat. 1599*. Dann folgte der von Johannes Leddin genannte Zusatz.

»Nikolaus deponierte beide Kataloge, alle seine Briefe von Friedrich und seine Tagebuchaufzeichnungen in einem Schränkchen in der Kammer, schloss es ab und verließ die Galerie mit dem Werk von Caravaggio – für immer. Warum er alle Papiere und seine wertvollen Kataloge in der Galerie ließ, kann ich nicht erklären. Ihm war klar, dass er sterben würde und die Unterlagen nicht mehr brauchen könnte. Den Schlüssel für die Kammer unter der Galerie und alle notwendigen Informationen gab er seinem Assistenten, dem er vertraute, dem späteren Galerie-Inspektor Oesterreich. Ihm schrieb er auch später, kurz vor seinem Tod, dass einer der Kataloge nicht aktualisiert worden sei und die Eintragung *zerstört* verändert werden müsse. Aber offensichtlich ist seine Bitte nicht umgesetzt worden oder gar nicht erst angekommen. Die Eintragungen im Katalog blieben bestehen, so, wie Nikolaus sie gemacht hatte. Seine gesamten Habseligkeiten ließ er in Potsdam. Er nahm nur das Gemälde von Caravaggio mit und kehrte heim in das ungeliebte Schloss Gnichwitz zu seiner Familie, die wohl nur Hohn und Spott für ihn übrighatte, nehme ich an. Hier«, er deutete auf ein sorgsam mit einem Samtband verschnürtes Manuskript, das vor ihm auf dem Tisch lag, »steht alles drin! Das sind Nikolaus' Tagebücher. Friedrich hat sie der Familie von Rebenstorff nach dem Tod von Nikolaus abgekauft und in der Bibliothek des Schlosses Sanssouci verwahrt. Es heißt, sie hätten auf seinem Schoß gelegen, als er starb. Auch sie habe ich 1945 aus dem ehemaligen königlichen Archiv bergen können. Dann habe ich sie bei mir behalten – zum Schutz und im ehrenden Andenken an Nikolaus von Rebenstorff, der ein Leben für die Kunst geführt hatte, genau wie ich.«

»Was passierte mit Nikolaus?«

»Nach Gnichwitz zurückgekehrt, starb Nikolaus bald, denn seine Brandverletzungen waren sehr schwer und heilten nicht gut. Er ist auf dem Friedhof des Schlosses begraben. Noch kann man dort seinen Grabstein finden. Nikolaus wurde nicht einmal 25 Jahre alt.«

»Und Friedrich?«

»Friedrich wurde immer unleidlicher. Nachdem er die Nachricht von Nikolaus' Tod bekommen hatte, schloss er sich tagelang mit den Hunden in seine Bibliothek ein. Offenbar versuchte er noch, das Gemälde von Caravaggio aus Gnichnitz zurückzubekommen, aber die Familie von Rebenstorff hatte es schon verkauft, sicherlich zu einem Spottpreis. Er musste sich mit den Tagebüchern begnügen. Jahre später versuchte Friedrich einen zweiten Caravaggio zu erwerben, den *Ungläubigen Thomas*, vielleicht, weil der Jesus auf dem Bild ihn an Nikolaus erinnerte – was reiner Zufall war. Vielleicht auch nur, weil er den Wert des Künstlers erkannt hatte. Wie auch immer, der Kauf wurde nicht vollzogen, weil die damaligen Besitzer – die Geschwister Giustiniani – das Werk nicht verkaufen wollten. Als einer der Nachfahren der Familie in Geldnot geriet, kaufte Friedrich Wilhelm III. schließlich das Werk für die Galerie. Das geschah aber ganz unabhängig von den früheren Geschehnissen. Friedrich selbst war da schon über ein Vierteljahrhundert tot. In seinen späten Jahren hatte Friedrich eine für ihn ungewöhnliche Einsicht gezeigt und Nikolaus von Rebenstorff auf seine Weise geehrt. Er hängte dessen Porträt von François Boucher im Seitentrakt der Galerie auf. Dort, wo sich der Eingang zur geheimen Kammer befindet. Aber geredet hat er niemals mehr ein Wort über ihn.«

Johannes Leddin verstummte und sank in sich zusammen. Die Erzählung hatte ihn viel Kraft gekostet.

»Was hat Robert von Lietzenburg mit all dem zu tun?«

Bei der Erwähnung von Roberts Namen zuckte Leddin zusammen.

»Ich kann nicht mehr!«, flüsterte er. »Sie werden herausfinden, was passiert ist.« Er krallte sich mit einer Kraft, die Harriet ihm nicht zugetraut hätte, an ihrem Arm fest und setzte hinzu: »Sie müssen mir versprechen, dass Sie meine Geschichte aufschreiben. Alle sollen von Nikolaus von Rebenstorff und seiner Galerie erfahren. Und von den Kunstwerken.«

Harriet nickte. »Das verspreche ich Ihnen!«

Erlöst lockerte er seinen Griff um Harriets Handgelenk und schloss die Augen. Dann murmelte er: »Bitte gehen Sie. Schnell!«

Johannes Leddin war auf seinem Sessel zusammengesunken wie ein Kind und binnen weniger Sekunden eingeschlafen. Leise standen sie auf, schlichen durch die Wohnung und zogen die Tür hinter sich zu.

»Verstehen Sie, was er uns sagen wollte?«, fragte Harriet, als sie draußen, vor der Villa Illaire, auf der Allee standen. Sie betrachtete das Standbild

Friedrichs auf dem Rasen vor der Gartendirektion, während Karl Rosinsky etwas in seiner Tasche zu verstauen schien. Obwohl die Skulptur sehr groß war, war sie ihr bis zu diesem Zeitpunkt noch nie aufgefallen. Dabei war sie häufig vom Hauptgebäude der Uni durch den Park in die Stadt gelaufen, wenn sie mehr als zwei Stunden Pause zwischen ihren Seminaren und Vorlesungen hatte.

»Ich habe eine Ahnung, mehr nicht«, erwiderte Rosinsky unsicher, »kann sein, dass alles Unfug ist, was ich mir gerade zusammengereimt habe. Aber vielleicht schlummert auch die Wahrheit darin.« Dann fügte er hinzu: »Wir müssen mit Robert sprechen. Ob wir wollen oder nicht.«

•

Samats Bronchien schmerzten und sein Hals fühlte sich kratzig an. Die vergangenen 24 Stunden hatte er, eine Zigarette nach der anderen rauchend, auf der durchgeweichten Matratze in der ehemaligen Mannschaftsunterkunft zugebracht. Ab und zu hatte er einen Schluck Wodka getrunken, aber auch der Alkohol hatte nicht verhindern können, dass dunkle Gedanken von ihm Besitz ergriffen hatten, die immer stärker auf seiner Brust lasteten, je weiter die Zeit vorangeschritten war. Das Chaos, das Klingsohr im Park Sanssouci gestiftet hatte, kam ihm wie ein Menetekel vor. Die schreienden Menschen, der tote Riesenhund. Und die Frau, die er im Garten des Professors gesehen hatte, bei dem seltsamen Gartenfest. Trotz des Schocks hatte er in ihren Augen gesehen, dass sie ihn auch wiedererkannt hatte. Dabei hatte Samat sich überwunden und dem Park und seinen Skulpturen einen Besuch abstatten wollen. Der Hund war ihm wieder unbemerkt gefolgt, und alles war plötzlich in einen Alptraum gekippt. Wie hatte er nur in diese Situation geraten können? Und noch schlimmer: Wie hatte er zum Mörder werden können? Dieser Künstler, Pit Wallstedt, hatte ihm persönlich nicht einmal etwas angetan, dennoch hatte er ihm den Kopf abgeschnitten und den toten Leib inszeniert wie in dem verfluchten Bild – als Warnung an seinen »Geschäftspartner« Robert von Lietzenburg. Schließlich war er sogar in dessen Haus eingedrungen und hatte sich Roberts und Sophias Tochter bemächtigt. Allein in dem rauchgeschwängerten, nach Fäulnis riechenden Raum war ihm klar geworden, wie aussichtslos sein Unterfangen war: Der Professor war pleite. Die Chance, dass er die von Kerer verlangte Summe bekäme, war verschwindend gering. Selbst wenn Robert von Lietzenburg tatsächlich noch Geld auftreiben würde, wäre das nicht annähernd genug, um Kerer zufriedenzustellen. Abgesehen davon war die Frist, die Kerers Leibwächterin ihm gestellt hatte, längst verronnen. Wahrscheinlich waren die Folterknechte des Oligarchen bereits auf dem Weg zu ihm. Egal, aus welchem Blickwinkel Samat seine Situation beleuchtete – er war ein toter Mann. Als der Morgen dämmerte, beschloss er, seine Mission abzubrechen, nachhause zu fahren und dort in Ruhe auf den Tod zu warten. Vielleicht würde er dessen Kommen auch selbst beschleunigen, dazu gab es genügend Mittel und Wege. Je länger er über diese Möglichkeit nachdachte, desto ruhiger wurde Samat. Er kochte sich auf dem Gaskocher einen Chai, den er siedend heiß in sich hineinschüttete, um einen klaren Kopf zu bekommen und die nebligen Schwaden, die der Wodka in seinem Gehirn hinterlassen hatte, zu bändigen. Es gab eigentlich nicht mehr viel zu tun: Er würde seine Sachen packen, einchecken und über Moskau oder Istanbul nach Bischkek zurückfliegen, dann mit einer Marschrutka über die eisigen Pässe des Gebirges fahren, um nach Osh zu gelangen. So weit würde sein Geld noch reichen, bevor er buchstäblich nackt war. Einzig seinen Säbel wollte er vom Professor zurückholen, denn dieser gehörte in seine Heimat und in die seines Großvaters. Eigentlich müsste er die Waffe vererben, aber da er keine Kinder hatte, beschloss er, die Waffe in einer der Höhlen auf dem heiligen Berg *Suleiman-Too* zu verstecken, als eine Gabe an die Götter. Samat war nicht gläubig, aber er hatte den Heiligen Berg oftmals besucht, die Wunschbäume mit den vielen Schleifen betrachtet, die auf seinen steinigen Hängen wuchsen, und die tiefen Höhlen, in denen die Frauen, die sich nach Kindern sehnten, Oliven und Brote gelegt hatten. Immer, wenn er *Suleiman-Too* besucht hatte, war er ruhig geworden und seine Gedanken klar. Sein Säbel, die Waffe seiner Vorväter, würde dort einen guten Ruheplatz finden. Samat zog sich an und verließ das Gebäude. Kaum hatte er den Bauzaun, der das Gelände umschloss, hinter sich gelassen, tauchte Klingsohr auf. Unvermittelt kam er aus einem Gebüsch und sprang an Samat hoch.

»Hey, lass' das!«, keuchte Samat und versuchte, den Hund abzuwehren. »Du stiftest nur Unheil. Bist du ein Dämon, der mich verfolgt? Wer hat dich geschickt?«

Der Hund schaute ihn mit heraushängender Zunge an, wandte sich dann um und lief vor ihm her, auf dem Weg, der in die Stadt führte. Samat ging hinter ihm bis ans Wasser, wo er das Ruderboot vertäut hatte. Die Entscheidung war getroffen. Ihm war leicht ums Herz, als er ins Boot sprang und die Ruderblätter vorsichtig ins Wasser tauchte. Er sah, dass der Hund am Ufer entlanglief und ihm folgte. Er würde ihn niemals loswerden.

An der Villa Augusta angekommen, überlegte er zunächst, ganz offen durch den Vordereingang des Hauses zu gehen, Robert um den Säbel zu bitten, eine Zigarette auf der Terrasse zu rauchen und in den Garten mit den vielen Rhododendren und der bronzenen Figurengruppe zu schauen. Sie waren schön, diese Berserker: stark und unbesiegbar. Das Gegenteil von ihm. Aber dann entdeckte er einen Polizeiwagen auf der Straße vor der Villa und Gestalten in weißen Overalls, die im Vorgarten standen. Mit einem Riesensatz sprang Samat auf das Grundstück des Nachbarhauses und robbte den Zaun entlang, bis er durch ein Loch in der Hecke einen guten Blick auf das Geschehen in der Villa hatte. Im hinteren Teil des Gartens sah er Polizisten. Sie standen zusammen und lachten. Es sah so aus, als würde einer der uniformierten Männer anzügliche Witze erzählen. Nur ein Auto stand unter dem Carport – der Jeep, den Robert von Lietzenburg zu fahren pflegte. Samat ließ sich auf den moosigen Boden sinken. Was war er für ein Unglücksvogel! In dem Moment, in dem er Frieden mit sich gemacht hatte und seine Mission abbrechen wollte, kam ihm das Schicksal zuvor. Er ahnte, dass der Professor verhaftet worden sein musste, dass er vielleicht in dieser Minute von ihm, dem Fremden, sprechen und ihn beschuldigen würde. Und wieder war er selbst schuld: Wie hatte er nur so gedankenlos sein können, den Säbel beim Professor zu lassen? Er war eine Mordwaffe, und die DNA des Künstlers und seine eigene war trotz der Reinigung sicherlich nachweisbar. Seine Chancen, unbehelligt nachhause zurückzukehren, sanken ins Bodenlose. Würde er in ein deutsches Gefängnis gehen müssen? Das würde er nicht aushalten, eingesperrt zwischen dunklen Mauern in der Fremde. Er musste irgendetwas unternehmen, und sei es … Samats hektisch umherirrende Gedanken wurden jäh von einer rosa Hundezunge beansprucht, die über sein Gesicht leckte. Unwillkürlich schrie er auf und wischte mit dem Ärmel seiner Jacke über die Wange. Es war nicht Klingsohr, der ihm das Gesicht abgeschleckt hatte, sondern der Hund mit den blauen Augen – der Familienhund der Lietzenburgs. Aber auch Klingsohr, der ihm den gesamten Weg am Ufer gefolgt sein musste, war nicht weit. Er kam aus dem

Gebüsch geschossen, und die beiden Hunde begannen zu spielen: sprangen umeinander, drehten sich im Kreis und zwackten sich gegenseitig in den Nacken.

»Wo bist du, Flocke?! Flocke?«

Lissy bahnte sich einen Weg durch die Hecke, dann durch das Loch im Zaun und kniete plötzlich vor Samat.

»Was machst du hier? Darfst du das?«

Samat antwortete nicht, denn Klingsohr begann zu bellen und rannte auf die Straße. Bevor Samat oder Lissy reagieren konnten, schoss Flocke hinterher und beide Hunde waren im Handumdrehen verschwunden.

»Flocke, bleib hier! Du darfst nicht weglaufen!« Lissy war schnell wie der Blitz. Bevor Samat sich versah, rannte sie die Straße hinunter, den Hunden hinterher. Samat hatte schwer an den Extrakilos zu tragen, die er in den letzten Jahren zugelegt hatte, und schnaufte, während er die Verfolgung des Mädchens und der beiden Hunde aufnahm. Er hoffte inständig, dass die Kleine nicht vor ein Auto liefe. Von weitem hörte er Gebell und die Rufe des Mädchens, die immer wieder die Namen der Hunde in die Hitze des Nachmittags brüllte. Samat beschleunigte seine Schritte. Der Schweiß rann ihm in Strömen über die Stirn, aber zu seiner eigenen Verwunderung wurde er schneller und schneller. Die wenigen Spaziergänger, die er passierte, wichen verängstigt vor dem wuchtigen Mann zurück, der mit großer Geschwindigkeit über unregelmäßiges Kopfsteinpflaster in Richtung Jungfernsee lief. Schließlich erblickte Samat in der Ferne eine schmale Gestalt, die während des Laufens mit den Armen ruderte. »Lissy«, rief er, »bleib stehen!«

Sie drehte sich nicht einmal um. Aber die Kräfte des Mädchens ließen deutlich nach, und Samat verkürzte Meter um Meter die Distanz und holte sie schließlich ein, auch, weil sie verzweifelt weinte.

»Flocke kennt sich doch nicht aus. Sie ist noch so jung und wird sich verirren, oder ein Jäger wird sie erschießen, oder sie wird überfahren.«

»Wir finden Flocke!«, hörte Samat sich sagen. »Und Klingsohr weiß, wie man sich auf der Straße benehmen muss. Der wird sie schon beschützen! Was wollte die Polizei in eurem Garten und in eurem Haus?«

Das Mädchen schluchzte und zog hörbar die Nase hoch.

»Die Polizei hat Papa mitgenommen, aber das ist nur ein Irrtum. Alle sagen, dass Papa bald wieder zuhause ist.«

Samat schwieg betroffen. In seinem Kopf wirbelten die Gedanken durcheinander, und er brauchte einige Sekunden, um sie zu ordnen. »Hat die Polizei gesagt, dass dein Papa jemanden ermordet hat?«

Lissy nickte langsam, und die Tränen strömten noch stärker über ihr Gesicht als vorher. »Ja. Sie haben gesagt, dass Papa einen Künstler umgebracht hat. Ich sollte das nicht wissen, aber ich habe an der Tür gelauscht. Und Mama war wütend und ist mit dem Auto ganz schnell weggefahren.«

Samat und Lissy hatten beinahe die Schwanenbrücke erreicht, als sie lautes Hundegebell hörten. Flocke und Klingsohr standen knietief im Wasser des Hasengrabens, kläfften und balgten sich um ein Stück Holz, das Klingsohr immer wieder in die Luft warf. Beide Hunde troffen vor Nässe, und Flockes graues Fell war mit Schlamm beschmiert.

»Da sind sie ja!«

»Flocke, du dummer Hund, ich hatte solche Angst um dich!«

Lissy knuddelte und küsste den schmutzigen Weimaraner, der sich auf den Rücken geworfen hatte und vor Wohlbehagen fiepte. Dann warf sie das Stöckchen in das Gewässer, in dem sich die hohen Laubbäume spiegelten. Die Hunde rannten los und jagten sich gegenseitig den Stock ab. Zu seinem eigenen Erstaunen fand auch Samat Gefallen an dem Spiel. Ganz von alleine lief er mit Lissy auf das Ufer der Havel zu, wo sie sich schließlich schnaufend mit den Hunden niederließen.

»Ich habe Durst«, sagte Lissy, »und Hunger habe ich auch!«

»Ich bringe dich nachhause!«, antwortete Samat und erhob sich schnell. Er würde das Mädchen wohlbehalten samt dem Hund in ihrem Elternhaus abliefern.

Aber Lissy wollte nicht gehen. Sie starrte auf die gekräuselte Oberfläche der Havel. Ihre Unterlippe zitterte, und sie begann zu schluchzen.

»Nicht nachhause, da ist die Polizei, und Papa ist nicht da! Mama ist immer so streng.«

Dann setzte sie hinzu, während sie ihren Kopf an seine Schulter lehnte:

»Können wir nicht noch zusammenbleiben und etwas unternehmen? Mit den Hunden? Mama hat gesagt, dass ich Flocke bald wieder abgeben muss, weil sie so viel Arbeit macht. Deshalb will ich jetzt viel Zeit mit ihr verbringen.«

Samat dachte nach. Eigentlich hatte er ja nur die Waffe, die seit vielen Jahrzehnten seiner Familie gehörte, holen und zum heiligen Berg

Suleiman-Too bringen wollen. Wahrscheinlich war der Säbel jetzt für immer verloren und würde in irgendeinem Gebäude der hiesigen Polizei verschimmeln. Aber war das wirklich schlimm? Samat schüttelte den Kopf. Mit ihm endete der Familienzweig der Sadykovs. Er hätte sich niemals vorstellen können, Kinder zu haben, und seine Schwester, zu der er schon längst keinen Kontakt mehr hatte, hatte es auch nicht geschafft, sich zu reproduzieren. Warum also Anstrengungen unternehmen, um die Waffe an den Ort der Vorväter zu bringen, wenn es die Familie nicht mehr gab?

»Komm, Lissy, ich habe eine Idee!«

Er stand auf und zog das Mädchen an der Hand mit sich. Lange würde er nicht mehr zu leben haben, ob er nun nach Kirgistan zurückkehrte oder nicht – Kerer würde ihn finden. Warum nicht die letzten Tage oder vielleicht auch nur die letzten Stunden seines Lebens angenehm gestalten und sie mit einem kleinen Mädchen verbringen, die seine Enkelin sein könnte? Und was würde ein Großvater machen, wenn seine Enkeltochter bei ihm zu Besuch ist? »Wenn du Hunger hast, dann kochen wir zusammen ein Gericht, das du noch nie zuvor gegessen hast. Und vorher machen wir eine Bootstour.«

Das Mädchen hüpfte vor Begeisterung: »Au ja!«

Das Ruderboot lag noch immer an der Stelle, an der er es – von Zweigen verdeckt – zurückgelassen hatte. Lissy und Samat hatten keine zehn Minuten gebraucht, um das Boot zu erreichen und die beiden Hunde an Bord zu lotsen. Klingsohr erwies sich dabei als der geschicktere. Er sprang zwischen die Ruderbänke und ließ sich auf den Planken nieder, als hätte er sein Leben auf dem Wasser zugebracht. Während das Boot, angetrieben durch die gleichmäßigen Ruderbewegungen Samats, gemächlich auf der Havel dahinglitt, ließ Lissy die Hand ins Wasser baumeln, und sie lachte immer dann, wenn eine kleine Welle gegen den Bug des Bootes prallte. Die Bootstour wirkte beinahe wie ein ganz normaler Familienausflug. Samat machte sich keine Gedanken mehr darüber, ob er mit Lissy auffallen könnte oder nicht. Er würde ohnehin bald sterben, und selbst wenn die Polizei ihn aufhalten würde, weil man glaubte, dass er die Kleine entführt hatte, wäre das nicht schlimm. Für diesen Fall allerdings kristallisierte sich in seinem Kopf während des Ruderns ein Plan heraus, der ihn vor dem Gefängnis bewahren würde ... Das Gefängnis war der Alptraum. Er ruderte schneller, und es dauerte nicht lange, bis sie die Anlegestelle am Großen Graben erreicht hatten. Es war nun später Nachmittag, und Samat war klar, dass bald eine panische Suche nach Lissy einsetzen würde. Von weitem hörte er eine Polizeisirene und fragte sich, ob diese der Suche nach ihm gelte. Mit einiger Mühe legte er an und vertäute das Boot im Schilf. Sie stiegen aus und marschierten in Richtung der verlassenen Kaserne. Lissy sprang vor ihm von einem Baumschatten zum nächsten, immer umringt von beiden Hunden, die sie wie eine Eskorte begleiteten.

»Wohin gehen wir eigentlich?«

»Wir gehen in ein Versteck. Und dort können wir Feuer machen und kochen.«

Elisabeth klatschte vor Vergnügen in die Hände.

»Das ist toll! Verstecken spielen! Ich habe ein Computerspiel, da versteckt man kleine Monster in Eimern. Das spiele ich total gern. Und mit Papa habe ich auch schon Verstecken im Garten gespielt. Das macht Papa auch Spaß, obwohl er schon so alt ist. Papa ist nämlich fast doppelt so alt wie Mama. Mama ist dreißig und Papa ist sechzig oder so. Komisch, nicht? Aber du bist ja auch schon ganz schön alt.«

»Ich bin ungefähr so alt wie dein Papa. Als dein Papa und ich uns kennengelernt haben, da warst du noch nicht auf der Welt, und deine Mama war ein kleines Mädchen. Eigentlich bin ich seinetwegen hier.« Der Lärm der Bundesstraße wurde lauter. Durch das Gebüsch, das das Ufer des Krampnitzsees säumte, sah Samat die Autos aufblitzten, die die Straße entlang schossen.

»Ich wusste gar nicht, dass du meinen Papa kennst!«, rief Elisabeth und hüpfte wie ein Flummi neben Samat her. »Das ist ja schön. Dann können wir ihn nachher anrufen und zum Essen einladen. Vielleicht ist er dann ja schon aus dem Gefängnis zurück. Das kann ja nicht so lange dauern, bis die Polizei feststellt, dass sie sich geirrt hat.«

Samat nickte gequält.

»Was willst du denn von Papa?«

»Oh, ich wollte mit ihm über ein Bild reden, weißt du. Das Bild ist schon sehr alt. Früher hat es einmal dem König von Preußen gehört.«

»Ich weiß, wer das war«, krakeelte Elisabeth, Stöckchen für die Hunde werfend, »der König hieß Friedrich und hat eine komische blaue Uniform mit Goldknöpfen getragen. Außerdem hatte er immer eine schwarze Mütze auf dem Kopf und einen Zopf. Und er mochte Hunde sehr gern. Aber nur diese dünnen mit den großen Glotzaugen.«

»Ja, und Bilder mochte er auch«, ergänzte Samat, während sie den Fluss, die angrenzende Kleingartenkolonie hinter sich ließen und gen Norden parallel zur Bundesstraße gingen.

»Boah, das ist aber anstrengend!«, schnaufte Elisabeth, mühsam versuchend, mit dem stoisch in der immer gleichen Geschwindigkeit laufenden Samat Schritt zu halten.

»Was ist denn mit dem Bild, das dem König gehört hat? Du musst mir die Geschichte zu Ende erzählen.«

»Ja, also, alle dachten, es sei bei einem Brand zerstört worden. Dann hat sich aber herausgestellt, dass das Bild noch existiert. In der Zwischenzeit hatte aber jemand anders ein Bild gemalt, das genauso aussah. Das wurde verkauft an einen Mann mit viel Geld, der aber dachte, dass er das echte, also das alte Bild gekauft hat und nicht das neue, das genauso aussah. Als er das bemerkte, ist er ziemlich wütend geworden.«

»Das ist ja vollkommen verrückt! Aber warum war der Mann denn wütend?«, wunderte sich Elisabeth. »Wenn das neue Bild genauso aussah wie das alte, hatte er doch gar keinen Grund, böse zu sein. Das ist eine komische Geschichte – und überhaupt: Was hat denn mein Papa damit zu tun?«

Jetzt war der Zeitpunkt gekommen, die Bundesstraße überqueren zu müssen. Sie hatten Glück. Kein Auto war zu sehen. Während Samat und Lissy mit den beiden Hunden über die Fahrbahn gingen und auf den Bauzaun des Militärgeländes zuhielten, konstatierte Samat ein Anschwellen der Sirenen.

»Musst du Klingsohr nicht an die Leine nehmen, wenn ein Auto kommt? Er könnte doch überfahren werden.«

»Der braucht keine Leine«, erwiderte Samat und fuhr mit trockenem Unterton fort: »Er weiß immer, was er tut.«

»Dann ist ja gut.« Sie lockte den zottigen Hund und freute sich, dass er um sie herumscharwenzelte.

Samat schaute ihr mit klammen Gefühlen zu. Hatte er die Kleine entführt, ohne es zu wollen? Womöglich würde er sie durch diese unüberlegte Situation in Gefahr bringen. Aber dann wischte er seine Bedenken beiseite. Er würde jetzt für sie kochen, sie würden gemeinsam essen und dann brächte er sie nachhause. Das wäre sein letzter Wunsch. »Dawai, dawai!«, rief er Klingsohr zu. Dieser drehte den Kopf in Samats Richtung und legte seine plüschigen Ohren dicht an den Kopf. Dann sprang er mit großen Sprüngen voraus. Elisabeth rannte schnell wie der Wind hinterher. Nicht weit entfernt erhob sich die Silhouette des Kasernenturms. Bald würden sie ihr Ziel erreicht haben. Samat wischte sich mit einem Tuch den Schweiß vom Gesicht und folgte den Hunden und dem Kind.

•

Das unterdrückte Gemurmel der Gefängnisinsassen und deren Besucher, die sich geduckt an schäbigen Resopaltischen gegenüber hockten, floss in Harriets Ohren zu einem Klangteppich zusammen. Auf der anderen Seite des Tisches saß der Mann, den sie über viele Jahre für einen unbestechlichen Wissenschaftler gehalten hatte, dessen Kompetenz und Ehrgeiz ihn in der Science-Community nach ganz oben gebracht hatten. Davon war nicht viel übriggeblieben. Der gebeugte Mensch auf der anderen Seite des Tisches wirkte wie ein verwahrloster Doppelgänger von Robert. Aber das war es nicht, was Harriet aus der Fassung brachte und offensichtlich auch Karl Rosinsky, der Robert ungläubig anstarrte.

»Du hast über Jahrzehnte hinweg Kunstwerke, die der Öffentlichkeit, dem Staat, also dem Steuerzahler gehören, unter der Hand nach Russland verkauft?«

»Ich habe nur genommen, was meiner Familie und mir zusteht und dabei niemals unverhältnismäßig gehandelt. Ich habe nicht viel Geld von Haus aus. Du weißt sicherlich, dass der deutsche Adel nach 1945 enteignet wurde und die ehemaligen Besitztümer niemals restituiert wurden – und vor allem niemals eine Entschädigung gezahlt wurde …«

»Ja, weil dein Onkel und dein Vater aktiv Hitler unterstützt haben!«, warf Rosinsky ein. »Beide waren in der SS und haben unermüdlich für Hitler geworben, auf Bierzeltveranstaltungen und Salonabenden. Unterstützern des Nationalsozialismus wurden die Vermögenswerte nach dem Zweiten Weltkrieg aberkannt. Deshalb seid ihr nicht entschädigt worden. Das Gesetz soll vermeiden, dass Naziverbrecher und deren Nachfahren Gelder vom Staat bekommen.«

Robert zog die Mundwinkel nach unten und knetete seine übereinander gelegten Hände mit den zu kurzen Fingern. »Ich könnte mir jedenfalls keinen angemessenen Lebensstandard ermöglichen von dem kleinen Professorengehalt, das ich in Potsdam beziehe. Da nützen mir meine kunstwissenschaftlichen Erkenntnisse nichts und auch nicht mein Ruf als einzigartiger Wissenschaftler!« Er schüttelte den Kopf.

Harriet hatte Mühe, an sich zu halten.

»Und zu dem unbestreitbar großen Wissen kam deine Stellung an der Universität, die dir die Möglichkeit gegeben hat, den Fälschungen, die Pit Wallstedt angefertigt hat, auch noch ein Gütesiegel zu verpassen! Wie konntest du das nur tun?! Generationen von Studenten haben zu dir aufgeblickt und sich an dir orientiert.«

Harriet redete sich in Rage. Robert konterte ihren Angriff nicht. Er erweckte von einem Moment auf den anderen den Eindruck völliger Absenz, schaute zur Seite, aus dem vergitterten Fenster, das von mächtigen Buchenzweigen verdunkelt wurde. Aber schließlich entschied er sich, weiterzusprechen.

»Es war so einfach! Pit war ein genialer Fälscher. Hast du gewusst, dass er altmeisterlich malen konnte? Er hat die Techniken von Rembrandt, Tizian und natürlich Caravaggio studiert und nichts dem Zufall überlassen: Nicht nur, dass er profundes Wissen über die dafür notwendigen Materialien hatte, die er zum größten Teil selbst herstellte. Seine Licht- und Schattenführung war kaum von der eines frühbarocken Künstlers unterscheidbar. Am Ende waren seine Werke, vor allem die Barock-Kopien, besser als die Originale.«

»Ich habe die Werkstatt gesehen, in der er gearbeitet hat.«

Robert nickte und lächelte plötzlich. »Das dachte ich mir. Neugierig, wie du bist, hast du natürlich herumspioniert. Auch klar, dass du alles mir zur Last legen würdest. Ausgerechnet du, Harriet Lievens!«

Harriet konnte Roberts Unfähigkeit, Reue zu empfinden, schwer ertragen. Aber schlimmer war, dass er sich als Opfer sah, nicht als Täter. Sie widerstand dem Impuls, den Besucherraum der JVA Brandenburg hinter sich zu lassen und damit auch die Familie von Lietzenburg. Aber wenn sie das täte, dann würde sie nicht über das gesamte Puzzle verfügen, das es zusammenzulegen galt. Sie startete einen Testballon:

»Nehmen wir mal an, du hättest dir nur genommen, was dir zusteht. Aber wieso hast du Pit umgebracht? Man schlachtet doch nicht die Kuh, die Milch gibt.«

»Ach, Harriet, so naiv kannst du nicht sein – hast du im Ernst geglaubt, ich hätte Pit ermordet?!«, erwiderte Robert und warf ihr über den Tisch hinweg einen Blick zu, der irgendwo zwischen Enttäuschung, Traurigkeit und Spott lag.

»Natürlich habe ich Pit nicht ermordet, und wenn, dann hätte ich sicherlich eine elegantere Methode gefunden, als den armen Kerl zu enthaupten. Ich habe ihn über so viele Jahre aufgebaut, und das hätte ich wohl kaum in einer Aufwallung von Eifersucht zunichte gemacht.« Robert betrachtete seine kurzen Finger mit den manikürten Nägeln und fuhr fort: »Am Anfang wollte er gar nicht für mich arbeiten und die Alten Meister kopieren. Er hätte Skrupel, meinte er. Aber als er das erste Mal Geld zur Verfügung hatte und sich ein anständiges Atelier leisten konnte, warf er seine Moralmaßstäbe über Bord. Du hast ihn ja kennengelernt. Ein Hedonist durch und durch.«

»Und dann hast du ja auch sein eigentliches Werk, die mittelmäßigen Arbeiten in Acryl, derart penetrant gelobt, dass bald die ganze Kunstwelt etwas mit seinem Namen anfangen konnte. Ganz zu schweigen von den hymnischen Ausstellungsrezensionen, die du für ihn verfasst hast. Warum, Robert?«

Er schaute wieder aus dem vergitterten Fenster und schwieg. Die Sekunden krochen dahin. »Pit wollte nicht nur Geld. Sein Erfolg als Künstler war ihm wichtiger. Er wollte nur dann für mich arbeiten, wenn ich seine eigenen Werke gut rezensieren würde. Anfangs funktionierte das. Aber dann begannen die Schwierigkeiten. Er war dank meiner Aktivitäten plötzlich populär und begann, seine Arbeiten gut zu verkaufen. Leider machte ihn das übermütig. Er wollte nach einiger Zeit nicht mehr mit mir arbeiten. Hat irgendetwas von Verbrechen gefaselt, wollte sich vom Kopieren der wahren Großkünstler verabschieden und zu seinem eigenen Werk zurückfinden. Das war nicht sehr klug von ihm. Ich musste ihm also auf etwas drastische Art beibringen, dass ich ihn ins Bodenlose fallenlassen kann. Ein bis zwei schlechte Kritiken seiner neuen Werke, und er hätte wieder von vorn anfangen können. Das hat er verstanden. Wir waren dann wieder 'Freunde' und vor allem Geschäftspartner. Dass er ein Verhältnis mit meiner lieben Sophia hatte – tja, ich gebe zu, das hat mich ein wenig gestört. Aber das wäre längst kein Grund für einen Mord gewesen. Schließlich war er nicht der Einzige. Wenn ich jeden Liebhaber meiner Frau umgebracht hätte, dann wäre ich zum Serienmörder geworden. Nein. Sophia wäre das Bohemien-Leben mit Pit über kurz oder lang fad geworden. Letztlich hätte er ihr zu wenig bieten können. Ich musste also zum Schein den Mord gestehen, um mich zu schützen.«

»Schützen? Vor wem denn schützen?«, fragte Harriet. Sie ruckelte unruhig auf ihrem Stuhl hin und her. Bald würde die Besuchszeit vorbei sein, und sie konnte noch immer nicht die losen Enden der Geschichte miteinander verbinden.

»Ich glaube, wir müssen, um alles zu verstehen, noch einmal ganz von vorn beginnen, nicht wahr, Robert?«, meldete sich plötzlich Karl Rosinsky zu Wort. »Ich habe lange über die Vergangenheit nachgedacht und dabei ist mir einiges klargeworden. Zu der Zeit, als du dem Ruf auf die Potsdamer Professur gefolgt bist, kannten wir uns ja schon. Als eine deiner ersten Aufgaben hast du die Bildergalerie im Park Sanssouci erforscht und mit einer Studentengruppe aus deinem Hauptseminar bis ins Detail rekonstruiert. Ihr hattet ein stattliches Budget dafür aus einem der EU-Fonds. Ich erinnere mich, weil ich damals über euer Projekt berichtet habe. Das war 1991, da hatte man in den hiesigen Feuilletons noch Platz für Berichterstattung über Kultur und Wissenschaft. Und damals begann alles, richtig?«

»Richtig, Karl. Ich wusste doch, dass man sich auf dich verlassen kann. Journalist durch und durch, der du bist, hast du sofort die einzig heiße Spur entdeckt. Also gut. Wo wir schon an diesem Punkt angekommen sind, kann ich euch auch alles erzählen. Solltet ihr auspacken, wird euch das ohnehin keiner glauben. Es gibt ja keine Beweise, dafür habe ich gesorgt.« Er lehnte sich in seinem wackeligen Stuhl zurück, legte eine Sprechpause ein, die einige Augenblicke länger dauerte als sie sollte – seine berühmte rhetorische Finesse, die er auch vor einem Publikum, das nur aus Harriet und Karl bestand, voll auskostete. »Als ich als junger Professor zum ersten Mal die Gemäldegalerie betrat, war sie ein durch die DDR heruntergewirtschaftetes Haus, das an allen Ecken und Enden bröckelte. Der marmorne Fußboden war unter minderwertigem Belag verborgen, und jede zweite Lampe in der Galerie brannte nicht. Meisterwerke, die ehemals Teil der Sammlung waren, fehlten. Dennoch hingen auch erstklassige, die hinlänglich bekannten Arbeiten dort…«

»Der *Ungläubige Thomas* zum Beispiel«, unterbrach Rosinsky.

»Mir war von Anfang an klar, dass die Werke, die wir vorfanden, nicht den gesamten Bestand der Galerie darstellen konnten. Dafür waren die Bestände einfach zu dünn. Zudem gibt es einen Museumskatalog aus dem

Jahre 1764, der von dem Leiter der Bildergalerie Friedrichs, dem Galerie-Inspektor Matthias Oesterreich erstellt worden war, und in dem erheblich mehr Werke von Wert verzeichnet waren, als in der Galerie hingen. Mein Forscherdrang war geweckt.«

»Aber du wusstest doch damals bestimmt schon, dass 1942 ein Teil der Bilder und Skulpturen nach Rheinsberg abtransportiert worden waren, um sie in Sicherheit zu bringen. Außerdem waren Kunstgegenstände dann später von den abrückenden Truppen ganz einfach mitgenommen worden. Schon in den 1980er-Jahren war bekannt, dass über hundert Gemälde aus der Sammlung der Bildergalerie fehlten. Erst in den letzten Jahren sind einige der verschollenen Werke in die Bildergalerie zurückgekommen. Zum Beispiel die *Venus in Pelz* – du selbst hast das Werk dem Umkreis von Peter Paul Rubens zugeschrieben, seit 1945 angeblich verschwunden.« Rosinsky fixierte Robert mit zusammengezogenen Brauen.

»Ja. Das alles wusste ich natürlich. Ich stellte mir während der Forschungsarbeiten die Frage, ob wirklich alles verloren gegangen war. Das glaubte ich nicht, weil es auch während des Krieges und in den Nachkriegswirren fähiges Personal in der Galerie gab, das den Raub und die Zerstörung der Bilder zu verhindern suchte. Ich recherchierte in diese Richtung, und – siehe da! – es gab einen Namen, der immer wieder genannt wurde, wenn es um die Seele der Galerie ging…«

»Lass mich raten«, unterbrach Harriet, die schon längst wusste, welche Person die zentrale Rolle bei den Machenschaften Roberts eingenommen hatte, »du meinst bestimmt Johannes Leddin, den ehemaligen Kastellan der Sammlung.«

Er nickte zustimmend: »Johannes Leddin war damals schon nicht mehr aktiv in der Funktion des Kastellans tätig. Er hatte die Rentengrenze längst überschritten, konnte sich aber nicht von der Galerie trennen. Das geht dem alten Narren ja bis heute so.«

Robert schüttelte den Kopf und verzog das Gesicht.

»Jedenfalls lief er jeden Tag in der Galerie herum, monierte mangelnde Sauberkeit, schlechte Hängung der Bilder, ungepflegte Aufsichten usw. Er war eigentlich immer irgendwie gegenwärtig. Putzig sah er aus. Er trug ständig ein Tweedjackett, eine alte Wollmütze auf dem Kopf und schlurfte in gemusterten Pantoffeln durch die Galerie. Ich machte mir es zur Gewohnheit, Leddin zu beobachten, und irgendwann fiel mir auf, dass er oftmals stundenlang verschwunden war und dann plötzlich in einer der Galeriesäle wiederauftauchte, ohne dass ich ihn hätte rein- oder rausgehen sehen. Eines Abends – ich war noch nach den Öffnungszeiten im Westflügel, weil ich die Hängung der französischen Arbeiten recherchieren wollte – tauchte er plötzlich auf. Ich drückte mich gegen die Wand des im Halbdunkel liegenden Saales, und tatsächlich übersah er mich, als er das kleine Kabinett in der östlichen Galerie betrat. Ich folgte ihm und sah, halb hinter der Mars-Skulptur am Eingang des Kabinettes verborgen, wie der Alte sich bückte, in den Kamin kroch, der in die Nordseite des Kabinetts eingelassen war, und verschwand! Es musste einen geheimen Ausgang geben!«

»Führte der in die unterirdische Kammer?«, fragte Harriet.

Falls Robert erstaunt darüber gewesen sein mag, dass Harriet über die geheime Kammer Bescheid wusste, gelang es ihm meisterlich, sich dies nicht anmerken zu lassen. »Die Galerie wurde auf Wunsch Friedrichs von dem Baumeister Johann Gottfried Büring errichtet, der hierfür genaue Angaben vom König selbst erhalten hatte. Friedrich hat in einigen seiner Schlösser geheime Türen und Gänge einbauen lassen, die sehr schwer zu entdecken sind. Deshalb gibt es auch heute noch so manches Geheimnis zu lüften. Denk' nur einmal an den verborgenen Schrank im Neuen Palais, in dem vor kurzem über tausend Briefe von Kaiserin Auguste Victoria entdeckt wurden. Beinahe hundert Jahre haben sie dort überdauert, ohne dass sie entdeckt worden wären. Auch für unterirdische Gänge, die von den Schlössern in Potsdam aus in deren Nachbargebäude führten, gibt es eine Menge Beispiele. Friedrich Wilhelm II. hat zum Beispiel vom Marmorpalais am Heiligen See einen Gang zu einem der Nebengebäude bauen lassen, das als Küche genutzt wurde. Er wollte ausschließen, dass Essensgerüche im Schloss selbst wahrgenommen werden müssen. Die Baumeister der Hohenzollern haben so manchen Gimmick – würde man heute wohl sagen – in ihre Schlossbauten integriert. Und man muss Friedrich lassen, dass er Meister der Architektur nach Potsdam geholt hat. Außerdem: Wer hätte sich jemals für unsichtbare Gänge und geheime Kammern interessiert? Man sucht ja nur, wenn man weiß, wonach. Die Tür im Kamin des kleinen Kabinetts ist derart meisterhaft eingelassen, dass sie nicht erkennbar ist. Und in den Bauplänen der Galerie ist sie natürlich nirgendwo eingezeichnet.«

»Danke für deine Aufklärung! Sehr inspirierend. Aber was befindet sich in der Kammer?«

Robert setzte erneut sein Gelehrtengesicht auf. Er hatte bereits wieder vergessen, dass er sich nicht im Audimax der Universität befand, sondern im Besucherraum einer JVA in Brandenburg. Und er machte es spannend. »Ich folgte Leddin, als er dann im Kamin verschwand. Der Alte hinkte die steile Stiege hinunter. Er war sich natürlich hundertprozentig sicher, dass ihm niemand folgte. Da er schon damals schwerhörig war, hat er nicht mitbekommen, dass ich direkt hinter ihm war. Es war stockdunkel. Er hatte eine Fackel angezündet, die neben der Tür auf dem oberen Absatz der Treppe lag, und steuerte durch das enge Treppenhaus nach unten auf einen Raum zu, der eine eiserne Eingangstür hatte. Aus seinem Jackett zog er einen riesigen Schlüsselbund und öffnete die Tür schließlich mit einem gewaltigen Knirschen. Als die Tür einen Spaltbreit offen war, sprang ich ihm von oberhalb des Treppenabsatzes ins Kreuz, sodass wir beide der Länge nach in eine Kammer fielen, welche aufzuschließen er gerade im Begriff war.«

»Also stimmt die Erzählung von Leddin!«

Roberts Wangen glühten. »Ach, hat der Alte euch tatsächlich alles erzählt? Schon auf seiner Geburtstagsfeier konnte er den Mund nicht halten. Glücklicherweise wurde seine Geschichte als seniles Gebrabbel abgetan. Damit war ich gerettet. Jedenfalls vorerst. Jetzt ist es sowieso egal. Zurück zu meiner Entdeckung: Leddin starb beinahe vor Schreck. Er zitterte und stammelte. Als ich mich in der Kammer umzuschauen begann, wusste ich nach wenigen Sekunden, dass ich die Entdeckung meines Lebens gemacht hatte.«

Roberts eingefallenes Gesicht leuchtete. Die Furchen, die sich über seine Wangen zogen, glätteten sich. Selbst die tiefe Nasen-Mundfalte schien sich in Sekundenschnelle zu ebnen. »Um mich herum waren verschollene Meisterwerke der Gemäldegalerie fachmännisch in Regalen gelagert und in einem hervorragend restaurierten Zustand: *Maria mit Kind im Strahlenkranz* von Peter Paul Rubens, die *Liegende Venus und Amor* von Tizian, der *Tod der Kleopatra* von Guido Reni, die *Verspottung Christi* von Anthonis van Dyck ...«

»Und *Judith und Holofernes* von Caravaggio?«, fragte Harriet.

»Nein«, herrschte er Harriet an, »natürlich nicht! Wenn der Caravaggio in der Kammer gewesen wäre, dann säße ich bestimmt nicht hier, sondern im Garten der Villa Augusta mit einem Nero d'Avola oder im *Maison Juliette* vor einer Bouillabaisse.«

»Beruhige dich, Robert! Erzähl' weiter!«

Robert fing sich und fuhr fort: »In der Kammer befanden sich viele der Werke, die offiziell als verschollen galten. Leddin wand sich und wollte mir erst keine Erklärung geben, bis ich ihm mit Nachdruck klarmachte, dass er sich durch das Verstecken der Bilder strafbar gemacht und möglicherweise dafür ins Gefängnis hätte gehen müssen. Das wäre für ihn die höchste Strafe gewesen, da er dann seine Galerie nicht mehr hätte besuchen können. Der alte Trottel brach zusammen und erklärte mir unter Tränen die Geschichte der Kammer. Sie war tatsächlich von Friedrich als eine Art Schutzraum oder geheimes Depot geplant und gebaut worden. Der erste Kurator der Sammlung, Nikolaus von Rebenstorff, hatte die Kammer genutzt, um dort seine Aufzeichnungen zu machen und die Werke zu sortieren und zu lagern. Das wisst ihr schon von Leddin. Wahrscheinlich ist die Kammer sogar auf seine Anregung hin gebaut worden, aber das lässt sich nicht beweisen. Wie auch immer – Rebenstorff ist der allererste Museumskatalog zu verdanken, aus dem Jahre 1764. Dieser entstand vor dem Verzeichnis, das von Matthias Oesterreich angefertigt worden war – oder besser gesagt, Oesterreich konnte darauf aufbauen. Rebenstorff erfasste die Werke akribisch und setzte auch immer eine Bemerkung zu den jeweiligen Gemälden hinzu, zum Beispiel wenn eines restauriert werden musste oder gar zerstört worden war. Tja. Dabei scheint ihm allerdings ein Fehler unterlaufen zu sein, oder eher eine Nachlässigkeit, wie ich mittlerweile weiß. Ich war damals ein junger Professor mit kleinem Gehalt und großen Ambitionen. Das Schicksal hatte mir mit der Entdeckung der Kammer in der Galerie mehrere Asse zugeteilt, die ich nur richtig ausspielen musste. Ich wusste von Anfang an, dass ich die Bilder würde verkaufen können – nicht auf dem regulären Markt, aber in Russland, wo damals große Nachfrage nach Kunstwerken herrschte und nicht lange nach der Herkunft der Bilder gefragt werden würde.«

»Du hast einen illegalen Kunsthandel auf Kosten der Steuerzahler und Kunstinteressierten aus aller Welt aufgebaut, um dich persönlich zu bereichern?!«

Harriet spürte, dass ihr die Wut beinahe den Atem verschlug.

»Nicht ganz, liebe Harriet!«, erwiderte Robert ungerührt. »Ich habe auch große Summen in den Aufbau des Kunsthistorischen Seminars der Universität gesteckt und hoffe, dass ich trotz meiner Fehltritte dafür eine posthume Würdigung erhalten werde. Seltsamerweise hat nie jemand danach gefragt, wo ich die angeblichen Spenden für die exquisite Einrichtung und die Ausstattung des Instituts herbekommen habe. Die Wendejahre waren wild und unkontrollierbar. In den Wirren der Umbruchszeit und danach gab es einige Männer in der zerfallenden Sowjetunion, die Gewinner der Reformen waren und über Nacht reich wurden. Da kam ich mit meinen Ideen gerade richtig. Kunst gehörte, wie niemand besser weiß als du, von jeher zur Repräsentationsstrategie der Mächtigen. Daher war es sehr einfach, die kostbaren Werke ohne viele Umwege auf den russischen Markt zu bringen. Kurz gesagt: Ich brachte den alten Leddin dazu, den Mund zu halten, glich die Werke in der Kammer mit dem Museumskatalog ab und prüfte deren Echtheit.«

»Ein Gutachten von dir galt ja schon damals als anerkanntes Echtheitszertifikat.«

»Ja, und ich sorgte dafür, dass das so blieb. Die Kammer war meine Lebensversicherung und das Versprechen für eine rosige Zukunft zugleich. Klar war mir allerdings, dass ich nicht übermütig werden durfte, damit das Ganze nicht aufflog. Und ich brauchte Verbündete.«

»Verbündete – das ist das Stichwort, Robert! Es fehlt etwas – oder vielmehr jemand – in deiner Erzählung. Wie hast du die Bilder auf den russischen Markt geschleust? Ich erinnere mich gut, dass Anfang der 1990er-Jahre alles in Aufruhr war. Die Sowjetunion löste sich auf und in dem Perestroika-Chaos, das entstand, konnte vieles bemäntelt und versteckt werden. Du kanntest dich mit Russland aber ganz sicher nicht aus, weil du ein überzeugter Wessi warst, eine rheinische Frohnatur, wie du immer wieder betont hast. Du sprichst zwar fließend Englisch und Französisch, aber kein einziges Wort Russisch.«

»Das brauchte ich auch nicht, lieber Karl! Das Schicksal war mir gewogen und führte mich mit einem gewissen Samat Sadykov zusammen.«

Robert schwieg und machte eine Pause, die keine seiner üblichen Kunstpausen war. Seine Augenbrauen zogen sich unwillkürlich zu einem Strich zusammen, als versuchte er, eine unliebsame Erinnerung zu verdrängen. »Er tauchte plötzlich in einer meiner Vorlesungen auf und setzte sich in die letzte Reihe – eine furchteinflößende, riesige Gestalt in Militärkleidung. Statt einer militärischen Kopfbedeckung trug er einen spitzen Hut aus Filz, einen Kalpak, so wie die Männer in seiner kirgisischen Heimat ihn traditionell auf dem Kopf hatten.«

Spätestens an dieser Stelle wusste Harriet, dass sie Samat Sadykov kannte. Er war der Mann gewesen, der aus dem Dunkel gekommen war, bei der Gartenparty der Lietzenburgs, als alles begonnen hatte. Und ihn hatte sie auch im Park gesehen, als die Hunde verrückt gespielt hatten und ein Hund überfahren worden war. Es war der Mann auf dem Video – die Figur, nach der sie suchte.

»Die Studenten hatten Angst vor ihm. Mir ging es auch nicht besser, denn er wirkte wie ein unheimliches Wesen aus einer anderen Welt. Aber nachdem er mehrere Male in meiner Lehrveranstaltung aufgetaucht war und nichts anderes tat, als eifrig mitzuschreiben und nach dem Ende der Vorlesung schnell zu verschwinden, verwandelte sich meine Furcht in Neugier. Ich fasste mir ein Herz und sprach ihn eines Tages an, bevor er weglaufen konnte. Er erschrak, verbeugte sich vor mir und entschuldigte sich stammelnd für die Störung, die er wohl verursacht habe.«

»Was hat dieser Samat mit der Sache zu tun?«

Harriet wurde allmählich unruhig, weil die Zeit verrann, ohne dass sich geklärt hatte, was eigentlich passiert war und wo der Link zu Caravaggio sein konnte. Der uniformierte Wärter, der sich neben ihnen aufgebaut hatte, tippte auf seine Armbanduhr und warf ihr einen unfreundlichen Blick zu. Rosinsky reagierte geistesgegenwärtig und schob dem Mann verstohlen einen 100-Euro-Schein in die Tasche. Der Aufseher nickte knapp und murmelte: »Noch 15 Minuten und keine Sekunde länger!« Dann drehte er ihnen ostentativ den Rücken zu.

»Wo war ich stehengeblieben? Ah, genau: Im Wintersemester 1990/91 also lernte ich Samat Sadykov kennen. Er kam als Soldat der Sowjetarmee nach Potsdam und war fasziniert von deutscher Kunst und Kultur. Vor allem die Parks und Gärten, die Skulpturen liebte er – und natürlich das Schloss Sanssouci. Irgendwie muss er es geschafft haben, Ausgang zu erwirken, wann immer er wollte. Jedenfalls musste er niemals zu festen Zeiten in die Kaserne nach Krampnitz zurückkehren.« Robert verschränkte die Hände im Nacken und wippte mit dem Stuhl vor und zurück. »Es dauerte nicht lange, und Samat hatte Vertrauen zu mir gefasst. Nach und nach wurde er

Teil meines Plans. Ich weihte ihn in die Existenz der geheimen Kammer in der Bildergalerie ein und ließ ihn gleichzeitig schwören, niemandem etwas davon zu erzählen. Samat war arm wie eine Kirchenmaus, und so konnte ich ihn schnell überreden, eines der Gemälde aus der Kammer außer Landes zu bringen und auf dem russischen Markt anzubieten. Im Übrigen hat wohl meine Autorität bewirkt. Samat war der Ansicht, dass ein gebildeter Mensch, noch dazu ein Professor, keine Fehler machen würde, und dass der Handel mit den Bildern irgendwie in Ordnung sei. Er hatte eben vollkommen falsche Vorstellungen von unserem Berufsstand, nicht wahr, liebe Harriet?«

Er zwinkerte Harriet zu, die angewidert ihr Gesicht abwandte.

»Samat war trotz seiner Naivität erstaunlich geschäftstüchtig und umsichtig. Das erste Bild, das wir gemeinsam aus der Kammer schmuggelten – die *Maria* von Rubens –, brachte er mit einem Armeelaster über die Grenze nach Polen und dann über Weißrussland nach Moskau, wo er es schnell verkaufen konnte. In den Wirren von Glasnost schossen ja neue Eliten mit viel Geld regelrecht wie Pilze aus der Erde.«

»Wie habt ihr es denn überhaupt geschafft, die Bilder aus der Galerie rauszubringen? War das nicht auffällig und gefährlich?«

»Nein! Es war der sicherste Ort überhaupt, da Öffentlichkeit davon ablenken kann, was wirklich vor sich geht. Den ersten Transport eines Bildes aus der Galerie, eben jenes Marienbildnisses, haben wir in der Nacht durchgeführt, als die Gebeine Friedrichs auf der Weinbergterrasse in Sanssouci beigesetzt wurden. Kurz vor dem Morgengrauen haben Samat und ich das Gemälde aus der Galerie hinausbefördert. Samat hatte Gewissensbisse und war kurz davor abzuspringen. Den ganzen Tag hatte er damit zugebracht, seine Ahnen um Verzeihung zu bitten und in seinem auffälligen Aufzug beim Schloss herumzuhängen. Um ein Haar hätte er den Wachdienst auf unsere Spur gebracht. Leddin musste uns helfen, die Alarmanlage auszuschalten. Ich hatte mich entschieden, statt einer Taschenlampe eine Fackel zu nutzen, um eine Gänsehautatmosphäre zu kreieren, falls jemand uns beobachten sollte. Mit der Fackel ging ich ein paarmal in der Galerie auf und ab, um die Wirkung zu verstärken. Der Rauch, den die Fackel entwickelte, hatte außerdem einen nicht zu verachtenden Nebeneffekt: Er überdeckte den modrigen Geruch, der bei der Öffnung des Ganges im Ostkabinett entstand. Deshalb sind wir die nächsten Jahre bei dieser Performance geblieben.«

Karl Rosinsky zuckte zusammen. Harriet konnte seine Gedanken lesen. Wäre er damals nach der Umbettung Friedrichs aufmerksamer gewesen und weniger müde, dann hätte er den Coup seines Lebens landen können, möglicherweise die geheime Kammer entdeckt und einen der größten Kunstdiebstähle der Nachkriegszeit verhindert. Aber das Schicksal hatte es anders gewollt.

»Dann setzte ich noch die Gruselgeschichte in die Welt, dass Friedrich aus dem Grab auferstanden sei, um seine Bilder zu betrachten. Offenbar hat das gewirkt. Die Sicherheitsleute und auch die eigens für die Bildergalerie abgestellten Polizisten hatten so viel Respekt, dass sie nur halbherzig versucht haben, uns eine Falle zu stellen. Abgesehen davon, hatten wir mit Leddin ohnehin jemanden, der über den Buschfunk in der Schlösserverwaltung sofort erfuhr, wenn wieder einmal eine Truppe auf der Lauer lag, um dem Spuk in der Galerie Herr zu werden. Er musste ja wohl oder übel mit uns zusammenarbeiten. Auf diese Art blieben wir unbehelligt und konnten in aller Ruhe die Bilder nach und nach außer Landes bringen und verkaufen. Samat hatte sich in Russland eine Art Netzwerk geschaffen, über das er die Kunstwerke an den Mann bringen konnte, und er hat kräftig Prozente kassiert.«

»Und du bist ein reicher Mann geworden, mit einer Villa in der Berliner Vorstadt, einem Ferienhaus in Frankreich und allem, was man sonst noch so braucht«, kommentierte Harriet nicht ohne Ironie. »Aber dann ging etwas schief, nicht wahr?«

Robert schnalzte mit der Zunge und nickte langsam. »Das lässt sich nicht leugnen. Eigentlich kamen die Probleme mit Sophia. Meine liebe Gattin hat leider ein immenses Talent zum Geldausgeben«, sagte er mit Resignation in der Stimme. »Sie hat ihre Galerie nicht gerade wirtschaftlich betrieben, weil sie kein Gespür für wirklich gute Kunst hat. Das musste ich alles kompensieren, versteht ihr!« Er seufzte. »Eigentlich hatte ich mir geschworen, mit dem Verkauf der Bilder aus der Bildergalerie aufzuhören, wenn ich ein annehmbares Vermögen angehäuft haben würde. Aber meine Reserve zerschmolz sehr schnell. Irgendwann, vor fünf oder sechs Jahren – Lissy war gerade in die Schule gekommen – musste ich mir eingestehen, dass wir kein Geld mehr hatten, und ich entschloss mich, meine alte Geschäftsidee zu reaktivieren. Ich suchte Samat also in Osh auf und bat ihn, wieder mit mir zusammenzuarbeiten. Ich brauchte einiges an Überredungskunst, aber schließlich willigte er ein, wieder Kunstwerke illegal nach Russland zu bringen und an potente Käufer zu veräußern. Wohlweislich verschwieg ich ihm allerdings das Detail, dass keine Originale mehr in der Kammer waren und die Werke, die verkauft werden sollten, Kopien waren – wenn auch erstklassige Arbeiten. Der Markt boomte inzwischen mehr als in den 1990er-Jahren. Und Samat selbst hockte zwar in einem vergleichsweise luxuriösen Haus, konnte aber notwendige Reparaturen nicht mehr zahlen, so schlecht ging es ihm finanziell.«

»Und neben Samat kam jetzt auch Pit ins Spiel, oder?«

Harriets mehr oder weniger rhetorische Frage nahm Robert ernst: »Ja, jetzt merkst du endlich, worum es geht!« Er fixierte sie feindselig. »Und auch du kommst ins Spiel. Wenn ich überlege, was du alles hättest tun können, um die Situation, wie sie jetzt ist, zu verhindern.«

Er fixierte sie. Harriet starrte zurück, ohne auf seine Provokation einzugehen. Der Wächter baute sich neben ihnen auf und schaute demonstrativ auf die Uhr.

»Warum musste Pit sterben, Robert? Und warum hast du gestanden, ihn ermordet zu haben?«, fragte Harriet hastig.

»Du hast noch immer nichts verstanden, Harriet! Enttäuschend. Hier im Gefängnis bin ich sicherer als draußen. Genau wie meine Familie. Du müsstest längst wissen, weshalb!«

In diesem Moment begann Harriets Handy zu summen. Es war Kommissar Ron Weiss.

»Ja, was gibt es?«, fragte sie leise und hörte einige Sekunden zu. »Ich bin schon unterwegs.« Sie ergriff ihre Tasche und zupfte Karl am Ärmel, um ihm zu bedeuten, rasch mit ihr zu gehen. Dann wandte sie sich an Robert:

»Dein Plan geht nicht auf, Robert. Weshalb auch immer du meintest, im Gefängnis sei es sicher – für deine Familie, vor allem für deine Tochter, die du eigentlich beschützen müsstest, gilt das nicht. Die Bedrohung heißt in diesem Fall Samat Sadykov.«

»Was? Der Trottel Samat liebt Kinder. Mit Lissy hat er sogar eine Höhle gebaut, ohne ihr ein Haar zu krümmen. Er ist selbst ein großes Kind.«

»Da täuschst du dich! Lissy ist verschwunden. Aus dem Garten der Villa Augusta. Eine Nachbarin hat gesehen, dass Lissy mit Flocke und einem Mann mit einem weiteren Hund das Grundstück verlassen hat. Es sah nicht nach einem normalen Spaziergang aus, sondern eher nach einer Jagd.

Außerdem ist ihr der Mann suspekt vorgekommen, mit seinen Armeeklamotten und einem hohen Hut auf dem Kopf. Wer der Mann ist, wissen wir alle drei! Wenn Lissy etwas passiert, dann ist das einzig und allein deine Schuld!«

Harriet steckte ihr Handy in die Tasche und verließ schnell den Raum, ohne Robert eines letzten Blickes zu würdigen. Karl Rosinsky lief aufgeregt und mit den Armen rudernd hinterher.

Robert von Lietzenburg blieb einen Moment lang wie versteinert sitzen. Dann winkte er dem Uniformierten und ließ sich zu seiner Zelle begleiten. Als die Zellentür hinter ihm mit lautem Scheppern ins Schloss gefallen war, sank er auf die Pritsche. Sein Blick fiel auf seine Schuhe. Die Wärter hatten vergessen, seine Schnürsenkel zu kassieren. Langsam zog er die Schuhbänder aus den Ösen, knüpfte sie konzentriert aneinander und legte sie zu einer Schlinge zusammen. Dann schob er einen Stuhl vor das vergitterte Fenster und stieg hinauf.

•

Ihr blondes Haar leuchtete dann und wann in der Sonne auf, wenn sie über die Lichtungen trabte, die sich wie Inseln in dem Birkenhain neben den Soldatenunterkünften gebildet hatten. Seit über einer Stunde sammelte Elisabeth unermüdlich lose Zweige und trug sie zur Feuerstelle, wobei die beiden Hunde sie begleiteten und sie nicht aus den Augen ließen. Samat bewunderte die Ausdauer, mit der das Mädchen ans Werk ging, und die Technik, die sie nutzte: Anstatt sich die Arme vollzuladen, bis das Holz hinunterfiel, hatte sie ihr T-Shirt gerafft und verstaute die Äste darin wie in einer Tasche. Dabei summte sie nonstop eine für Samat schwer identifizierbare Melodie, die ihn an einen Jingle der Telefongesellschaft *beeline* erinnerte, deren Werbeplakate an den Häuserwänden in Osh und in Bishkek prangten. War die denn eigentlich kirgisisch? War überhaupt noch etwas kirgisisch in seinem Land? Gehörte nicht längst alles Russland, der Türkei oder China? Der Gedanke an seine Heimat war untrennbar mit Kerer verbunden. Die Rückkehr nach Kirgistan hieß für Samat, eine Reise in den sicheren Tod anzutreten. Seltsam war, dass der Gedanke ihn beruhigte: kein hektisches Feilschen um Geld mit dem Professor, keine Angst vor der Schande, noch tiefer zu sinken, und keine Drohungen mehr. Er hoffte nur, dass es schnell gehen würde, dass ihn Kerers Leute erschießen oder erschlagen würden, dass er vorher nicht lange würde leiden müssen. Aber konnte Kerer sich das leisten? Würde er nicht an einem Betrüger ein Exempel statuieren müssen, um sich nicht selbst der Lächerlichkeit preiszugeben. Er dachte an die Fotos, die er im *Blonder Pub* in Osh hatte anschauen müssen. Sollte dasselbe Schicksal auf ihn warten, das die Männer und Frauen auf den Fotos ereilt hatte, würde sein Todeskampf Stunden oder gar Tage dauern. Er schüttelte sich, denn das Grauen setzte sich in seinem Nacken und zwischen seinen Schulterblättern fest. Vielleicht wäre es besser, er würde es selbst hinter sich bringen, vielleicht hier in Krampnitz, an dem Ort, an dem er so viele Jahre seines Lebens zugebracht hatte? Er schob den Gedanken zur Seite: Was auch immer in ein paar Stunden oder in ein paar Tagen sein würde – es sollte ihn für den Moment nicht kümmern. Für jetzt war ihm wichtig, sich darauf zu konzentrieren, mit einem Mädchen, das seine Enkelin sein könnte, einen Plov zu kochen.

Samat hatte sich seiner Jacke und seines Hemdes entledigt. Er hütete mit nacktem Oberkörper die Feuerstelle, die er mithilfe einiger Holzscheite im Schatten des ehemaligen Offizierscasinos errichtet hatte. Noch war es so heiß und trocken, dass er gut auf das Feuer aufpassen musste, das seit einigen Minuten in der improvisierten Feuerstelle prasselte. Eigentlich hätte er das offene Feuer lieber vermieden, aber er wusste, dass Lissy Alarm schlagen würde, wenn sie auf das versprochene Kochen im Freien verzichten müsste. Samat hatte in einer der ehemaligen Garagen für die Armeefahrzeuge einen zerschrammten Kessel entdeckt, der – von einigen Beulen abgesehen – einen intakten Eindruck machte. An der Wasserleitung, die er angezapft hatte, hatte er den Kessel geschrubbt, so dass er jetzt blitzblank in einem Gestell aus zusammengestückelten Metallrohren über dem Feuer hing.

»Du, Samat, was ist denn Plov eigentlich?«, fragte Elisabeth, als sie zu ihm ans Feuer trat und die trockenen Hölzer aus ihrem T-Shirt auf den Boden plumpsen ließ. Die Hunde legten sich auf die staubige Erde links und rechts von ihr und beäugten, was vor sich ging. Sie wischte sich mit ihren dreckigen Händen die Schweißperlen von der Stirn, sodass schwarze Striche auf ihrer blassen Haut erschienen.

»Es ist ein Reisgericht«, antwortete Samat. Er richtete das Hammelfleisch und das Gemüse, das er in einem Supermarkt am Rand der Stadt gekauft hatte, auf einem Holzbrett an, das auf einem großen, abgeplatteten Stein lag. Dann nahm er ein Messer aus seinem Armeerucksack und begann, das Fleisch akkurat in Stücke zu schneiden. Dem Stand der Sonne nach zu urteilen, war es später Nachmittag. Ganz sicher wäre die Polizei inzwischen mit Hochdruck auf der Suche nach Lissy. Und da genügend Menschen gesehen hatten, wie er mit ihr und den beiden Hunden durch die Berliner Vorstadt in Richtung Jungfernsee gerannt war, wäre es nur eine Frage der Zeit, bis sie ihm auf die Spur kommen würden. Es spielte keine Rolle mehr, aber er wünschte sich, dass er in Ruhe mit dem Mädchen würde kochen können, bevor er verhaftet werden würde.

»Glaubst du, dass deine Mama dich inzwischen vermisst?«

Lissy schüttelte entschieden den Kopf. Dann setzte sie traurig hinzu: »Und Papa ist ja von der Polizei abgeholt worden. Dabei wollten wir heute eigentlich Eis essen gehen. Magst du auch gern Eis?«

»Manchmal«, antwortete Samat gedehnt. Die tief stehende Sonne war stechend und brannte auf seinen Wangen. Einige Sekunden herrschte Stille, nur die Holzscheite knarrten in der Hitze des Feuers.

»Darf ich dich etwas fragen?«

»Ja«, sagte Samat, »das darfst du!«

»Warum bist du eigentlich nach Deutschland gekommen?«

Diese Frage stellte er sich selbst seit einigen Tagen.

»Ich bin hier, weil ich betrogen worden bin. Aber auch ich habe jemanden betrogen, und um ihm etwas von dem zurückzugeben, worum ich ihn geprellt habe, bin ich hierhergekommen.«

Lissy schwieg einen Moment lang und sagte dann: »Du bist also ein betrogener Betrüger, habe ich Recht?«

»Das kann man so sagen.«

»Du hast vorhin von einem Bild gesprochen, das neu gemalt wurde, nachdem jemand es verbrannt hatte. Mein Papa hat mit Bildern zu tun, und die Polizei hat ihn mitgenommen. Ist es deswegen?«

Er zögerte. Sollte er lügen?

»Warum sagst du nichts?«, wollte Lissy wissen.

»Ich denke nach«, erwiderte Samat, um Zeit zu gewinnen. »Ich denke nach, weil ich deine Frage nicht so einfach beantworten kann.« Er war unfähig, dem Kind die Wahrheit zu sagen, aber er konnte Lissy auch nicht anlügen. Ihm blieb nur ein Ausweg, er musste sie ablenken.

»Hast du Hunger? Es dauert nicht mehr lange, bis das Essen fertig ist. Magst du mir helfen?«

Aber so leicht war Lissy nicht herumzukriegen. Sie schüttelte den Kopf, und verschränkte die Arme vor der Brust, über dem dreckigen T-Shirt.

»Gut, dann mache ich allein weiter.«

Er fuhr fort, das Fleisch für den Plov zu zerteilen. Dabei redete er vor sich hin und versuchte so, Lissys Aufmerksamkeit zu fesseln. Wie ein Zauberkünstler hantierte er mit dem Messer, jonglierte mit den Karotten, warf sie in die Höhe und fing sie wieder auf. Die Zwiebeln waren schon fertig gehackt und würden in dem Kessel gleich angebraten werden.

»Sie müssen goldgelb sein. Wenn sie sich an den Rändern nur ein kleines bisschen schwärzen, werden sie zu bitter und zerstören das ganze Gericht. Und das ist noch nicht einmal das Schwerste. Die eigentliche Herausforderung besteht darin, den Reis in dem köchelnden Sud vor dem Anbrennen zu bewahren. Gleichzeitig darf nicht zu viel Wasser auf die kochenden Möhren und das Fleisch geschüttet werden. Dann wird der Plov zu wässerig. Daran kann auch die Mischung aus Koriander, Kurkuma, weißem Senf und anderen Zutaten, die ich auf dem Bazar in Osh gekauft habe, nichts ändern. Hey, ich muss mich konzentrieren!«

Aber er hatte die Rechnung ohne Lissy gemacht. Ihre Stimme zitterte, als sie sagte: »Hallo? Hörst du mich eigentlich? Du hast mir noch nicht geantwortet. Hat Papa was damit zu tun? Und hast du Schuld daran, dass er ins Gefängnis musste?« Das Mädchen sprang plötzlich auf, ging um das Feuer herum und begann, mit ihren kleinen Fäusten auf Samats breiten Rücken zu trommeln. »Ob du schuld bist, will ich wissen!«

Ihre Stimme hatte einen schrillen Ton angenommen. Samat drehte sich herum, ergriff die kleinen klebrigen Fäuste und bog sie sanft nach unten. »Du darfst mich nicht schlagen!«, sagte er mit ruhiger Stimme. »Das habe ich nicht verdient.« Elisabeth nahm seine Worte nicht wahr. Sie hatte angefangen zu weinen und schluchzte nun hemmungslos: »Papa, ich will zu meinem Papa! Nachhause! Ich will nachhause!«

»Elisabeth, bitte, das geht jetzt nicht! Du kannst nicht nachhause. Wir müssen erst essen.«

»Ich habe keinen Hunger!«, schrie das Mädchen. »Ich mag nicht, was du kochst! Das stinkt! Ich möchte lieber Eis mit Kirschen. Das kauft mein Papa mir immer.«

Plötzlich brach einer der Holzscheite, die Samat aufgeschichtet hatte, mit lauten Krachen auseinander. Er drehte den Kopf und ließ eine Sekunde in seiner Aufmerksamkeit nach. Elisabeth nutzte seinen Aussetzer, wand sich mit einer schnellen Bewegung aus Samats Griff, rannte mit Riesenschritten an der Stirnseite des alten Casinos entlang und verschwand hinter dem Gebäude, die Hunde ihr immer nach. Samat sprang sofort auf und rannte Elisabeth hinterher, aber sie war wieselflink aus seinem Blickfeld verschwunden. Er stolperte, fiel beinahe hin und musste sich auf einem Baumstumpf abstützen. Keuchend blieb er stehen und lauschte, aber aus den verwilderten Büschen, die das Offizierscasino säumten, erklang kein Laut – nicht einmal das Knacken eines Zweiges unter einem Kinderschuh. Nur die Hunde hörte er aufjaulen.

»Elisabeth!«, rief Samat panisch. »Wo bist du? Willst du nichts essen? Der Plov ist gleich fertig!« Wieder lauschte er. Hatte er ein unterdrücktes Schluchzen gehört oder war das ein Vogellaut, der an sein Ohr gedrungen war? Wieder rief er: »Lissy, komm zurück! Du kommst dort sowieso nicht raus, es gibt eine hohe Mauer!«

Stille. Nur von ferne wurde das Motorengeräusch der Fahrzeuge auf der Bundesstraße an Samats Ohr getragen. Mit großer Anstrengung gelang es ihm, weiterzulaufen. Wo könnte sie sein? Sein Atem ging keuchend, und die schweren Armeestiefel an seinen Füßen zermalmten Sträucher und Pflanzen, als er sich über den zugewucherten Pfad vorarbeitete. Mit den Händen bahnte er sich den Weg und spürte nicht, dass er in Brennnesselpflanzen und Dornensträucher griff. Als er die kleine Lichtung hinter dem Wäldchen erreichte, stockte ihm das Blut in den Adern. Die beiden Hunde umkreisten wie verrückt bellend und mit heraushängender Zunge den Turm, das ehemalige Wahrzeichen der Garnison, dessen unteres Drittel für die zukünftige Sanierung schon eingerüstet war. Lissy war wohl über das Baugerüst hochgeklettert und klebte nun an der Außenseite des Turms wie ein Affe, in mindestens fünf Meter Höhe. Wahrscheinlich hatte sie vor, von dem Turm auf die Mauer zu springen, die das Gelände zur Straße hin absperrte, und dann davonzulaufen. Sie krallte ihre Hände in die Vorsprünge, die die gemauerte Wand des Turmes bot, und hangelte sich immer weiter in die Höhe. Auf Samats Rufe reagierte sie nicht. Sie kletterte höher und höher. Samat sah, dass es nur eine Chance gab, das Kind zu retten. Er lief um den Turm herum und zog sich an den Trägern des Baugerüsts hoch.

Das Gartentor der Villa Augusta wurde von zwei Polizisten bewacht, die Harriet und Rosinsky routiniert den Weg versperrten, als sie das Grundstück betreten wollten.

»Wo soll es denn hingehen, junge Frau?« Einer der Männer warf Harriet einen anzüglichen Blick zu und grinste. Ron Weiss erschien im Vorgarten des Hauses, raunte dem Uniformierten eine Bemerkung zu, die diesen zusammenzucken ließ, und winkte Harriet durch die Sperre hindurch. Seine sonst so sorgfältig gestylten Haare hingen ungeordnet ins Gesicht, das von einem Bartschatten eingerahmt wurde. Wieder stieg ihr sein Geruch in die Nase: Eine Mischung aus Honig, Patchouli und einer herben Note, die Harriet nicht zuordnen konnte. Wie gewohnt hielt er sich nicht lange mit Begrüßungsformeln auf: »Karl, ich muss mit Harriet allein sprechen. Könnten Sie hier bitte warten?«

Rosinsky war verdutzt, fügte sich aber sofort der Anweisung. »Natürlich. Kein Problem. Ich kenne die Nachbarin von dort drüben«, er deutete auf die andere Seite der Straße, »dort werde ich auf Harriet warten.«

Wie bestellt kam Olga Schweder ums Haus und steuerte betont geschäftsmäßig direkt auf sie zu, ohne Ron einen Blick zu gönnen. Sie nickte Harriet pro forma zu und führte Rosinsky dann ohne Umschweife vom Grundstück. Harriet fiel auf, dass sie geschwollene Augen und rote Flecken auf den Wangen hatte. Das passte ins Bild. Auch Harriet hatte etwas mit ihr zu klären, aber das Gespräch musste warten.

»Was ist mit Lissy?«

»Um ehrlich zu sein, wissen wir es noch nicht ganz genau.«

Ron biss sich auf seine Unterlippe, die an einigen Stellen aufgesprungen war. Läsionen, die umso mehr ins Auge stachen, als sie nicht zu seiner üblichen Erscheinung passten.

»Wie ich Ihnen schon am Telefon sagte: Ein paar Nachbarn wollen gesehen haben, dass Lissy hinter ihrem Hund die Straße Richtung Jungfernsee hinabgelaufen ist und ihr ein auffällig aussehender Mann folgte.«

»Das ist der Mann, von dem ich Ihnen erzählt habe. Er war auf dem Fest der Lietzenburgs und im Park Sanssouci, als die Hunde verrücktspielten. Der Mann heißt Samat Sadykov und stammt aus Kirgistan. Jedenfalls bin ich mir fast sicher, dass er das sein muss.«

Ron packte Harriet am Ellenbogen: »Harriet, was wissen Sie? Lissy schwebt wahrscheinlich in höchster Gefahr. Jetzt zählt jede Minute.«

Harriet versuchte, Ordnung in ihre Gedanken zu bringen und Ron möglichst knapp von den Ungeheuerlichkeiten zu erzählen, die von Lietzenburg in der JVA gebeichtet hatte. Trotzdem dauerte es einige Minuten, bis sie die Geschichte von den verschollenen Kunstwerken, der Kammer unter der Bildergalerie von Sanssouci und dem rätselhaften kirgisischen Soldaten erzählt hatte.

»Aber letztlich«, beendete sie ihren Bericht, »weiß ich noch immer nicht, warum Pit ermordet worden ist und von wem. Ich habe nur eine Ahnung ... Aber natürlich müssen wir jetzt erstmal Lissy finden.«

»Vielleicht hängt eines mit dem anderen zusammen. Kommen Sie! Wir sprechen jetzt mit der Person, die den Schlüssel zu dieser Geschichte haben *muss*. Ich brauche Ihre Unterstützung.«

Er nahm Harriets Hand und zog sie ins Haus. Während im Garten noch immer die Spurensicherung herumwuselte, Hektik verbreitend, und Polizisten mit knarzenden Funkgeräten das Grundstück bewachten, herrschte im Haus eine bedrückende Stille. Sie durchquerten den leeren Salon, in dem unlängst noch Soireen stattgefunden hatten, und liefen dann durch den langen dunklen Flur bis in die Bibliothek, die an Roberts Arbeitszimmer grenzte. In der Sitzecke sah sie zwei Gestalten, inniglich miteinander verschmolzen, die Harriet gedanklich niemals zusammengebracht hätte.

»Was machst du denn hier?«, fragte Hendrik, während er Sophias Hand drückte und knetete.

»Das Gleiche könnte ich dich fragen!«, erwiderte Harriet spitz.

Sophia hatte sich auf einem der Eames Lounge Chairs vor der Wand mit den großformatigen Kunstbänden platziert und starrte teilnahmslos durch das Fenster auf die blühenden Rosenstöcke im Garten. Hendrik kauerte neben ihr auf einem niedrigen Hocker.

»Elisabeth geht es gut. Ganz bestimmt, Liebes!«, wandte er sich Sophia zu. Seine Stimme war sanft, aber Sophia reagierte nicht. Sie entwand ihre Hände seinem Griff, zog die Knie an die Brust und umschlang sie. Ihr Oberkörper wippte vor und zurück, so dass der Lounge Chair über das Stäbchenparkett kratzte.

»Frau von Lietzenburg, ich weiß, dass Ihr Mann in illegale Geschäfte mit Kunst verwickelt war und einen Mord gestanden hat, den er gar nicht begangen hat. Warum?«

Sophia starrte weiter vor sich hin, als hätte sie Ron nicht gehört. Schließlich öffnete sie doch den Mund: »Weshalb stellen Sie mir solche Fragen? Meine Tochter ist entführt worden, Sie müssen sie finden!«

Ihre Stimme klang seltsam schleppend, so als habe sie Beruhigungstabletten genommen.

»Sophia, Lissy ist in großer Gefahr! Sie wurde wahrscheinlich von Samat Sadykov entführt. Du weißt, wer er ist.« Harriet trat zu Sophia und schüttelte sie sanft an den Schultern. »Beantworte die Frage des Kommissars!«

»Der unheimliche Riese«, flüsterte Sophia kaum hörbar, »ich wusste, dass Robert sich niemals mit ihm hätte einlassen dürfen!«

Ohne Unterlass schwang ihr Körper hin und her. Hendrik war sichtlich um Sophia bemüht. Sorgsam legte er ihr eine Decke über ihre Schultern, die gebräunt und muskulös aus einem Seidentop von *Balmain* herausschauten, und hörte nicht auf, sie zu streicheln, mal an den Beinen, mal an den Armen, mal strich er über ihren Nacken. Sie barg ihr Puppengesicht in ihre gepflegten Hände und begann zu schluchzen. Harriet fiel auf, dass Sophia frisch lackierte Shellac-Nägel und sorgsam blondierte Strähnen hatte. Die Zeit nach Roberts Verhaftung hatte sie gut genutzt.

Plötzlich unterbrach sie ihr Schluchzen. »Ich hatte Robert gewarnt, sich wieder mit ihm einzulassen – mit diesem Samat!«, stieß sie hervor. Ihre Augen hatten einen ungesunden Glanz, wie bei einer Fieberattacke.

»Was meinen Sie damit, Frau von Lietzenburg?«

»Halt, Moment! Du musst gar nichts sagen, Sophia! Wir rufen jetzt meinen Anwalt, Dr. Hockrich, an. Er wird in zwanzig Minuten hier sein und dann wird diesem Polizisten hier Angst und ... «

»Sei still!«, zischte sie ihn an und fuhr fort. »Wenn Sie von der Kammer unter der Bildergalerie wissen und von dem Handel mit den angeblich verschollenen Bildern, dann haben Sie schon fast alles erfahren. Pit war ein begnadeter Künstler und Kopist. Robert kannte sich in der Materie aus. Und wir brauchten Geld. Als alle Bilder verkauft waren, die Leddin in der Kammer gehortet hatte, hat Robert jene Werke identifiziert, die zweifelsfrei zerstört worden waren.«

»Anhand des Werkverzeichnisses, das Nikolaus von Rebenstorff erstellt hat und im Besitz des Kastellans war, nicht wahr?«

Sophia nickte kaum merklich.

»Dann gab er Pit den Auftrag, genau diese Werke zu kopieren. Sobald sie fertig waren, stattete Robert sie dann mit dem Echtheitszertifikat seines Instituts aus.«

Harriet nickte. Das hatte sie sich bereits zusammengereimt. Eine raffiniert angelegte Fälschungsaktion, bei der eigentlich wenig schiefgehen konnte.

Sophia von Lietzenburg verstummte einige Sekunden. Dann sagte sie:

»Ich hatte von Anfang an ein schlechtes Gefühl bei der Sache. Aber erst ging alles gut. Die Werke wurden unter der Hand verkauft, und der Gewinn wurde zwischen uns, Pit und dem unheimlichen Riesen aufgeteilt. Und dann..., ja dann...«

»Dann kam es zu einer vollkommen unvorhergesehenen Überschneidung zweier Entwicklungen«, vollendete Harriet den Satz. Ihr dämmerte, worauf Sophias Ausführungen hinausliefen. »Ein unglücklicher Zufall, könnte man sagen. Ein Bild wurde von Pit kopiert, von Robert mit dem Zertifikat versehen und von Samat verkauft, das nicht hätte verkauft werden dürfen: *Judith und Holofernes* von Caravaggio. Oder besser gesagt: Der berühmte Vorläufer desjenigen Bildes, das im *Palazzo Barberini* in Rom hängt. War es so?«

»Ja.« Sophia senkte den Kopf.

Harriet hatte die ganze Zeit nach dem falschen Bild gesucht und trotzdem die Wahrheit gefunden. Es hatte sich nicht um das *Judith*-Bild von Caravaggio gehandelt, das sie kannte – es war der Vorläufer gewesen, von dem sie bis vor kurzem noch nicht einmal gewusst hatte, dass er existiert.

»Caravaggios Meisterwerk war in Rebenstorffs Katalog mit dem Zusatz *zerstört* vermerkt worden. Also gab er Pit den Auftrag, dieses Bild zu kopieren, das Samat dann verkaufen sollte. Tatsächlich hatte der Riese auch schnell in Russland einen Interessenten für das Bild gefunden, den Oligarchen Kerer, der durch eine Gaspipeline reich geworden war. Von ihm ist bekannt, dass er Caravaggio verehrt. Kerer kam in Kirgistan zur Welt und daher hatte der Riese gute Karten. Kerer hat seinem Landsmann vertraut. Er ist deutschstämmig und liebte es, sich mit Samat auf Deutsch zu unterhalten. Er entschied sich nach einem Tag Bedenkzeit, das Werk zu kaufen. Nachdem der Riese ihm das Bild verschafft hatte, sandte er uns die geforderte Summe. Nur leider hatte Robert übersehen, dass das Original noch existierte.«

»Aber dann hattet ihr doch das Geld und hättet es Kerer einfach nur zurückzahlen müssen!«, wandte Harriet ein.

»Nein, ganz so einfach war es nicht!«, erwiderte Sophia, die Finger an die Schläfen gelegt. »Bevor Robert das Geld auf ein Nummernkonto in der Schweiz bringen konnte, habe ich damit das Gehöft auf Rügen gekauft. Ich wollte Robert verlassen und brauchte einen Rückzugsort. Allerdings wusste ich nicht, wie es wirklich um unsere Finanzen stand. Robert hatte mich nicht eingeweiht.«

Harriet hielt den Atem an. Ihr lagen tausend Bemerkungen auf der Zunge, aber sie hütete sich, Sophias Redefluss zu unterbrechen.

»Wir waren wie vom Schlag getroffen, als völlig unvermutet auf einem Dachboden in Toulouse ein zweites *Judith*-Bild auftauchte, das kurz nach dem Fund von einem Expertengremium als zweifellos echt bezeichnet worden war. Die New York Times und andere internationale Medien berichteten von dem Fall. Kerer begriff sofort, dass er betrogen worden war. Robert hat mir erzählt, dass Kerer Samat verprügeln und ihm den Artikel aus der NYT zustecken ließ, damit er verstand, was los war und was er zu tun habe. Es gab ja einiges Aufsehen um den Fund des Bildes.«

Harriet fasste sich an die Stirn. »Nur ich war zu sehr mit mir selbst beschäftigt, um die Berichte über den Caravaggio-Fund zu verfolgen. Meine Medien-Abstinenz hat eben auch ihre Schattenseiten. Pit war nach Frankreich gefahren, um das Werk mit eigenen Augen zu sehen, nicht wahr? Und du hast ihn begleitet.«

»Ja, wir waren gemeinsam dort.«

»Während Robert annahm, dass du in Bozen sein würdest.«

»Und er war dumm genug, wegen dieser Reise eifersüchtig zu sein. Als sei das unser Hauptproblem gewesen! Dabei waren Pit und ich schon längst getrennt. Auf Dauer passten wir nicht zusammen. Wir haben nur versucht, die Situation wieder in den Griff zu bekommen – ohne dass Robert noch mehr verpfuschen konnte. Deshalb musste ich ihm unsere Fahrt nach Toulouse ja auch verheimlichen. Pit wollte Robert überreden, sich der Polizei zu stellen – nach unserem Gartenfest, weil unsere Situation aussichtslos war. Aber dann traf er auf dich, Harriet – und den Rest der Geschichte kennst du besser als ich.« Sie starrte sie feindselig an. »Sadykov hatte Kerer zu diesem Zeitpunkt schon alles an Geld gezahlt, das er irgendwie locker machen konnte, aber natürlich reichte das bei weitem nicht aus.

Seinen Anteil hatte er ja noch gar nicht bekommen. Robert hat es immer so gemacht, dass er Sadykov Geld über die Schweiz hat zukommen lassen. Aber, wie gesagt, ich brauchte es ja dringend, um mir einen Rückzugsort aufzubauen.« Sophia zeigte nicht einmal einen Anflug schlechten Gewissens oder gar Reue. Da ähnelte sie ihrem Gatten.

»Dem Riesen wurde erst nach und nach klar, was passiert ist«, fuhr Sophia fort. »Er rief Robert an und weinte ihm etwas von verlorener Ehre vor und davon, dass er sich sein Leben zurückkaufen müsse. Mit Sicherheit war das Kerers Plan gewesen. Ich nehme an, dass diesem Oligarchen, der nicht umsonst so reich ist, schon klar war, dass er sein Geld – oder einen nennenswerten Teil davon – nur dann zurückbekommen würde, wenn er sich an Robert hielte. Aber ihn direkt zu bedrohen, das war ihm wahrscheinlich zu risikoreich. Deshalb schickte er Samat als seinen unfreiwilligen Handlanger hierher, aber – unser Geld hatte ich schon auf Rügen investiert.«

»In eine Bauruine!«, setzte Harriet hinzu.

Sophia zuckte die Achseln.

»Samat Sadykov war beim Gartenfest und hat Robert zur Rede gestellt, nicht wahr?«

»Ja, er hatte Robert abgefangen, als der die Kinder am See suchte. Nachdem Sadykov klar geworden war, dass Robert ihm kein Geld geben würde, sagte er ihm, dass er nun zum Mörder würde. Ich bekam schreckliche Angst, aber Robert nahm ihn noch immer nicht ernst. Und dann hat er es getan.«

»Was hat er getan?« Harriet sah aus den Augenwinkeln, dass Ron Weiss ein Aufnahmegerät eingeschaltet hatte.

»Pit ermordet. Kaltblütig. Den Kopf hat er ihm abgeschlagen wie in einem schlechten Film.« Ihre Stimme begann zu zittern. »Samat Sadykov hat sich an Pit gehalten, nachdem er herausgefunden hatte, dass er es war, der die Fälschungen angefertigt hat. Robert hat es ihm gesagt.« Sophia rang um Fassung. »Robert hat in der Nacht, als Pit ermordet wurde, eine WhatsApp-Nachricht von Samat erhalten – mit Fotos. Grauenvoll.« Sophia senkte den Kopf und schloss die Augen. Waren die Gefühle echt oder gespielt? Egal. Harriet musste eine Sache ganz genau wissen: »Kannst du mir die Fotos bitte zeigen?«

Sophia schaute sie erstaunt an, zückte dann aber ihr Handy und rief eines der Fotos auf. Harriet nahm ihr das Gerät aus der Hand. »Der Vorhang!«, raunte sie dem Kommissar zu, vergrößerte das Bild und hielt es ihm vors Gesicht: »Sadykov hat den Vorhang abgenommen und mit aufwändigem Faltenwurf im Hintergrund drapiert – genauso, wie es auf den Werken Caravaggios zu sehen ist. Das hat mich auf die Spur gebracht.«

Ron nickte. »Ich hätte Ihnen wohl besser glauben sollen.«

»Die Fotos kamen aus Pits Atelier und zeigten die Leiche so, wie dieser schreckliche Riese sie inszeniert hatte«, fuhr Sophia fort. »Und du«, wandte sie sich an Harriet, »hast ja schon relativ früh begriffen, dass der arme Pit Teil einer Inszenierung war, die Robert klarmachen sollte, dass Sadykov es ernst meint und sein Geld haben will. Robert hat sogar vermutet, dass du Bescheid wüsstest und wollte deshalb mit dir sprechen. Aber du hast ja tausende Ausflüchte gehabt.«

Harriet ging auf den Vorwurf nicht ein. »Und um sich vermeintlich zu schützen, ist Robert dann ins Gefängnis gegangen.«

»Um ein Exempel zu statuieren, würde Kerer wahrscheinlich Samat hinrichten und dafür sorgen, dass dies in seinen Kreisen alle erfahren, hat Robert vermutet. Uns würde dann niemand mehr behelligen. Robert meinte, dass das Schlimmste für Kerer sei, verspottet zu werden, weil er auf einen Betrüger reingefallen wäre. Er ging davon aus, dass Kerer viel zu reich sei, als dass ihm fünf Millionen Euro wehtun würden und dass ihm Samat Sadykov als Bauernopfer ausreichen würde. Und als sich die Situation zuspitzte und klar wurde, dass dieser Samat nicht lockerlassen würde, ließ Robert sich verhaften, um dort in Ruhe alles abzuwarten.«

»Ihr hättet also in Kauf genommen, dass euer 'Geschäftspartner' an eurer Stelle für all die Jahre der Bereicherung hätte zahlen müssen?«

Nun schaltete sich Hendrik ein: »Bitte, Harriet, du bist wohl die letzte, die Sophia Vorhaltungen machen darf, bei deiner Geschichte! Der Sadykov ist auch nicht ganz unschuldig, schließlich hat er mit Roberts Hilfe ein Vermögen aufgebaut. Außerdem haben die Zentralasiaten ein anderes Bild von Leiden und Tod als wir. Diese Menschen nehmen ihr Schicksal als selbstverständlicher hin und können daher mehr ertragen als wir hierzulande. Das zeigt ja schon die Geschichte der Region. Ein Volk, das Stalin überlebt hat, überlebt auch Oligarchen wie Kerer. Da wird nicht so viel Rücksicht auf das Leben Einzelner genommen. Das weiß ich, weil ich zahlreiche geschäftliche Beziehungen, vor allem natürlich nach China pflege!«, setzte er selbstgefällig hinzu.

Harriet hatte Mühe, sich zu beherrschen, und spürte, dass es Ron Weiss nicht anders ging. Am liebsten hätte sie die verlogene Welt der Villa Augusta auf Nimmerwiedersehen verlassen. Aber sie musste noch einen Schritt weitergehen.

»Ich weiß zwar, dass Nikolaus von Rebenstorff das echte Caravaggio-Bild aus dem Feuer gerettet hat – aber was passierte dann damit?«

»Leddin, der Bescheid wusste über die beiden Fassungen des Katalogs, schwieg Robert gegenüber, als die ganze Geschichte ins Rollen kam. Erst bei der Feier zu Leddins Geburtstag, bei der auch Robert war, hat Leddin von den beiden Fassungen des Katalogs gesprochen. Er hat vor sich hin gebrabbelt, und niemand außer Robert konnte ahnen, dass er die Wahrheit gesagt hat, sonst hätte seine Geschichte sicherlich wie eine Bombe eingeschlagen. Leddin war klar, dass die Werke in der geheimen Kammer längst verkauft worden waren und Robert sich auf Fälschungen verlegt hatte. Sein Schweigen war seine Rache gewesen, weil Robert ihn über dreißig Jahre erpresst und unter Druck gesetzt hat. Gleichzeitig plagten ihn heftige Gewissensbisse, weil er sich die Schuld dafür gab, dass viele Bilder der Sammlung in alle Welt veräußert worden waren. In seiner Wahrnehmung hat er nicht richtig auf den Schatz, der ihm anvertraut worden war, aufgepasst.«

»Das erklärt aber nicht den Caravaggio, der auf dem Dachboden in Toulouse gefunden wurde.«

Sophia dachte nach. »Nein. Pit hat in Frankreich versucht, mehr über die Geschichte des Werks herauszufinden. Er konnte in Erfahrung bringen, dass das Gemälde nach Rebenstorffs Tod verkauft und dann über Umwege nach Frankreich gelangt sein muss, vielleicht über Angehörige der Grande Armée. Dort lagerte es dann noch eine Ewigkeit auf einem Dachboden, bis es durch Zufall bei der Reparatur eines Wasserschadens entdeckt wurde.«

Sie schwieg einige Sekunden und wandte sich dann abrupt an Ron Weiss:

»Bitte, jetzt wissen Sie alles! Sie müssen mein Kind finden!«

»Können Sie nicht Lissys Handy orten?«, wandte Harriet sich leise an Ron, der sich schweigend Notizen machte. In der Aufgeregtheit, die in der Villa Augusta herrschte, wirkte er wie ein Fels der Ruhe.

»Das hat sie nicht mitgenommen. Es lag auf dem Schreibtisch in ihrem Zimmer.« Er schob Harriet vorsichtig aus der Bibliothek auf den Flur, während Sophia und Hendrik vollkommen in sich versanken.

»Und wenn Lissy gar nicht in Potsdam ist, sondern er sich mit ihr abgesetzt hat?«

Ron atmete einmal tief durch. »Ja. Darüber habe ich auch schon nachgedacht, deshalb werden die Flughäfen ganz besonders kontrolliert. Aber natürlich kann er auch in einem Auto mit ihr unterwegs sein. Er könnte praktisch überall sein.«

»Weshalb hat er sie entführt? Was glauben Sie? Er weiß doch, dass Robert von Lietzenburg im Gefängnis ist. Will er von Sophia Geld erpressen? Oder glaubt er, dass Hendrik oder andere Freunde der Lietzenburgs Geld sammeln werden? Es ist doch unwahrscheinlich, dass er mit Mord *und* Kindesentführung davonkommt.«

Ron Weiss zögerte. Dann entgegnete er: »Der Mann ist ein Getriebener. Kerer würde Sadykov foltern und töten lassen, wenn dieser nicht mit dem Geld, das Kerer für das Bild bezahlt hat, rüberkäme. Dieser Oligarch ist auch bei uns kein Unbekannter. Laut BKA betreibt er von Moskau aus über Mittelsmänner in Europa, auch in Berlin, einige Nachtclubs und ist eine Größe im Drogenhandel. Er hat ein Söldnerheer von Tschetschenen, die seine Gegner gefügig machen. Kerer hat seit zwei Jahren eine junge Freundin, die sich sehr für Kunst interessiert. Sie hat seine Villen und Wohnungen mit Gemälden und Skulpturen ausgestattet, deren Herkunft unbekannt ist. Übrigens hat er unter anderem Wohnungen in Berlin und hält sich auch gern hier auf.«

»Glauben Sie, dass Sadykov Lissy etwas antun wird?«, fragte Harriet mit einem Anflug von Panik.

»Dem Mann ist jetzt alles zuzutrauen. Wir wissen nicht, wie weit er gehen wird. Mich macht es nachdenklich, dass wir keine Nachricht von ihm haben und daher seine Forderungen nicht kennen. Und was mich auch unruhig macht, ist die Tatsache, dass er das Geld, das Kerer fordert, so oder so sicherlich niemals zusammenbringen wird. Was also kann er tun?«

»Tun Sie etwas, um Lissy zu finden!«, sagte Harriet unfreundlicher, als sie eigentlich wollte. »Worauf warten wir hier eigentlich noch?«

»Die Polizei durchkämmt mit allen verfügbaren Kräften das Stadtgebiet, Bahnhöfe und Flugplätze. Was menschenmöglich ist, wird getan. Und wir kennen jetzt die Hintergründe.«

»Aber vielleicht ist das nicht genug.« Harriet atmete tief durch und begann, in dem dunklen Flur hastig auf und ab zu gehen. »Sie lassen also alles absuchen, ja? Aber natürlich haben die beiden einige Stunden Vorsprung und können schon lange über alle Berge sein.«

»Harriet, bitte! Ich habe mich geirrt, als ich nicht auf Sie gehört habe. Das ist sicherlich richtig, und das bereue ich auch. Dank Ihrer Hilfe können wir die ganze Sache aufschlüsseln. Wir wissen jetzt, warum Pit Wallstedt ermordet wurde. Das alles bringt aber die Kleine nicht zurück, so sehr ich mir das wünsche. Wir müssen die Ergebnisse der Fahndung abwarten, und so lange bleiben wir hier.«

»Sie vielleicht, Kommissar Weiss, aber ich nicht! Sie machen schon wieder einen Fehler.« Sie wusste, dass sie jetzt handeln musste. Es gab eine Person, die ahnen musste, wo sich Samat Sadykov verstecken könnte. Harriet ließ den Kommissar stehen, ging in den Garten hinaus und zückte ihr Handy. Erst rief sie Karl an und bat ihn, zur Villa Augusta zu kommen. Dann tippte sie eine weitere Nummer ein. Obwohl Harriet nicht religiös war, betete sie, dass der Mensch, auf den es jetzt ankam, die Kraft hätte, ans Telefon zu gehen. Es klappte.

»Herr Leddin, hören Sie mich? Bitte, Sie müssen mir helfen! Wo, sagten Sie, war Samat Sadykov in Potsdam stationiert?«

Sie nickte, bedankte sich und beendete das Gespräch. Mehr musste sie nicht wissen. Sie kritzelte eine Notiz auf einen Zettel, den sie im Weggehen einem der Uniformierten an der Pforte in die Hand drückte: »Falls Ihr Chef es sich anders überlegt!«

Kurz bevor sie die Gartenpforte erreicht hatte, drehte sie plötzlich um und ging auf Olga Schweder zu, die lässig an der Hauswand lehnte und sie beobachtete.

»Warum haben Sie mir die E-Mail geschrieben?«

»Welche E-Mail?« Schweder tat überrascht, aber Harriet sah an ihrer Körperhaltung, dass sie ins Schwarze getroffen hatte. »Falls Sie geglaubt haben, dass Sie mich mit einer fingierten E-Mail von Jonathan Barnwell zum Durchdrehen bringen und damit Adelheid Rumpers eine tolle Story liefern können, haben Sie sich geschnitten.«

Olgas Gesicht nahm eine tiefrote Färbung an.

»Ich habe jetzt Wichtigeres zu tun, als mich mit Ihnen zu beschäftigen. Aber Sie können sicher sein, dass ich auf Sie zurückkomme!«

Mittlerweile war Rosinsky aufgetaucht und wartete auf dem Gehweg vor dem Haus. Sie schob ihn kurzerhand ins Auto und raste los. Als sie das Kasernengelände erreicht hatten, parkte sie an der Bundesstraße, lief los und wartete nicht auf Rosinsky, der ihr langsam humpelnd folgte. Ein Loch im Zaun war schnell gefunden. Harriet schlüpfte hindurch und stand auf einer Brachfläche, die von Gestrüpp und Gras überwuchert war. Ein eigentümlicher Geruch lag in der Luft. Es roch nach Feuer, aber auch würzig, so, als würde irgendwo in der Nähe ein Essen zubereitet werden. Sie folgte dem Geruch, auf einem sandigen Weg, der zwischen leerstehenden Baracken entlangführte, lief vorbei an niedrigen Zweckbauten, auf deren Dächern Sträucher wuchsen, vorbei an zusammengebrochenen Schuppen und steuerte direkt auf ein massives Haus aus grauem Stein zu, dessen geborstene Fenster sie wie wimpernlose Augen anglotzten. Das war wahrscheinlich das alte Offizierscasino. Der seltsame Geruch wurde stärker, und als sie um die Ecke des grauen Gebäudes bog, sah sie auch, woher dieser stammte: eine improvisierte Feuerstelle, über der ein Kessel hing. Harriet schaute sich vorsichtig um. Von Lissy oder dem Entführer war keine Spur zu sehen, und es war auch kein Laut zu hören, der auf die Anwesenheit der beiden hindeutete. In dem Kessel köchelte ein Reisgericht, das noch nicht angebrannt und von einem Sud bedeckt war. Die Feuerstelle musste also erst kurze Zeit zuvor verlassen worden sein. Es war unnatürlich still auf dem Gelände. Kein Vogelgezwitscher war zu hören, nur das gleichmäßige Rauschen des Autoverkehrs auf der nahegelegenen Bundesstraße. Harriet drehte sich um und suchte das weitläufige Areal ab. In welche Richtung sollte sie gehen? Das Gelände war riesig und vollkommen unübersichtlich. Plötzlich hörte sie ein helles Bellen – es klang wie das von Flocke. Vorsichtig strich sie einige Zweige zur Seite und tauchte in ein verwildertes Gelände aus wuchernden Büschen und Holundersträuchern ein. Harriet konzentrierte sich darauf, so lautlos wie möglich in die Richtung zu schleichen, aus der das Bellen erklungen war. Blut rauschte in ihren Ohren, und ihr Herz klopfte heftig. Trotzdem dachte sie nicht eine Sekunde lang daran, zurückzukehren. Jetzt kam es nur auf sie an. Das Gesträuch wurde dichter. Die Äste schlugen ihr ins Gesicht, und ihre rechte Hand streifte eine große Brennnesselpflanze. Plötzlich lichtete sich das Wäldchen, in dem sie sich befand, und öffnete den Blick auf einen Turm, der mindestens dreißig Meter in die Höhe ragte und bis ungefähr zur Hälfte eingerüstet war. Voller Schrecken entdeckte Harriet Lissy, die flink wie ein Affe an der Stirnseite des Turmes emporkletterte, immer höher und höher. Ein massiger Mann kletterte am Gerüst hinter ihr her. Aber Elisabeth war viel schneller. Der Mann zog sich schwerfällig an den Metallstreben hoch, die die Einrüstung zusammenhielten. Zwei Hunde umkreisten den Turm mit aufgeregtem Gebell. Einer der Hunde war Flocke, der andere Hund sah aus wie ein großer Wolf mit zottigem Fell.

»Lissy!«, schrie Harriet. Das Mädchen hielt inne, drehte den Kopf und schaute nach unten. Plötzlich schien es, als würde sie das Gleichgewicht verlieren. Einer ihrer Füße rutschte ab, und sie sackte weg. Im letzten Moment fing sie sich und presste ihren schmalen Körper gegen die Wand.

»Nein! Pass auf, Mädchen! Komm herunter!«

Der Mann konnte nur Samat Sadykov sein.

»Mädchen, du wirst fallen, komm herunter!«

»Nein, ich will, dass mein Papa mich holt! Er darf nicht im Gefängnis bleiben! Du bist schuld, dass er dort ist! Verschwinde!«

Harriet begriff schlagartig, dass Samat Lissy verfolgte, weil er sie retten wollte. Im gleichen Moment hörte sie hinter sich ein Geräusch. Sie drehte sich um und sah, dass Karl Rosinsky, so schnell es ihm möglich war, auf sie zu humpelte. Er fixierte die beiden Gestalten an der Fassade des Turms und zog eine Waffe aus der Tasche seines Jacketts. Es war die Makarow von Johannes Leddin.

»Karl, nicht…!« Harriet drehte sich und versuchte, ihm in den Arm zu fallen, aber es war zu spät. Er hatte den Hahn schon gespannt, und in das Gebell der Hunde hinein löste sich ein Schuss. Harriet spürte einen stechenden Schmerz in der Seite, dann wurde ihr schwarz vor Augen. Während sich ein Schleier über ihr Bewusstsein senkte, nahm sie wie im Traum wahr, dass mit einem dumpfen Geräusch neben ihr eine Gestalt aufschlug. Dann hörte sie Lissy schreien. Sie schrie und schrie. In der Ferne war die Sirene eines Krankenwagens oder eines Polizeiautos zu hören. Plötzlich war es still. Harriet spürte, dass ihre Knie nachgaben. Bevor sie die Ohnmacht umschloss, spürte sie einen warmen Atem an ihrem Hals.

»Pit«, sagte sie, »Pit, bist du zurück?«

Sie schwebte. Oder jemand schien sie zu tragen.

»Harriet, ich bin es, Ron. Du musst bei uns bleiben! Nicht einschlafen!«

»Zu spät, Ron Weiss«, murmelte sie, »du bist zu spät gekommen.«

•

»Halt, so geht das nicht, die Blätter bekommen ja Eselsohren!«

Johannes Leddin beugte sich über Ollis Schulter und beobachtete argwöhnisch, wie dieser behutsam den Briefwechsel zwischen Nikolaus von Rebenstorff und Friedrich scannte. Harriet blickte von den Tagebüchern auf, mit denen sie sich auf das Sofa in Leddins Wohnzimmer zurückgezogen hatte, und sagte: »Wir brauchen die Scans, Johannes! Wenn ich das Buch schreiben soll, muss ich mit den Unterlagen arbeiten können. Da Sie uns die Originale nicht mitgeben wollen, was ich verstehe, *muss* Olli sie scannen. Wir sind so vorsichtig wie möglich.«

»Darf ich jetzt weitermachen?« Hilfesuchend hielt Olli seine behandschuhten Hände in die Luft.

Während Leddin grummelnd in die Küche hinkte, gab Harriet Olli ein Zeichen, dass er mit seiner Arbeit fortfahren solle. Die beiden waren seit einer Woche täglich ein paar Stunden bei Johannes Leddin, um die Unmengen an Briefen, Manuskripten und Werkverzeichnissen zu sichten, die Harriet für ihre Arbeit über Nikolaus von Rebenstorff und die Bildergalerie brauchte. Zwar schien der Kastellan froh, dass Harriet Wort hielt und die Geschichte – die ja auch seine Geschichte war – recherchieren und aufschreiben würde, aber gleichzeitig fürchtete er die ganze Zeit, dass seine Papiere beschädigt werden könnten. Und er musste zugeben, dass dieser Student mit dem seltsamen Haarschnitt und dem Clark Gable Bärtchen einen sehr verantwortungsbewussten Eindruck machte, aber es ängstigte ihn dennoch, dass Ecken einreißen oder – noch schlimmer! – Schäden an den Zeichnungen in den Katalogen entstehen könnten.

»Die Tagebücher können wir nicht scannen, da das Papier zu empfindlich ist«, bemerkte Harriet leise, während sie vorsichtig in einem Heft blätterte, das in fleckiges Kalbsleder eingebunden war. »Wir müssen ihn überzeugen, dass ich sie mit nach Linnerow nehmen kann.«

»Sie haben doch einen Wächter, der jeden Eindringling in Angst und Schrecken versetzen dürfte. Stehlen wird die Unterlagen sicherlich niemand, davon können wir Herrn Leddin sicher überzeugen.«

Als hätte er diese Worte verstanden, knurrte Klingsohr, der neben Harriet auf dem Sofa lag – fast dreiviertel der Sitzfläche in Anspruch nehmend –, und hob seinen Kopf. Dann sprang er vom Sofa und positionierte sich mit aufgestellter Rute im Flur. Es klingelte an der Wohnungstür.

»Wer da?«, fragte Leddin mürrisch von der Küche aus, machte aber keinerlei Anstalten, die Tür zu öffnen. Nach einer kurzen Pause klingelte es nochmals. Diesmal mit mehr Nachdruck, aber da Johannes Leddin es vorzog, weiter mit Geschirr an seiner Spüle zu hantieren, sprang Olli schließlich auf und öffnete die Tür.

»Darf ich reinkommen?«

»Eigentlich nicht!«, rief Harriet, bevor einer der Männer reagieren konnte. Klingsohr knurrte wieder und blieb drohend im Flur stehen. Olli trat ängstlich beiseite.

»Wie ich sehe, haben Sie jemanden gefunden, der Sie beschützt, Frau Dr. Lievens.«

»Oh ja, Kommissar Weiss, das habe ich. Es ist jemand, auf den man sich voll und ganz verlassen kann, und der zur richtigen Zeit am richtigen Ort ist. Klingsohr – ist gut!«, fügte sie hinzu, und der Hund ließ Ron Weiss in die Wohnung. »Woher wissen Sie eigentlich, wo ich bin?«

»Ich bin Polizist, haben Sie das schon vergessen?«

Er trat ins Wohnzimmer und schaute sich um. »Das wird ja wohl noch etwas dauern, bis Sie hier fertig sind.«

»Falls Sie helfen wollen, sind Sie herzlich eingeladen, den Stapel dort drüben zu sortieren. Chronologisch. Ansonsten begleitet Klingsohr Sie gern hinaus.«

»Harriet, es tut mir leid!«

»Wie bitte? Sie sprechen so leise. Ich kann Sie gar nicht verstehen.«

»Es tut mir leid!«, wiederholte Ron. »Ich habe zu spät realisiert, dass Sie recht hatten.«

»Das stimmt!«, erwiderte Harriet.

Eine Pause trat ein. Ron Weiss trat unbehaglich von einem Fuß auf den anderen, und Olli sortierte angelegentlich und betont konzentriert die Briefe, die vor ihm lagen. In der Küche klapperte es, weil auch Johannes Leddin es vorzog, die Unterhaltung zwischen Harriet und dem Kommissar zu ignorieren.

»Wollen Sie die Kammer unter der Bildergalerie sehen?«

»Sie ist nicht zugänglich!«, erwiderte Harriet kurz angebunden. »Ich habe mich längst informiert.«

»Ich habe eine Erlaubnis, die Kammer mit Ihnen zu besuchen. Die Spurensicherung ist abgeschlossen. Am besten gehen wir gleich.«

Das ließ sich Harriet nicht zweimal sagen. Seitdem sie das Krankenhaus verlassen hatte, hatte sie vergeblich versucht, eine Genehmigung für die Besichtigung der Kammer zu bekommen, war aber immer wieder mit ihrem Anliegen abgeblitzt. Das war ein wirkliches Problem. Ohne sich dort umsehen zu können, wäre es unmöglich, das Buch, dessen Grundzüge sie bereits genau im Kopf hatte, zu schreiben. Mühsam erhob sie sich vom Sofa. Wenn sie aufrecht stand, dann spürte sie noch immer stechende Schmerzen in der Seite.

»Moment!« Olli ging auf Harriet zu und stützte sie, sodass sie das Wohnzimmer durchqueren konnte. »Danke, Olli! Am besten machen Sie einfach weiter und lassen sich nicht durch Johannes durcheinanderbringen.« Sie warf einen Blick auf den Kastellan, der scheinbar unbeteiligt in der Küche hantierte, aber in Wirklichkeit genau verfolgte, was vor sich ging. »Ich komme schon klar, wenn Kommissar Weiss mir ein wenig hilft.«

Ein Grinsen zog sich über Ron Weiss' Gesicht. »Sie hätten sich nicht extra anschießen lassen müssen, damit ich Sie unterhake, verehrte Frau Dr. Lievens!«

»Ich sehe, dass Sie zu alter Form zurückfinden, Herr Kommissar!«, knurrte Harriet. Ron Weiss ergriff ihren Arm, und sie betraten das nach Feuchtigkeit riechende Treppenhaus. Klingsohr folgte ihnen, als sie die Treppe hinabstiegen, und beobachtete Ron Weiss dabei misstrauisch. Die hohen Kastanienbäume, die die Allee säumten, verloren ihre Blätter, und ein kalter Hauch fegte durch den Park und wehte unter die Jacken und Mäntel der Spaziergänger.

»Ist das nicht der Hund von Samat Sadykov?«

»Wahrscheinlich ist er einfach ein Straßenhund, der von Menschen irgendwo ausgesetzt worden ist und sich dann durchs Leben geschlagen hat, bevor er auf Samat Sadykov traf und sich ihm anschloss. So erkläre ich mir jedenfalls die Geschichte. Wie Sie sehen«, Harriet deutete auf den brav neben ihnen herlaufenden Hund, »benimmt er sich mustergültig!«

»Werden Sie ihn behalten?«

»Die Frage ist wohl eher, ob er mich behält. Klingsohr sucht sich seine Besitzer selbst aus. Er saß vor ein paar Tagen vor der Villa Illaire, als würde er auf mich warten, und weicht mir seitdem nicht mehr von der Seite.«

Der Park war wie immer gut besucht, obwohl es ein regnerischer Tag war und die Gebäude im Nebel verschwanden, der in Schwaden über der

Stadt hing. Harriet konnte sich nur langsam fortbewegen, und so brauchten sie fast zwanzig Minuten, um von der Villa Illaire zur Bildergalerie zu gelangen.

»Wie lange wird es noch dauern, bis die Wunde abgeheilt ist?«, fragte er, während sie in Zeitlupe den Hügel zur Weinbergterrasse hinaufstiegen.

»Tja, der Arzt sagt, dass ich Glück hatte. Die Kugel ist nicht besonders tief in die Seite eingedrungen, sodass keine Organe verletzt worden sind. Aber ein paar Monate sollte ich noch vorsichtig sein.« Sie schnaufte etwas, als sie an der Grabstätte Friedrichs angekommen waren, die dem Eingang zur Galerie vorgelagert war.

»Hier hat alles angefangen!«, sagte Harriet und deutete auf die mit Moos überwachsenen Grabplatten von Friedrich und seinen Windhunden. »In der Nacht, als die Gebeine Friedrichs umgebettet wurden, hat Robert von Lietzenburg erstmals die Kammer unter der Galerie geplündert.«

Beide schwiegen einen Moment lang. Klingsohr legte sich auf einen Flecken Gras am Rand der Grabstätte.

»Was ist mit Sadykovs Leichnam passiert?«, fragte Harriet in das Schweigen hinein.

»Wir haben über das Konsulat nach Angehörigen in seiner Heimat gesucht, leider vergeblich. Schließlich hat die Universität in Osh, an der er Dozent war, sich erbarmt und die Überführung der Leiche und die Beerdigung übernommen. Auch seine Habseligkeiten, die in einem Rucksack in seiner ehemaligen Mannschaftsunterkunft lagerten, haben wir zurück nach Osh geschickt.«

Harriet seufzte. »Eine echte Tragödie. Samat Sadykovs Notlage ist von Robert ausgenutzt worden. Wahrscheinlich hatte er niemals eine echte Chance auf ein gutes Leben. Er war intelligent und gebildet. Er ist neben Pit das eigentliche Opfer in dieser Geschichte.« Sie betrachtete die Grabplatte Friedrichs, auf der wie immer Kartoffeln jeder Form und Größe lagen. Einige waren mit Samtbändern umwickelt, andere von Zahnstochern durchbohrt, an denen kleine Botschaften an Friedrich klebten.

»Lissy hat ausgesagt, dass Samat sie nicht entführt hätte, sondern dass es ihre Idee war, bei ihm zu bleiben. Sie mochte ihn gern. Es war eine Kurzschlussreaktion, dass sie plötzlich vor ihm geflüchtet ist, und die hatte eher mit ihrem Vater zu tun als mit dem Verhalten Sadykovs. Der hat ihr kein Härchen gekrümmt.«

»Sie wird eine Zeitlang brauchen, um mit der Situation klarzukommen«, fügte Harriet hinzu. »Wenigstens durfte sie Flocke behalten, hat sie mir per WhatsApp geschrieben. Allerdings weiß ich nicht einmal, wo sie ist. Die Villa Augusta steht zum Verkauf, habe ich gehört.«

»Meines Wissens ist Elisabeth mit ihrer Mutter nach Mallorca gegangen und wohnt jetzt mit ihr in Hendrik Reinholds Finca. Die beiden wollen wohl heiraten, wenn die Scheidung durch ist – hört man von den spanischen Kollegen.«

»Lieber Kommissar, haben Sie mal wieder gegen den Datenschutz verstoßen und Informationen eingeholt, die Ihnen gar nicht zustehen?«

»Wie ich schon einmal sagte, liebe Frau Dr. Lievens, *ich* habe Freunde. Abgesehen davon ist nicht klar, ob es überhaupt einer Scheidung bedarf.«

Harriet schüttelte den Kopf. »Von Maria muss Hendrik sich auf jeden Fall scheiden lassen. Ich hoffe, dass sie klar genug ist, einen guten Scheidungsanwalt zu verpflichten, um nicht leer auszugehen. Und was Robert betrifft: Noch liegt er im Koma. Tot ist er nicht, dank der Wärter in der JVA, die seinen Selbstmordversuch rechtzeitig bemerkt hatten. Niemand weiß, ob er je wieder wach wird.«

Anders als mit Samat Sadykov, der immerhin ein Mörder war, spürte Harriet keinen Funken Mitleid mit Robert.

»Kommen Sie, ich will jetzt endlich die Kammer besichtigen! Klingsohr, du bleibst hier und wartest auf uns!«

Trotz der Schmerzen, die ihr jede Bewegung verursachte, spürte Harriet eine unbändige Neugierde auf die Kammer unter der Bildergalerie. Aber etwas – oder vielmehr jemand – fehlte. »Schade, dass Karl Rosinsky nicht bei uns ist.«

Ron Weiss nickte den Aufsichtspersonen am Eingang der Bildergalerie zu und bugsierte Harriet durch das Vestibül in die Ausstellungssäle.

»Er macht sich große Vorwürfe, weil er Sie verletzt hat.«

»Er konnte doch gar nichts dafür, ich bin ihm in den Arm gefallen. Muss er noch mit rechtlichen Konsequenzen rechnen?«

»Vielleicht wird die Anzeige wegen illegalen Waffenbesitzes verfolgt, vielleicht nicht. Die Gerichte sind vollkommen überlaufen, und ich könnte mir vorstellen, dass das Verfahren eingestellt wird. Wo ist er eigentlich?«

»Ich weiß es nicht. Er hat mir einen langen Brief geschrieben, in dem er sich selbst anklagt – zum einen, weil er damals der Geschichte mit dem

Irrlicht nicht weiter nachgegangen ist, zum anderen, weil er mich angeschossen hat. Ich hoffe nur, dass er bald wieder zur Vernunft kommt. Sein Telefon ist aus. Niemand kann ihn erreichen. Er fehlt mir so.«

Sie schwiegen, bis sie das Kabinett im Ostflügel erreicht hatten, das mit rot-weißem Band abgesperrt war. Ron zeigte den Wächtern, die davorstanden, seinen Ausweis, und sie wurden, neugierig beäugt, durchgewunken.

»Wollen Sie wirklich da runter?« fragte Ron, während Harriets Augen noch an dem Porträt Nikolaus von Rebenstorffs hingen, der sie anzusehen schien.

»Machen Sie Witze? Natürlich!«

»Ich mache niemals Witze. Sie müssen sich allerdings an den Gedanken gewöhnen, von mir dort hinuntergetragen zu werden.«

»Warum das? Sie sehen doch, dass ich Treppen laufen kann!«

»Es ist äußerst steil. Kommen Sie!« Sie betraten den niedrigen Kamin mit gebeugten Rücken, und Ron Weiss drückte die Tür auf, die den Gang in den Keller nach außen hin abschirmte. Dann zog er eine Taschenlampe aus seinem Parka und leuchtete in die Dunkelheit. Er hatte Recht, stellte sie fest, der Gang führte beinahe senkrecht nach unten, und man musste wie auf einer Hühnerleiter hinabsteigen.

»Wie hat Johannes Leddin das nur all die Jahre geschafft?«, wunderte sich Harriet. »Er muss doch noch mit über neunzig Jahren diese Stiegen hinab- und wieder hinaufgeklettert sein.«

»Weil er den Schutz der Kunst als seine Lebensaufgabe ansieht. Sein Wille ist stärker als sein Körper.«

»Bevor Sie hier noch mehr salbungsvolle Worte sprechen, sollten Sie mich wirklich runtertragen!«, sagte Harriet, die skeptisch in die Tiefe schaute. »Sehr unwahrscheinlich, dass ich diesen Abstieg schon aus eigener Kraft schaffe, und noch unwahrscheinlicher, dass sich die Qualität Ihrer Kommentare verbessert.«

»Gut, dann los! Ich nehme Sie huckepack!« Er stellte sich vor sie hin und ging in die Knie. »Klettern Sie auf meinen Rücken! Jede Vorstellung von Eleganz müssen Sie beiseiteschieben.«

Harriet seufzte und klammerte sich, so gut es ging, an ihm fest.

»Hier, nehmen Sie die Taschenlampe, und leuchten Sie uns den Weg!« Harriet folgte der Aufforderung und versuchte, den Strahl der Taschenlampe möglichst exakt über seine Schulter hinweg in den Gang zu lenken.

Ron stieg vorsichtig Stufe um Stufe hinunter. Es war kalt und roch modrig. Harriet wurde klar, dass der Rauch der Fackeln sehr hilfreich bei der Überlagerung dieses Geruchs in den Ausstellungssälen gewesen sein muss. Eine kreative Idee von Robert. Nach einer unendlich langen Zeit des Abstiegs waren sie endlich unten angekommen, und Ron setzte Harriet vorsichtig vor einer eiserenen Tür ab.

»Uff, Sie sind schwerer, als Sie aussehen!«, sagte er.

»Vielleicht sind Sie ja auch nur schwächer, als Sie aussehen!«

Harriet konnte in der Dunkelheit den geschmacklosen Schmuckstein an seinem Eckzahn aufblitzen sehen. Es schepperte, als er den Schlüssel drehte und die Tür aufsprang. Die Kammer war kleiner, als Harriet sie sich vorgestellt hatte. Die Wände waren mit verblassten Seidentapeten ausgekleidet, die wahrscheinlich aus der Zeit des Gebäudebaus stammten. Sie zeigten Papageien, die auf Bäumen mit roten und gelben Blüten saßen, vor einem cremefarbenen Hintergrund. Die Luft war stickig. Sie hob den Blick und sah, dass die Sauerstoffversorgung über schmale Schlitze funktionierte, die in die Decke eingelassen waren. Wahrscheinlich gab es eine Art Luftkanal, der an der Nordseite der Galerie, verdeckt von einem Laubengang, nach draußen führte. Es war erstaunlich warm für einen Keller und weniger feucht, als Harriet angenommen hatte.

»Die klimatischen Bedingungen für die Lagerung von Kunstwerken sind ideal«, stellte Harriet fest. »Ich würde gern wissen, wo die Wärme herkommt. Hier herrschen ja so um die zwanzig Grad. Vielleicht verläuft entlang der Kammer eine Art Fußbodenheizung, die durch die Heizsysteme der Galerie und des Schlosses gespeist wird.«

»Gab es zu Friedrichs Zeiten denn schon solche Heizsysteme?«

»Nicht, dass ich wüsste. Schloss Sanssouci war sehr schlecht beheizbar, es war ja auch Friedrichs Sommerschloss. Aber vielleicht weiß Herr Leddin etwas darüber. Ich werde ihn fragen. Seitdem seine Geschichte an die Öffentlichkeit gelangt ist und bekannt wurde, dass Robert sich sein Vermögen mit dem Handel der von Leddin geretteten Bilder ergaunert hat, wirkt er plötzlich um Jahrzehnte verjüngt.«

»In den Medien wird er als tragischer Held gefeiert.«

»Zu Recht!«, erwiderte Harriet. »Robert hat ihn erpresst, und Leddin hat ihm eine Falle gestellt, auf deren Zuschnappen er allerdings ziemlich lange warten musste. Dass zeitgleich zu Roberts Verkauf der Caravaggio-

Kopie das echte Bild in Toulouse auftauchte, war allerdings ein Zufall, den Leddin nicht hat planen können.«

Sie dachte an die vielen Artikel, die über Roberts illegal aufgebautes Kunst-Imperium erschienen waren, sowohl in seriösen Medien als auch in Boulevard-Blättern und auf zweifelhaften Internet-Portalen. Samat Sadykov wurde in der Berichterstattung ausgespart. Wahrscheinlich war es zu kompliziert, zu beschreiben, dass und warum er ein Mörder, aber vor allem ein Opfer gewesen war. Natürlich hatte sich besonders Adelheid Rumpers hervorgetan, die mit immer neuen Enthüllungen über die Familie von Lietzenburg und die Liaison von Sophia und Hendrik Reinhold aufwartete, sodass schon Touristengruppen vor der Villa Augusta aufgetaucht waren und Fotos von dem Gebäude gemacht hatten.

»Nicht besonders spektakulär hier«, riss Weiss sie aus ihren Gedanken.

Sie nickte. Die Kammer, die Zeugin und gleichzeitig Subjekt der Geschichte war, hätte nüchterner kaum sein können. An der Wand stand ein leeres Regal, dessen Halterungen darauf hindeuteten, dass Gemälde dort deponiert worden waren. In der Ecke befand sich ein zweckmäßiger Schreibtisch mit einer geschliffenen Holzplatte und ein Stuhl mit fleckigem Bezug, der in Fetzen herabhing. Harriet zog ihr Handy aus der Tasche und machte einige Fotos. Sie biss die Zähne zusammen, denn die Wunde, die der Streifschuss an ihrer Taille verursacht hatte, brannte.

»Wollen wir lieber wieder hochgehen?«, fragte Ron Weiss.

»Nicht, bis ich hier fertig bin!«, stieß Harriet hervor und fotografierte weiter das bröckelige Mauerwerk, die Luftschlitze an der Decke und das Interieur. »Wer weiß, wann sich wieder die Gelegenheit zur Besichtigung ergibt.«

»Harriet«, begann Ron, und sie hörte ein Zögern in seiner Stimme, das sie vorher niemals wahrgenommen hatte, »ich möchte mich nochmals dafür entschuldigen, dass ich Ihre Recherchen nicht ernst genug genommen habe. Aber Ihre Gedankenkonstruktionen zu Caravaggio schienen mir zu abenteuerlich.«

»Das klingt jetzt aber sehr vornehm. Eigentlich hatten Sie und Ihre Freundin Olga mich als arme Irre abgehakt.«

»Sie ist nicht meine Freundin, also, nicht mehr!«

»Sie hat mir die E-Mail, die angeblich von Jonathan stammte, geschickt, um mich mürbe zu machen und dann dieser Adelheid Rumpers auszuliefern«, sagte sie, während sie weiter durch den Raum humpelte und fotografierte. »Und ich wette, dass sie sich das gut hat bezahlen lassen. Ebenso wie die exklusiven Fotos von Pits Leiche, nachdem Samat Sadykov ihn ...«

»Woher wissen Sie das?«

Harriet blieb schwer atmend stehen und stützte sich auf den Schreibtisch. »Ich habe lange genug hinter dem Vorhang in Pits Atelier gehockt, als Sie sich – *meinem* Tipp folgend – endlich dazu durchgerungen hatten, die Werkstatt nach Spuren von Caravaggio zu durchkämmen. Und noch habe ich ganz gute Ohren.«

»Wie ich schon sagte, sie ist nicht mehr meine Freundin. Außerdem hat sie sich versetzen lassen.«

»Sie sind ja auch recht schnell auf etwas Jüngeres umgestiegen.« Harriet biss sich auf die Zunge. Wie konnte sie bloß eine so banale Bemerkung machen? Sie war in eine Geschichte verwickelt, die mit menschlichen Abgründen nicht geizte, war angeschossen worden, und alles, was ihr einfiel, waren Gehässigkeiten?

»Wen meinen Sie?« Ron wirkte vollkommen erstaunt.

»Ich bin hier fertig und möchte wieder nach oben.« Harriet war ihre Bemerkung so peinlich, dass sie sich wünschte, der Boden der Kammer würde sich öffnen, damit sie in der Erde versinken könnte.

»Glauben Sie etwa, dass Talia meine Freundin ist? Aber, liebe Frau Dr. Lievens, Talia ist meine Schwester! Sie ist das Nesthäkchen der Familie.«

»Ihre Schwester?« Harriet vergaß für einen Moment die Peinlichkeit der Situation. »Dann sind Sie wegen Talia hier in der Provinz gelandet?!«

Er verschränkte die Hände vor der Brust.

»Auch Sie wissen eine ganze Menge mehr, als Sie sollten.«

Harriet drehte sich um und humpelte zur Tür. Sie brauchte unbedingt frische Luft und würde es zur Not auch schaffen, ohne die Hilfe des Kommissars die steile Treppe nach oben zu klettern. Sie hoffte nur, dass die Wundnähte dabei nicht wieder aufplatzten.

»Talia war direkt aus ihrem behüteten Leben im Kibbutz nach Berlin gekommen. Ich hätte besser auf sie aufpassen müssen, denn sie war noch keine siebzehn, als sie ankam. Aber ich war ständig im Einsatz und immer unter Strom.«

Harriet legte die Hand auf die Klinke der Eisentür, drückte sie aber nicht hinunter.

»Sie geriet an die falschen Leute, feierte tagelang in irgendwelchen Clubs und wurde schließlich mit MDMA erwischt. Es war eine ganze Menge, weil ihre sogenannten Freunde ihr, der Minderjährigen, im letzten Moment alle Pillen in die Jacke gestopft hatten.«

Er schwieg einen Moment lang. Harriet ließ die Hand sinken und drehte sich zu ihm: »Und Sie haben dafür gesorgt, dass die Tabletten verschwanden, nicht wahr?«

»Ja. Ein Junge, der Talia zufällig bei mir zuhause kennengelernt hatte, als er mich zu einem Einsatz abholte, hatte sich in sie verliebt. Einer von Vincents Truppe – Sie wissen schon: Tick, Trick und Track. Ich wollte, dass er mir einfach nur den Schlüssel zur Asservatenkammer überlässt, aber er musste unbedingt auf eigene Faust handeln ...«

»Und wurde erwischt«, ergänzte Harriet.

»Ja. Zu seinem und meinem Glück wurde das Ganze aber vertuscht, weil niemand Lust auf einen neuen Berliner Polizeiskandal hatte, aber ich wurde nach Brandenburg abgeschoben und der Junge zur Schreibtischarbeit verdammt. Er wird wohl die nächsten Jahre nur mit der Digitalisierung von Akten beschäftigt sein.«

»Und was passierte mit Ihrer Schwester?«

»Das Verfahren wurde eingestellt, weil ihr nichts nachgewiesen werden konnte. Das Ganze war ein heilsamer Schock für sie. Sie bewarb sich an der Schauspielschule und wurde sofort genommen. So, ich finde, es reicht. Können wir jetzt endlich essen gehen?«

»Wer redet denn vom Essengehen?«

»Sie haben Recht. Warum kochen Sie nicht einfach etwas Schönes für uns?«

Harriet drückte gegen den Knauf der schweren Eisentür, die sich knarrend einen Spaltbreit öffnete.

»Okay, morgen Abend! Sie besorgen den Wein!«

»Aber nur, wenn Sie den nicht wieder aus der Flasche trinken!«

Harriet ließ die Tür los, drehte sich um die eigene Achse und machte einen Schritt auf ihn zu.

•

Eugen Kerer saß am Schreibtisch, blickte aus dem Panorama-Fenster seines Apartments auf die Spree und trank Whisky. Leise klirrten die Eiswürfel in seinem Glas, während er ein Gemälde betrachtete, das seitlich von ihm auf einer Staffelei stand: Die jüdische Heldin Judith enthauptet den assyrischen Heerführer Holofernes, hinter ihr das verknitterte Gesicht einer Magd. Das Werk wurde beherrscht von Hell-Dunkel-Kontrasten, die meisterhaft in Szene gesetzt waren. Als er das Glas zur Hälfte geleert hatte, umschloss er es erst fest mit der Faust und schleuderte es dann mit voller Kraft gegen die Leinwand. Das Bild blieb heil, bis auf einen kleinen Riss, der nun quer über die Wange der schönen Judith verlief. Der Alkohol perlte in einem dünnen Rinnsal von der Oberfläche des Ölgemäldes ab und tropfte auf den Teppich. Kerer drückte auf einen Knopf der Gegensprechanlage, die auf seinem Schreibtisch stand, und rief seine Haushälterin.

Karl Rosinsky starrte auf das Telefon in seiner Hand. Sollte er sie anrufen? Wie hatte er nur die Waffe aus der Tasche ziehen können? Alle hatte er in Gefahr gebracht und Harriet Lievens sogar so sehr verletzt, dass sie ins Krankenhaus musste. Er hatte ihr einen Brief geschrieben und sich bei ihr entschuldigt, aber würde das reichen, um dem eigenen Spiegelbild jemals wieder in die Augen schauen zu können? Er ging den leeren Strand entlang und warf Steinchen in die flachen Wellen der Ostsee, die der vielen Algen wegen grünlich schimmerte. Nach all den Jahren, während derer er nur Chronist gewesen war, hatte er das Heft des Handelns in die Hand nehmen wollen – und war kläglich daran gescheitert. Jetzt lief sogar ein Strafverfahren gegen ihn. Er schüttelte den Kopf über das eigene Verhalten, zog die Jacke enger um den Leib und steuerte entschlossen auf das Wasser zu.

Ihre roten Haare trug sie seit einigen Wochen straff nach hinten gekämmt und in einem Zopf gebändigt. Die Auslegware in ihrem neuen Büro roch nach Klebstoff, und die frisch gestrichenen Wände dünsteten den Geruch billiger Wandfarbe aus. Wie fast immer war Olga Schweder die letzte auf dem Revier. Die Kollegen gingen meistens schon gegen 17 Uhr zur Familie nachhause, während sie bis in die Nacht hinein Akten wälzte und Berichte las. Der Wechsel zur neuen Stelle hatte ihre Karrierechancen nicht verschlechtert – im Gegenteil. In Kürze würde sie eine berufliche Stufe erreichen, für die sie bei der Kripo Brandenburg ein Jahr länger gebraucht hätte. Aber es wurmte sie, ihre Vergangenheit unter diesen Umständen hinter sich zu lassen. Sie öffnete die Schublade ihres

Schreibtisches und holte eine Fotografie hervor, die sie sorgsam auf der Tischplatte glattstrich. Ron Weiss hatte sicherlich nicht bemerkt, dass er fotografiert worden war. Das Bild zeigte, wie er aus einem Auto ausstieg, das in einer Allee parkte. Olga Schweder nahm einen Kugelschreiber in die Hand und begann, sein Gesicht, das im Profil zu sehen war, zu übermalen. Erst langsam, dann immer schneller. Dabei drückte sie so stark auf den Stift, dass das Fotopapier zerriss. Als sich an der Stelle seines Kopfes ein Loch befand, zerriss sie das Bild und warf die winzigen Schnipsel in den Mülleimer. Dann löschte sie das Licht, verließ ihr Büro und schloss ab.

Mörder
von
Sanssouci

Nachwort

Birgit-Katharine Seemann hat in ihrem Roman *Der traurige Mörder von Sanssouci* weniger aus ihrer beruflichen Erfahrung als aus ihrer Leidenschaft für die Kunst geschöpft. Und das hat sich als Glück erwiesen. Denn sie hat über das Phänomen Kunst nicht als wissenschaftlich erforschbaren Sachverhalt geschrieben, wie man das bei ihrem Background vermuten würde, sondern ihr kunsthistorisches Wissen in eine faszinierende Geschichte verpackt.

Damit hat sie uns, ihren Lesern, die Möglichkeit erschlossen, uns dem Phänomen Kunst nicht mit dem Kopf, sondern mit dem Bauch anzunähern. Denn das Verständnis von Kunst besteht, jedenfalls nach meiner Überzeugung, nicht in kunstwissenschaftlichen Analysen und Interpretationen und auch nicht in der Einordnung in historische, soziale, ökonomische oder politische Kontexte, sondern erfolgt auf eine sehr subjektive, sehr individuelle Weise, bei der es auf unsere Sinne ankommt.

Es heißt, dass wir Menschen lediglich über zwei Fähigkeiten verfügen, die uns von jeder anderen Spezies auf diesem Planeten unterscheiden: es sind dies die Kunst und die Literatur. Seit den ersten Tagen des Homo sapiens werden am Feuer Geschichten erzählt und Figuren an die Wände von Höhlen gemalt.

Das hat sich (bis auf ein paar Äußerlichkeiten) bis heute nicht geändert: Dass wir schreiben und Bilder von unserem Leben, unseren Gefühlen, unserer Umwelt malen, ist möglicherweise das eigentliche Wesen unseres Menschseins – und damit im Grunde das eigentliche Wesen unserer Menschlichkeit.

Birgit-Katharine Seemann hat eine Geschichte geschrieben, eine spannende, aufregende Geschichte, einen Kriminalroman, der sich um die Kunst rankt. Und da es ein Krimi ist, sind es durchaus die Schattenseiten der Kunst, denen sie sich widmet: Letztlich geht es in ihrer Geschichte um den Raub von Bildern, die seit den Zeiten Friedrichs des Großen verborgen und vergessen waren. Um diese Bilder zu Geld zu machen, braucht es Diebe, Hehler, Komplizen, Heimlichkeit, Geldgier und Neid. Und sobald Sand ins Getriebe der Räuberei gerät, fließt auch Blut.

Birgit-Katharine Seemann hat schon in ihrem Erstling (was man kaum glauben mag, wenn man diese Geschichte liest) verstanden, dass es nicht genügt, einfach zu erzählen, was man erzählen möchte. Es bedarf einer ganzen Reihe von Ingredienzien, um die Aufmerksamkeit der Leser zu fesseln: packende Bilder der Schauplätze, überzeugende Figuren in all ihrer Widersprüchlichkeit, kluge Dialoge (die einem viele neue Informationen in vergnüglicher Weise nahebringen) und eine stetige Steigerung der Spannung – von der Überführung der Gebeine Friedrichs des Großen über das Geheimnis der wandernden Lichter in der Bildergalerie von Sanssouci (mit der die Autorin bestens vertraut ist) bis hin zur Aufklärung des Rätsels der gestohlenen Kunstwerke – und damit des Mordes, um den es letztlich geht.

Die Figur des Kommissars, der den Mörder jagt und schließlich hinter den Diebstahl von Teilen der Sammlung des preußischen Königs kommt, weckt durchaus den Wunsch, ihm in einem nächsten (und übernächsten) Krimi wieder zu begegnen. Und auch über die ebenso fragile wie bezaubernde Harriet, die Leitfigur des Romans, möchte man mehr erfahren.

Birgit-Katharine Seemann ist mit *Der traurige Mörder von Sanssouci* eine großartige Geschichte gelungen. Chapeau!

Otto Hans Ressler

Quellenangaben

S. 54 Zueignung, in: Novalis: *Heinrich von Ofterdingen*, Reclams Universal-Bibliothek, Rev. Edition, 1987.

S. 67 Was in Sanssouci stirbt, das wird in Bornstedt begraben, in: Theodor Fontane: *Wanderungen durch die Mark Brandenburg*. Vollständige, kommentierte Ausgabe in 3 Bänden, dtv, 2. Edition, 2006.

Birgit-Katharine Seemann
Der traurige Mörder von Sanssouci

CIP-Titelaufnahme
der Deutschen Bibliothek

Herausgeber
Edition Splitter Wien
Gestaltung: Beton.studio
Papier: Munken Pure 120 g/m²
Druck: F. Berger & Söhne GmbH, 3580 Horn

Umschlaggestaltung unter Verwendung
eines Gemäldes von Caravaggio oder
Louis Finson (*Judith enthauptet Holofernes*,
ca. 1598–1610), Privatsammlung.

Auflage: 1000 Ex.
ISBN 3-9504404-9-6

Edition Splitter Wien
Galerie Splitter Art
Salvatorgasse 10, 1010 Wien
+43 (0) 664 4030 172
horn@splitter.co.at
www.splitter.co.at
UID ATU10237304